普通高等教育"十三五"电工电子基础课程规划教材

数字电子技术
实验与课程设计

第2版

尤　佳　李春雷　主　编
伍春洪　杨淑华　参　编

机械工业出版社

本书根据高等院校电类专业数字电子技术课程教学大纲，结合编者的教学实践与应用编写而成。本书按不同的实验教学平台构建相关内容，包括：使用面包板和元器件搭建的基础实验，采用 EDA 实验箱下载的综合设计型实验，和更加灵活实际的系统课程设计。最后以附录的形式介绍了硬件描述语言 Verilog HDL 和两款常用的可编程逻辑开发软件。

本书的实验内容设计阶梯化，注重学生综合素质、创新意识的培养。从器件认识的基本验证性实验到加强实验技能、设计技巧的设计型实验，从功能单一的局部电路实验到综合系统实验，从个人的独立实验到小组协作完成的课程设计实验……全面培养学生的自主学习能力和分析问题、解决问题的能力。

本书不拘泥于现有的实验平台，既有针对性又有通用性，以实用为原则，逐步指导学生完成实验课程和数字小系统综合设计。本书可以作为高等院校电类专业本、专科学生的基础实验及相关课程设计教材，也可以作为从事数字电子技术理论及实验教学教师的参考书。

（编辑邮箱：jinacmp@163.com）

图书在版编目（CIP）数据

数字电子技术实验与课程设计/尤佳，李春雷主编．—2 版．—北京：机械工业出版社，2017.8（2024.9 重印）
普通高等教育"十三五"电工电子基础课程规划教材
ISBN 978-7-111-57778-2

Ⅰ.①数… Ⅱ.①尤…②李… Ⅲ.①数字电路 - 电子技术 - 课程设计 - 高等学校 - 教材 Ⅳ.①TN79

中国版本图书馆 CIP 数据核字（2017）第 202485 号

机械工业出版社（北京市百万庄大街 22 号　邮政编码 100037）
策划编辑：吉　玲　　　　责任编辑：吉　玲　刘丽敏
责任校对：刘秀芝　杜雨霏　封面设计：张　静
责任印制：郜　敏
北京富资园科技发展有限公司印刷
2024 年 9 月第 2 版第 7 次印刷
184mm×260mm・13.25 印张・348 千字
标准书号：ISBN 978-7-111-57778-2
定价：29.80 元

凡购本书，如有缺页、倒页、脱页，由本社发行部调换

电话服务　　　　　　　　　　　网络服务
服务咨询热线：010-88379833　　机 工 官 网：www.cmpbook.com
读者购书热线：010-88379649　　机 工 官 博：weibo.com/cmp1952
　　　　　　　　　　　　　　　教育服务网：www.cmpedu.com
封面无防伪标均为盗版　　　　　金 书 网：www.golden-book.com

前　言

　　本书的第 1 版已出版使用 3 年多，在教学中发挥了很好的作用。第 2 版结合理论与实践教学的经验，规范了一些元器件的引脚和逻辑符号的画法；修正了部分字词上的错误和疏漏；调整修改了几个章节的内容和顺序；补充介绍了 Quartus II 软件平台的使用方法。本书修订后能更好地指导数字电子技术实验和课程设计的教学。

　　本书内容分 4 章和 3 个附录。其中第 1 章概述由尤佳编写整理；第 2 章基础实验的 2.1～2.4 节由李春雷编写整理，2.5、2.6 节由杨淑华编写整理；第 3 章综合设计型实验的 3.1 节由杨淑华编写整理，3.2 节由尤佳编写整理，3.3 节由李春雷编写整理；第 4 章数字系统课程设计主要由伍春洪编写整理；附录 A 由尤佳编写整理；附录 B 和附录 C 由李春雷编写整理。全书的统稿由尤佳负责。

　　本书的编写得到了北京科技大学"十三五"规划教材建设经费的资助，也得到了很多同仁的指导与帮助，并借鉴了部分往届学生的实践成果，在此，我们深表感谢。

　　由于水平有限，书中难免有不妥之处，衷心希望使用本书的老师和同学们能予以批评指正。

编　者

目 录

前 言
第1章 概述 ………………………………… 1
  1.1 实验与课程设计的目的及意义 …… 1
    1.1.1 数字电子技术实验的目的及
意义 ……………………………… 1
    1.1.2 数字电子技术课程设计的目的及
意义 ……………………………… 1
  1.2 实验的要求与规范 ………………… 2
    1.2.1 实验守则 ……………………… 2
    1.2.2 数电实验的基本步骤 ………… 3
  1.3 课程设计的要求与规范 …………… 4
    1.3.1 课程设计的基本要求 ………… 4
    1.3.2 课程设计的一般过程与规范 … 5
  1.4 故障检测与诊断 …………………… 6
    1.4.1 产生故障的原因 ……………… 7
    1.4.2 故障的查找和分析 …………… 8
    1.4.3 故障的诊断与排除 …………… 9
第2章 基础实验 …………………………… 11
  2.1 TTL 及 CMOS 集成电路逻辑功能及
参数测试 …………………………… 11
    2.1.1 TTL 门电路逻辑功能测试 …… 11
    2.1.2 TTL 与非门电路参数测试 …… 17
    2.1.3 CMOS 门电路逻辑功能及参数
测试 ……………………………… 25
  2.2 组合逻辑电路基本实验 …………… 31
    2.2.1 组合逻辑电路设计与测试 …… 31
    2.2.2 译码器及其应用电路 ………… 37
    2.2.3 数据选择器及其应用电路 …… 41
    2.2.4 显示译码器电路 ……………… 45
  2.3 触发器逻辑功能测试及其应用 …… 51
    2.3.1 触发器逻辑功能测试 ………… 51
    2.3.2 触发器基本应用电路 ………… 57
  2.4 时序逻辑电路基本实验 …………… 61
    2.4.1 触发器设计计数器 …………… 61
    2.4.2 集成计数器及其应用 ………… 65
    2.4.3 移位寄存器及其应用 ………… 71
  2.5 555 定时器的功能及应用 ………… 75
  2.6 D-A 转换器和 A-D 转换器 ………… 81
    2.6.1 D-A 转换器 …………………… 81
    2.6.2 A-D 转换器 …………………… 82
第3章 综合设计型实验 …………………… 87
  3.1 组合逻辑电路的设计与实现 ……… 87
    3.1.1 代码转换电路的实现 ………… 87
    3.1.2 病房呼叫系统设计 …………… 88
    3.1.3 十进制加法器的设计 ………… 89
  3.2 时序逻辑电路的设计与实现 ……… 90
    3.2.1 序列检测电路 ………………… 90
    3.2.2 数字频率计 …………………… 91
    3.2.3 可控脉冲发生器 ……………… 92
  3.3 实用电路 …………………………… 93
    3.3.1 琴键控制电路的设计与实现 … 93
    3.3.2 数字钟的设计与实现 ………… 95
第4章 数字系统课程设计 ………………… 97
  4.1 数字系统认识 ……………………… 97
  4.2 数字系统设计及调试方法 ………… 97
  4.3 数字系统设计举例 ………………… 98
    4.3.1 人行横道交通信号灯控制系统
设计 ……………………………… 98
    4.3.2 简易自动售饮料机 …………… 104
  4.4 数字系统设计任务 ………………… 108
    4.4.1 汽车尾灯控制电路 …………… 108
    4.4.2 智能风扇控制系统 …………… 109
    4.4.3 洗衣机控制系统 ……………… 111
    4.4.4 出租车自动计费器 …………… 112
    4.4.5 电子拔河游戏机 ……………… 113
    4.4.6 两人乒乓球游戏机设计 ……… 114
    4.4.7 打地鼠游戏 …………………… 116
    4.4.8 反应时间测试电路 …………… 117
    4.4.9 变步长计数器 ………………… 118
    4.4.10 智力测验定时抢答器 ……… 118

4.5 电路仿真及实现举例 …………………… 119
　4.5.1 Multisim 软件简介 ………………… 119
　4.5.2 仿真设计实现举例 ………………… 122
4.6 课程设计报告模板 ………………………… 127

附录 …………………………………………… 129
附录 A Verilog HDL 语言简介 …………… 129
　A.1 Verilog HDL 的特点 ………………… 129
　A.2 Verilog HDL 的语法要点 …………… 130
　A.3 简单的 Verilog HDL 模块 …………… 139
　A.4 Verilog HDL 的开发流程 …………… 146
附录 B MAX+plus II 软件使用简介 ……… 147
　B.1 工程创建 …………………………… 148

B.2 逻辑设计输入及工程编译 …………… 150
B.3 激励设计输入及工程仿真 …………… 155
B.4 逻辑资源分配及二次编译 …………… 163
B.5 器件编程及功能验证 ………………… 167
附录 C Quartus II 软件使用简介 ………… 171
　C.1 工程创建 …………………………… 173
　C.2 逻辑设计输入及工程编译 ………… 178
　C.3 激励设计输入及工程仿真 ………… 183
　C.4 逻辑资源分配及二次编译 ………… 192
　C.5 器件编程及功能验证 ……………… 195

参考文献 ……………………………………… 204

第 1 章 概 述

1.1 实验与课程设计的目的及意义

1.1.1 数字电子技术实验的目的及意义

做实验是为了通过实际操作、观察现象来巩固和理解理论课程所学的基本概念、基本原理、基本知识，锻炼同学们的动手能力和设计能力，培养同学们理论联系实际的能力，最终提高同学们分析问题和解决问题的能力。实验也是提高工程技术人员素质和能力的重要环节。通过规范的实验训练，能够使同学们掌握常用的仪器设备和测量调试技能，加强工程的训练，特别是技能的培养，形成科学严谨的学习态度。

数字电子技术课程是电类专业的一门专业技术基础课程，具有很明显的工程特点和实践性，在生产生活中有非常广泛的应用。该门课程的学习不仅要掌握基本原理和基本方法，更重要的是能够灵活应用，所以数字电子技术实验教学环节是课程体系中很重要的一个环节。

数字电子技术实验按其性质可以分为以器件认识和功能验证为主的局部电路基本实验和以培养实验技能、设计技巧为主的综合设计型实验。通过基本实验的学习训练，同学们可以掌握器件的基本性能、数字电路的基本原理，并对理论知识进行验证，从中发现理论知识在实际应用中的条件，最终培养同学们从大量的实验数据中总结规律、发现问题的能力；通过综合设计型实验的学习训练，同学们可以利用所学知识和指导思路自主思考，探寻方法，自行设计实现电路功能并进行总结分析，从而培养同学们独立解决问题的能力和进行科学研究的基本素养，最终提高同学们的自学能力及创新意识。

理论学习当中做好实验，将实验与理论结合起来，才能真正成为未来的工程师或科学家。

1.1.2 数字电子技术课程设计的目的及意义

课程设计是通过布置一些较为复杂的、实践性强的设计题目，由同学们自行寻找方案并解决问题的训练过程。该过程锻炼同学们综合运用课程所学知识的能力，能够加深同学们对该课程知识的理解，并培养独立进行科学研究、解决实际问题的本领。与综合设计型实验比较起来，课程设计涉及的问题更复杂，需要的知识更广泛，解决的问题更贴近生产生活实际。

为了更好地将理论与实践相结合，也为了给同学们提供更广阔的课外学习机会，建议在数字电子技术课程的教学环节中增加数字系统课程设计部分。这部分既是综合设计型实验的提升，又是大学生科研训练计划（Student Research Training Program，SRTP）项目的基础；既需要用到一些先修课程的知识，又可能用到部分后续课程的知识扩展。比如，以综合设计型实验数字频率计的设计为基础，可以扩展成课程设计题目电子心率仪，增加传感器和适当的输出环节还可以构成一个 SRTP 项目心电图仪。

本教材中课程设计的重点是电路设计，内容侧重综合应用所学知识，设计制作较为复杂的功能电路或小型电子系统。同学们通过任务分析、方案确定、电路设计、仿真调试、实物制作、报告撰写等环节，逐步提高电路设计水平和实验实践技能，并培养如下能力：

1) 查阅资料，搜集挑选与设计内容相关知识的能力。
2) 小组讨论、团结协作，综合考虑技术、功能、经济等方面合理选择方案的能力。
3) 深入理解电路参数，综合运用所学的电学基础知识，设计比较复杂的数字系统的能力。
4) 用简洁的文字、清晰的图表来表达自己设计思想的能力。
5) 训练科学的思维方法，提高综合分析问题、解决实际问题、预测目标的能力。

1.2 实验的要求与规范

实验中操作方法与操作程序的正确与否对实验的安全性和实验结果的可靠性影响甚大。因此，实验者必须注意按照一定的要求与规范进行实验。

1.2.1 实验守则

实验守则如下：

1. 实验前

1) 实验前必须做好充分预习，完成要求的预习任务，做到思路清晰、实验任务明确。不做预习者不得做实验。
2) 在实验室要遵守纪律，不迟到、不喧哗，保持室内安静及室内卫生。
3) 因病或其他原因不能按时参加实验者，必须事先与实验课指导教师联系请假，并按指定时间补做实验。
4) 实验开始前，不许乱动实验桌上的仪器。

2. 实验中

1) 实验中，不做与实验无关的事情，不动与本次实验无关的仪器设备。
2) 搭接实验电路前，应对所用集成电路进行功能测试。用仪器前，必须了解其性能及使用方法和注意事项，并对其进行必要的检查校准。
3) 认真按照预习时已准备好的电路原理图或接线图连接实验电路，经过指导教师检查确认无误后，才能接通电源。
4) 搭接电路时，应遵循正确的布线原则，实验中接线、拆线时，应先关闭电源。带电插拔器件和连线有可能损坏电路！
5) 接通电源后，应首先观察有无破坏性异常现象（如仪器设备、元器件冒烟、发烫或有异味等）。如有，应立即关断电源，保护现场并报告指导教师，只有在查明原因、排除故障后，方可继续做实验。
6) 实验中也要眼观全局，多注意观察，如发现事故或异常情况等应立即关断电源，分析原因，并向指导教师报告。
7) 实验时应仔细地观察实验现象，完整准确地记录实验结果、数据、波形，并分析其正确与否，然后再交老师检查。
8) 掌握科学的调试方法，有效地分析并检查故障，确保电路工作稳定可靠。
9) 测试时，手不得接触测试笔或探头的金属部位，以免造成干扰。

3. 实验后

1) 实验完成后，先关掉仪器设备开关，再关掉实验供电电源，最后拆掉实验连线。
2) 将仪器设备复位，按规定整理好导线、工具等，并将实验桌及周边清理干净、摆放整洁，经实验指导教师同意后，方可离开实验室。

3）实验课后，按照实验指导书或指导教师的要求，做好实验报告，并按时上交。在实验报告中，还要认真分析实验中发生故障的原因，并说明故障排除的方法。

1.2.2 数电实验的基本步骤

要顺利进行数电实验，获得正确的测试结果，同学们必须拥有严肃认真的态度并遵循一定的实验步骤。本书中，大部分基础实验，已经给出了较为详细的具体步骤，大家只要按照步骤操作就可以；但对综合设计型实验，需要同学们自主选定实验方法和实验电路，自行拟出实验步骤，进行连接安装和调试，并自我设计出相关的实验报告。所以，有必要了解和掌握数电实验的基本步骤和方法。

数电实验的基本步骤一般是：预习及设计→实验操作与记录→总结和撰写实验报告。

1. 预习及设计

预习是进行知识准备的环节，预习的好坏直接关系到实验能否顺利进行，实验结果是否正确有效，所以这是做好实验的关键步骤。必要时还应写出预习报告。预习的主要内容包括：

1）认真阅读理论教材和实验教材，深入了解实验目的，结合实验教材中给出的实验内容，复习与内容相关的基本原理。

2）根据实验原理设计出实验电路的逻辑图，较复杂的电路可以先设计出框图再细化。参考教材中给出的实验器材和注意事项，有助于更快更好地完成设计。

3）对设计出的电路进行逻辑关系的推导和输出波形等的理论分析，确定其符合实验要求，并将理论估算的数据结论等记录下来，以跟实验结果进行比较。

4）根据最终确定的逻辑图画出接线图，并确定需使用的元器件。在图上标出器件型号、使用的引脚号及元件数值，必要时还需用文字说明。

5）按照实验内容的要求拟定实验方法和具体步骤，拟好记录实验数据的表格和波形坐标。实验记录应能体现实验结果的正确与否。

6）确定需使用的仪器设备并了解掌握有关仪器的主要性能和使用方法，对如何着手做实验心中有数、目的明确。

2. 实验操作与记录

实验操作是为了得到相关的实验数据；而实验记录是实验过程中获得的第一手资料。所以操作过程要严谨，记录必须清楚、合理、正确。

1）实验操作之前要认真听取实验指导教师的讲课，尤其要注意指导教师提出的实验操作要点和注意事项，以防损坏设备或发生人身安全事故。

2）选取预习时已经确定好的电路元器件，并对其好坏进行判断。

3）按实验操作规范和准备的接线图连接电路，正确使用相关设备。连接完毕后检查其与接线图是否完全一致，不清楚的应向指导教师虚心请教。

4）将已调节好的电源打开，粗测电路是否正常，排除出现的故障。

5）逐次测量并记录电路相关参数和波形，并记录实验中出现的现象，作为原始的实验数据。从记录中应能初步判断实验的正确性。如果所测试的数据和波形与理论分析值一致，说明实验结果正确；否则应该找出原因并调整电路重新测量。

6）记录波形时，应注意输入、输出波形的时间对应关系；还应记录实验中实际使用的仪器型号和编号以及元器件使用情况。

7）复杂的电路可以先对电路分级调试，然后再级联起来做系统测试。

3. 总结和撰写实验报告

实验结束后要根据实验内容及具体要求，进行实验总结并撰写实验报告。培养学生对科学实验的总结能力，也是一项重要的基本功训练，它能很好地巩固实验成果，加深同学们对基本理论的认识和理解，从而进一步扩大知识面。

1）实验报告是一份技术总结，要求文字简洁，内容清楚，图表工整。

2）实验报告首先应简单写明实验目的、实验内容、实验步骤和实验器材，画出实验的原理图（或接线图），对于设计型实验，还应附有设计过程和关键的设计技巧说明。

3）实验报告的中间部分是实验记录，实验记录包括原始记录和整理后的数据。原始记录是指测得的数据、波形，实验中发现的现象及所用仪器设备等，这些记录要秉承严谨的科学作风，实事求是，不做任何修改。整理后的数据是对原始数据进行分析运算后得出的数据、曲线和波形，其中曲线和波形图要力求画得准确，如果分析结果与理论不符，要认真讨论原因，分析误差。

4）实验报告的最后是实验总结。实验总结也是实验报告最重要的部分，包含对实验结果的分析、讨论及结论。一般应对重要的实验现象、结论加以讨论，以便于进一步加深理解。对于实验中出现的异常现象或故障问题，在实验总结中也应加以简要说明和具体分析。实验总结中还要回答有关的实验思考题，简述实验中的收获和心得体会。

本书中的第 2 章基础实验部分，每个实验均提供了实验报告模板，可以直接在模板上填写实验报告。

1.3　课程设计的要求与规范

课程设计是高等工科院校培养具有创新精神和实践能力的高级专业人才不可缺少的重要实践教学环节，是工程类课程对学生进行知识能力综合训练的重要手段。通过课程设计，培养学生的工程意识，训练同学们工程设计及计算的能力，并使同学们在查阅中外文献、资料收集及调查研究、电路设计、参数计算与器件选择、布线安装调试及报告撰写等方面的能力得到一定的提高，进而把理论知识转化为实践知识，更快更好地适应实际工作需要。要做好课程设计，达到预期的目的，也应遵循一定的要求与规范。

1.3.1　课程设计的基本要求

数字电子技术课程设计是在数字电子技术实验的基础上进行的综合性的实验实践训练，对于同学们全面、系统、深入地理解与掌握电子系统的知识与设计方法具有重要的意义。

通过课程设计各环节的实践，同学们应达到以下基本要求：

1. 初步掌握数字电路系统分析和设计的基本方法。包括：

1）根据设计任务和指标，讨论确定电路的总体框架并进行任务分工。

2）通过调查研究、设计计算，确定电路具体方案。

3）运用恰当的电路仿真软件实现电路功能，并通过仿真调试不断改进方案。

4）分析结果，写出总结报告。

2. 一定的自学能力和分析问题、解决问题的能力。包括：

1）能够做好资料收集与整理工作，并具有资料分析的能力，从中获得所需信息。

2）对设计中出现的问题，能独立思考或小组讨论解决。

3）掌握一些测试电路的基本方法，能独立解决实验实践中出现的一般故障。

4）能对实验实践结果进行分析总结和评价。
3. **良好的工程意识与科学素养。包括：**
1）认识理论与实际的联系和区别，具有一定的工程观、经济观和全局观。
2）能与小组成员合理分工、团结协作，共同完成一项工作。
3）掌握布线、焊接、调试等基本技能，能安装电路进行实验。
4）树立严肃认真、一丝不苟、实事求是的科学作风。

1.3.2 课程设计的一般过程与规范

数字电子技术课程设计的过程就是设计一个数字电路系统的过程，首先必须明确系统的设计任务，根据设计任务要求进行方案选择，然后对方案中的各逻辑功能部件进行具体电路的设计、参数的计算和器件的选择，最后将各部分连接在一起，构成一个符合设计要求的完整的系统电路图。每一部分的具体规范如下：

1. 题目的确定及分析

首先确定设计题目的基本要求，包括题目的完成标准、上交时间及内容等；然后要对给定的设计任务进行具体分析，充分了解所要构建电路系统的性能、指标内容及功能要求，进一步明确系统应完成的任务。

2. 总体方案设计

在设计任务的基础上，结合查阅的相关资料，针对系统提出的任务、要求和条件，粗定总体设计方案，并明确分工及设定进度，以保证在规定的时间内完成。

总体设计方案主要是把系统的任务分配给若干个逻辑功能部件（单元电路），并画出一个能表示各逻辑功能部件之间相互联系与关系的整体原理框图。

方案的初稿出来以后还要进行论证，确定方案的合理性和可行性。这个过程要不断地对照设计要求对方案的优缺点进行分析，还应该反复多次修改，才能最终得到一个确定完整的整体框图。方案的论证过程要勇于探索、勇于创新，力争做到设计方案合理、可靠、经济、功能齐全、技术先进。最终画好的框图必须正确反映系统应完成的任务和各逻辑功能部件的功能，清楚表示系统的基本组成和相互关系。

3. 逻辑功能部件的设计和实现

逻辑功能部件是数字系统的具体部分，只有把每个逻辑功能部件都设计好才能提高整体的设计水平。每个逻辑功能部件设计前都要首先明确本部分电路的任务，详细列出该部分电路的性能指标、与前后级之间的关系，并分析其电路的组成形式。具体设计时，在保证性能要求的基础上，可以模仿成熟的先进电路，也可以进行自我创新或改进。需要注意的是，不仅逻辑功能部件本身要设计合理，各功能部件之间也要注意输入输出信号和控制信号之间的相互配合关系。

逻辑功能部件的电路形式和结构确定后，还要利用数字电子技术的知识对相关具体参数进行计算，以保证各部分电路达到功能指标的要求。只有很好地理解电路的工作原理，正确利用分析手段，计算的参数才能满足设计要求。

计算完成后就要参考计算结果进行元器件的选择。由于集成电路可以实现很多单元电路甚至整体电路的功能，所以选用集成电路来进行设计既方便又灵活，它不仅使系统体积缩小，而且性能可靠，便于调试及运用。现在国内外已生产出大量功能丰富、指标齐全的集成电路。所以，我们在可能的情况下尽量选择现有的集成芯片并加以改造来实现我们的设计。当然，在选择芯片的时候，不仅要注意芯片的功能和特性，还要注意芯片的功耗、电压、速度、价格等多方面的要求。电路的构成实现中电阻和电容也必不可少。电阻和电容种类很多，不同的电路对电阻和电容的性能要求也不同。我们要根据电路的要求选择性能和参数合适的阻容元件，并要注意功耗、容量、频率和耐压范围是否满足要求。

4. 电路的搭建调试

电路设计完成之后，要在选定的仿真软件中或购买相关元器件搭建电路，运用所学知识进行调试，使之达到题目要求的各项技术指标。

电路的搭建调试应按照先局部后整体的原则。先根据信号的流向，逐个地对逻辑功能部件进行搭建和调试，使各功能部件都能达到各自逻辑功能的要求，然后再把它们连接起来构成整体电路进行统一调试和系统功能测试。

调试包括调整与测试两部分。调整是指根据测量结果调节电路中可变元器件或更换器件，使之达到性能的改善；测试是采用电子仪器测量相关点的数据与波形，以便准确判断设计电路的性能。实际电路搭建前必须对元器件进行性能参数测试。即使仿真调试效果很好，在使用洞洞板、面包板或者印制电路板设计制作实物之后，还要在实际电路上再进行调试，以确保电路功能的准确无误。

5. 总结与思考

课程设计的内容全部完成后，要用文字及时记录和总结整个设计过程。

总结报告是对课程设计全过程的系统总结，是课程设计中的一个重要部分。每一个完成课程设计的同学都应该认真撰写总结报告，按规定的模板从电路功能描述、设计思路、具体实现电路、经验及教训几个方面来撰写，尤其是要记录电路的功能和特点、方案的选择和设计思路、调试中出现的问题，总结课程设计中获得的经验及教训，必要时还应附有简单的使用说明。

6. 成绩评定

课程设计的实践性不仅体现在具有实际操作能力，更主要的是体现在需要具有独立完成设计和分析的能力。因此，对课程设计成绩的评定应从以下几方面来考查：

1）设计方案。设计方案是否正确合理，是否新颖简洁。

2）电路功能。电路运行的结果是否达到了题目的基本要求，是否更丰富实用。在电路调试中是否展现了分析问题解决问题的能力。

3）设计报告。报告中的设计思路是否清晰，具体电路的实现过程是否完整合理，调试中出现问题是否能进行有效地思考和解决，是否确有收获。

4）课程设计答辩展示。是否能进行合理的分工和具有良好的团队协作精神，是否有较好的表达能力和展示能力，是否具有严谨的工作作风和科学精神，是否有创新意识。

1.4 故障检测与诊断

所谓故障检测指的是检验电路实现的功能是否与预定功能完全一致，而若测试的目的不但是为了检查电路是否有故障，而且还要检查电路发生了什么故障，则这种测试称为故障诊断。在数字电子技术实验和课程设计过程中，设计好一个（或一部分）电路后，要对其功能进行测试，以验证设计是否正确。在测试过程中，某些内部或外部的原因往往会使电路出现各种各样的问题，导致电路不能正常工作；而我们要对问题进行分析，找出故障所在并解决它。所以进行实验与课程设计时不可避免地要进行故障的检测与诊断排除。

本节将为大家简单介绍一下数字电子技术实验和课程设计当中产生故障的常见原因和分析

解决方法。

1.4.1 产生故障的原因

在实验或课程设计当中，如果电路达不到预期的逻辑功能，我们称为有故障。数字电路出现故障的原因很多，一般可以分为客观故障和主观故障两类。即一种是电路中元器件自身的问题（比如老化等）造成的故障，而另一种是设计或搭建过程中人为疏忽造成的故障。在查找故障过程中，首先要熟悉经常发生的典型故障。

1. 器件故障

器件故障属于客观故障。

数字电路是由若干电子元器件组成的电路。因此，各个元器件的参数和接触情况会引发数字电路出现故障，主要表现为电子元器件或集成芯片的工作不正常。

电子元件在使用过程中会出现老化，从而导致电子元件参数下降；温度的变化也会导致电子元件参数发生改变。而电子元件的参数在数字电路中所起的作用是非常重要的，细微的偏差也可能产生很大的影响。

器件插接错误是由电子元器件接触不良引发的。可能会是插件的松动、焊点被氧化、节点虚接、芯片引脚折断或者器件的某个（某些）引脚没有插到插槽中造成的，有时不易发现，需要仔细检查。

信号线在电路连接中所起的作用也是不容忽视的。由于电路板经常受潮湿和大电流等的影响，可能会导致信号线出现短路、烧损、断路等现象。连接电路时如果使用了损坏的信号线就会造成数字电路板无法正常工作。另外，数字电路实验箱等仪器或器件功能失效也会引起电路故障。

2. 设计故障

设计故障即电路设计错误，是主观故障。这里的设计错误，不是指逻辑设计错误，而是指选用器件和电路各器件之间在时间配合上的错误。

例如，电路中信号变化的边沿选择与电平选择不合适；电路延迟时间引起的竞争冒险现象；某些器件的控制信号变化发生在 CP 脉冲的边沿等等，这些因素都会造成逻辑混乱，在设计时应引起足够的重视。

之所以会产生这样的错误是因为学习时对所用器件的基本原理和参数认识不够或不重视；对实验或课程设计的要求没有吃透。

3. 布线故障

布线故障也是主观故障，它是最常见的错误。据统计，在教学实验中，大约 70% 以上的故障是由布线错误引起的。

正确的布线是保证电路板正常工作的重要保障之一。由于电路板中的元器件众多，使得电路的连接非常复杂，也不容易操作，因此发生布线错误在所难免。常见的布线错误包括忘记连接器件（主要是集成芯片）的电源和地；连线多接、漏接、错接；连线过长、过乱造成干扰、短路等。这些错误往往很难发现和查找。

布线错误造成的故障现象也多种多样。例如器件的某个功能块不工作或工作不正常，器件不工作或发热，电路中一部分工作状态不稳定等。

4. 操作故障

操作方法不正确造成的故障是操作故障。比如，带电插拔导线；再比如，示波器没有同步就去观察波形，稳定的波形会出现不稳定的假象。在对数字电路的测试过程中，由于测试仪器仪表加到被测电路上后，对被测电路相当于加了一个负载，因此测试过程中有可能引起电路本身工作状态的改变。虽然这种现象很少发生，但我们也应该了解和注意它。

1.4.2 故障的查找和分析

1. 电路测试

数字电路设计好后，在实验台上连接成一个完整的电路。我们应该进行电路功能的测试，看其是否能完成预期的任务。

数字电路的测试可分为静态（单步）测试和动态测试两种。静态测试是指给电路若干组静态输入值，测试该电路的输出值是否符合要求。一般是把电路的输入接逻辑开关的输出，电路的输出接逻辑状态指示灯，然后按照功能表或状态表的要求，依次改变输入状态，观察输入和输出之间的逻辑关系是否符合设计要求。静态测试是检查设计是否正确、接线是否无误的重要环节。在静态测试基础上，按设计要求在输入端加入动态脉冲信号，观察输出波形是否符合设计要求，这是动态测试。有些电路只需要进行静态测试即可，有些电路则必须进行动态测试，一般时序逻辑电路应进行动态测试。

2. 故障范围的确定

电路测试时逻辑功能如果不符合预期要求，也就是发生了故障，我们首先要查找到问题出现在何处，再想办法予以解决。

查找问题可以采用逐级跟踪的方法检查故障。通常是从输出端按逻辑功能状态往前一步步排查，直到找出故障的初始发生位置为止。这样可以尽快确定故障点。

对于较复杂的综合设计型实验电路或数字电路小系统，由于使用的集成器件较多，需要按功能划分为若干独立的子单元或按照逻辑功能部件对有关电路分块调试，然后再将各子单元电路连接起来进行联调。这样出现问题便于查找，成功的把握性更大。

3. 故障原因分析

在确定的故障点附近，可以按下列顺序来排查和分析故障产生的具体位置和原因：

1）首先检查布线是否正确。前面已经说过，实验故障大部分是由布线故障引起的，因此我们首先检查布线。检查时一定要认真、仔细。

注意检查芯片的电源和地的电平是否正确；芯片的控制电平是否正确（清零端是否连接正确）；从逻辑开关输入的信号是否正确；时钟信号输入是否正确。

可以用万用表的"欧姆"档，测量实验电路的电源与地线之间的电阻值，排除电源与地线的开路与短路现象。

检查各集成块的电路连接是否正确。在测试电路中改变输入值，如果输出信号保持高电平不变，则集成块可能没有接地或接触不良；如果输出信号保持与输入信号同样规律变化，则集成块可能没有接电源；通过观察输出端的反应还可以检查输入信号、时钟脉冲等是否加到了实验电路上。当然，我们依然可以采用万用表直接测量各集成块的 V_{CC} 和地两引脚之间电压的方法来检查电源的连接。

2）确认布线无误后再检查器件的连接。仔细查看器件引脚是否全部正确插进插座中，检查有无引脚折断、弯曲、错插问题以及实验板器件插接端与引出端是否有断路或旁接等现象。

可以让电路固定在某一故障状态，用万用表测试各输入输出端的直流电平，参考比较表1-1中的数值范围（TTL器件）来判断该电路是否是由于插线板、集成块引脚或连线等原因造成的故障。

表 1-1 TTL 电路在不同情况下的引脚电压范围

引脚所处状态	测得电压值
输入端悬空	≈1.1V
输入端接低电平	≤0.4V
输入端接高电平	≥3.0V
输出低电平	≤0.4V
输出高电平	≥3.0V
出现两输出端短路（两输出端状态不相同时）	0.4V < V < 1.1V

3) 以上两项都检查无误后，取下器件测试其功能，以检查器件的好坏。可以采用替换法检查器件功能。即对于有多个输入端或多个门的器件，实际使用中如有多余的，在查找故障时，可以调换使用另一个输入端或另一个门。当然，必要时可以直接更换一个同类器件，以排除器件功能不正常所引起的故障。

如果要判断器件是否失效，须使用专门的集成电路测试仪来测试。需要注意的是，一般的集成电路测试仪只能检测器件的某些静态特性，对负载能力等静态特性和上升沿、下降沿、延迟时间等动态特性则不能测试。

4) 如果器件和接线都正确，则需考虑设计或操作问题。有时需要对电路进行状态预置或复位后再检查故障。

1.4.3 故障的诊断与排除

为避免电路搭建好后出现过多的故障，难以诊断和排除，在电路搭建和故障检测过程中要注意以下三点：

1. 严格按规范操作

按实验操作规范进行实验操作是降低故障发生率、保证实验成功的基础。

1) 形成良好的习惯。导线、芯片、器件使用前先进行功能好坏的检测，正确细心地使用集成块。使用前先检查引脚是否有折断，应使其引脚间距适当，对准实验板上的插孔再轻轻用力将其插上；插入插槽时应使器件的受力方向一致，在确定引脚与插孔完全吻合后再稍用力将其插紧，以免受力不均，使引脚接触不良或弯曲断裂；拔出时要垂直往上拔起。这样能够较好地保护器件，还可以有效地避免器件失效造成的故障。

器件连接造成的问题常常难以确定，有时可以通过重新连接电路来解决。

2) 实验前做好预习工作，透彻理解实验要求，掌握实验线路原理。初始设计完成后一般应对设计进行优化，并画出接线图，以尽量减少设计错误。

3) 熟悉所用器件的功能及其引脚号，深入理解相关参数，熟练掌握所使用的仪器、仪表，尤其要学会正确使用示波器，减少操作故障。

2. 正确合理地布线

布线错误不仅会引起电路故障，有时甚至会损坏器件。所以我们一定要遵循正确合理的原则来给电路布线。布线的总体原则是便于检查、排除故障和更换器件；布线的顺序一般是先接地线和电源线，再接输入线、输出线及控制线。

1) 不要将集成电路芯片方向插反。一般 IC 的方向是缺口（或标记）朝左，引脚序号从左下方的第一个引脚开始，按逆时针方向依次递增至左上方的第一个引脚。

2) 导线选择要粗细适当。通常选取直径为 0.6~0.8mm 的单股导线，最好采用不同的颜色区别不同用途的线路，如电源线一般用红色，地线一般用黑色。

3）布线应有秩序地进行。在正确使用仪器、仪表的前提下，按原理图和接线图逐级进行，不要根据记忆随想随接，以免造成漏接错接。较好的方法是先接好固定电平点，如电源线、地线、门电路闲置输入端、触发器异步置位复位端等，然后再按信号的流程顺序从输入到输出依次布线。

4）布线要整齐，尽量走直线、短线，以免引起干扰。连线最好避免从集成器件上方跨接，避免过多的重叠交错，以利于更换元器件及故障检查和排除。

5）对于较复杂的电路，应注意集成元器件的合理布局，以便得到最佳的布线。布线时，还可顺便对单个集成器件进行功能测试，这是一种良好的习惯。

布线和调试工作不能截然分开，往往需要交替进行。

3. 仔细认真地复查

电路接线完成后，先不要忙着上电测试功能，应该对照标有器件引脚号的接线图再仔细地检查一遍。

1）检查集成芯片是否选择正确，方向是否插对；引脚有无弯折、互碰情况，多余输入端处理是否正确；是否有两个以上输出端错误地连在一起等。

2）检查包括电源线和地线在内的布线是否合理，是否有相碰短路现象，是否有漏线和错线。

3）在给电路提供电源前，先使用万用表的"直流电压"档测量直流稳压电源输出电压是否为所需值。集成芯片只有在加了额定电压时才能正常工作。对 TTL 电路，应为 5V；对 CMOS 电路，一般为 4～15V。错误的电压可能导致芯片不工作、功能错误甚至损坏。

4）通电后要先观察电路及各器件有无异常发热等现象，如芯片过烫、冒烟等。如有异常，应立即切断电源，重新检查电路。

故障诊断的过程就是这样一个"分析、观察、判断、试验、再判断"的反复过程；故障诊断的经验需要在实践中不断地总结和积累。

第 2 章 基 础 实 验

2.1 TTL 及 CMOS 集成电路逻辑功能及参数测试

2.1.1 TTL 门电路逻辑功能测试

1. 实验目的

1）了解 TTL 门电路的引脚分布和使用方法。
2）掌握数字电路实验箱、万用表和示波器的使用方法。
3）掌握 TTL 与门、或非门和异或门的逻辑功能。
4）认识门电路对信号的控制作用。

2. 实验预习要求

1）复习 TTL 与门、或非门和异或门的逻辑功能。
2）了解实验所用芯片的引脚分布和使用方法。
3）了解数字电路实验箱、万用表和示波器的使用方法。
4）阅读实验相关知识和注意事项。

3. 实验相关知识

TTL 门电路是最简单、最基本的数字集成电路，通过适当的组合连接便可以构成任何复杂的组合电路。熟练掌握 TTL 门电路的逻辑功能是数字电子技术工作者的基本功之一。本实验将对几种门电路（TTL 与门、或非门和异或门）进行逻辑功能测试。

74LS08 是四 2 输入与门芯片，其引脚分布如图 2-1 所示，它共有四个独立的"与"门，每个门有两个输入端，一个输出端。每个门的逻辑功能相同，A 和 B 为输入端，Y 为输出端。与门的逻辑表达式为 $Y = AB$。当 A、B 均为高电平时，Y 为高电平"1"；A、B 中有一个为低电平或二者均为低电平时，Y 为低电平"0"。

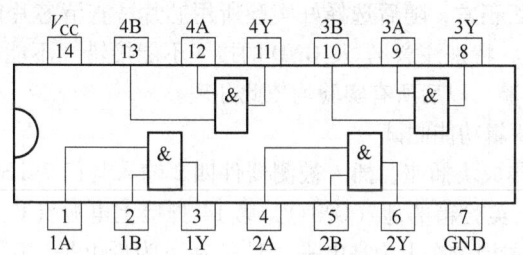

图 2-1　74LS08 的引脚分布

74LS02 是四 2 输入或非门芯片，其引脚分布如图 2-2 所示，它也有四个独立的"或非"门，每个门有两个输入端，一个输出端。每个门的逻辑功能相同，A 和 B 为输入端，Y 为输出端。或非门的逻辑表达式为 $Y = \overline{A + B}$。当 A、B 均为低电平时，Y 为高电平"1"；A、B 中有一个为高电平或二者均为高电平时，Y 为低电平"0"。

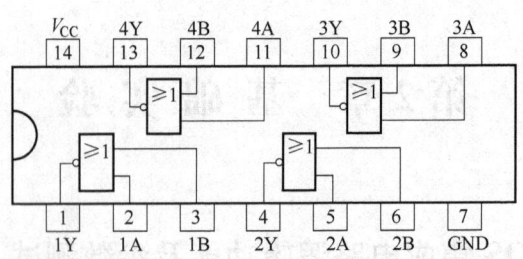

图 2-2　74LS02 的引脚分布

74LS86 是四 2 输入异或门芯片，其引脚分布如图 2-3 所示，它同样有四个独立的"异或"门，每个门有两个输入端，一个输出端。每个门的逻辑功能相同，A 和 B 为输入端，Y 为输出端。异或门的逻辑表达式为 $Y = A \oplus B$。当 A、B 电平状态不同时，Y 为高电平"1"；A、B 电平状态相同时，Y 为低电平"0"。

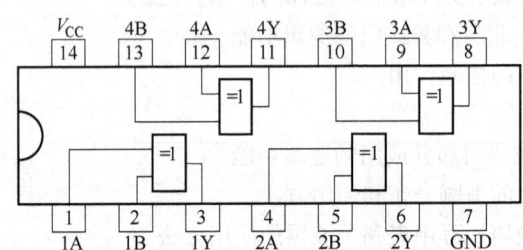

图 2-3　74LS86 的引脚分布

4. **实验设备及元器件**

1）数字电路实验箱　　　　　　　　　1 台
2）万用表　　　　　　　　　　　　　1 块
3）示波器　　　　　　　　　　　　　1 台
4）元器件
集成电路：74LS08、74LS02、74LS86　各 1 片

5. **实验内容及步骤**

首先检查 5V 电源是否正常，随后选择好实验所用芯片，查清芯片的引脚分布及逻辑功能，然后根据实验电路图接线，特别注意 V_{CC} 及 GND 的接线不能接错（不能接反也不能短接），待仔细检查后方可通电进行实验，以后所有实验均依此办理。

（1）与门 74LS08 的逻辑功能测试

1）选好某一个 14P 集成块插座，插入被测器件四 2 输入与门 74LS08，按图 2-4 所示接线。在 14P 插座的第 7 脚接上实验箱的地（GND），第 14 脚接上电源（V_{CC}），其输入端（设为 A、B）接拨档逻辑开关（开关档位在上为高电平"1"，在下为低电平"0"），其输出端（设为 Y）接 LED 逻辑指示灯（LED 亮则输出高电平"1"，灭则输出低电平"0"）。

2）按表 2-1 所示输入逻辑情况分别改变开关状态，观察指示灯状态并记录输出逻辑结果。

（2）或非门 74LS02 的逻辑功能测试

1）选择四 2 输入或非门 74LS02，按图 2-5 所示接线。输入端接拨档逻辑开关，输出端接逻辑指示灯。

第 2 章 基础实验　13

图 2-4　74LS08 的测试电路　　　图 2-5　74LS02 的测试电路

2）按表 2-2 所示输入逻辑情况分别改变开关状态，观察指示灯状态并记录输出逻辑结果。

（3）异或门 74LS86 的逻辑功能测试

1）选择四 2 输入异或门 74LS86，按图 2-6 所示接线。输入端接拨档逻辑开关，输出端接逻辑指示灯。

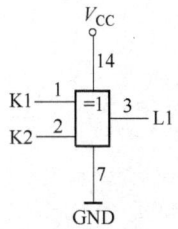

图 2-6　74LS86 的测试电路

2）按表 2-3 所示输入逻辑情况分别改变开关状态，观察指示灯状态并记录输出逻辑结果。

（4）观察与门对脉冲的控制作用

选择与门 74LS08 按图 2-7a、b 所示接线，在输入端接入 1kHz 连续脉冲，用示波器观察两种电路的输出波形。

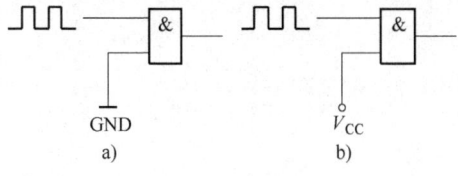

图 2-7　74LS08 的门控电路

6. 注意事项

1）TTL 电路电源电压 V_{CC} 是 +5V，注意检查电源是否为 +5V（不要超过 +5V）。

2）接拆线都要在断开电源的情况下进行。

3）特别注意集成块的插入位置与接线是否正确，每次必须在接线后经复核确定无误后方可通电实验，并要养成习惯。

7. 实验报告

学号：_____ 姓名：_____ 班级：_____ 实验台号：____ 成绩：____

实验标题：_____

（1）原始数据。

表 2-1　74LS08 的测试表格

输入端		输出端
A	B	Y
0	0	
0	1	
1	0	
1	1	

表 2-2　74LS02 的测试表格

输入端		输出端
A	B	Y
0	0	
0	1	
1	0	
1	1	

表 2-3　74LS86 的测试表格

输入端		输出端
A	B	Y
0	0	
0	1	
1	0	
1	1	

（2）整理分析实验数据，总结各种门的逻辑功能。

（3）思考题。

1）与门什么情况下输出高电平？什么情况下输出低电平？与门不用的输入端应如何处理？

2）或非门什么情况下输出高电平？什么情况下输出低电平？或非门不用的输入端应如何处理？

3）如果与门的一个输入端接连续时钟脉冲，那么：①其余输入端是什么状态时，允许脉冲通过？脉冲通过时，输出端波形与输入端波形有何差别？②其余输入端是什么状态时，不允许脉冲通过？这种情况下与门输出是什么状态？

2.1.2 TTL 与非门电路参数测试

1. 实验目的

1）了解 TTL 与非门的主要电路参数。
2）掌握 TTL 与非门电路参数的测试方法。
3）掌握 TTL 与非电压传输特性的测试方法。
4）认识 TTL 与非门平均传输延迟时间的测试方法。

2. 实验预习要求

1）复习 TTL 与非门的电路结构和工作原理。
2）了解实验所用芯片的引脚分布和使用方法。
3）阅读实验相关知识和注意事项。

3. 实验相关知识

在使用 TTL 逻辑门搭建电路时不仅要考虑门的逻辑功能，而且还要注意门的电路参数，才能保证电路的稳定与可靠。因此，掌握 TTL 门的电路结构和工作原理，熟悉它们的主要电路参数也是数字电子技术工作者必备的基本功之一。

本实验使用四 2 输入与非门 74LS00 进行测试，其引脚分布如图 2-8 所示，它共有四个独立的"与非"门，每个门有两个输入端，一个输出端。每个门的电路结构和逻辑功能相同。TTL 与非门的电路结构如图 2-9 所示，A 和 B 为输入端，Y 为输出端。与非门的逻辑表达式为 $Y = \overline{AB}$。当 A、B 均为高电平时，Y 为低电平 "0"；A、B 中有一个为低电平或二者均为低电平时，Y 为高电平 "1"。

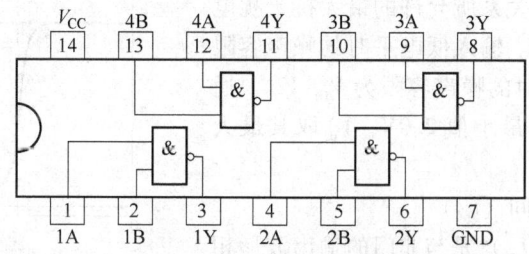

图 2-8　74LS00 的引脚分布

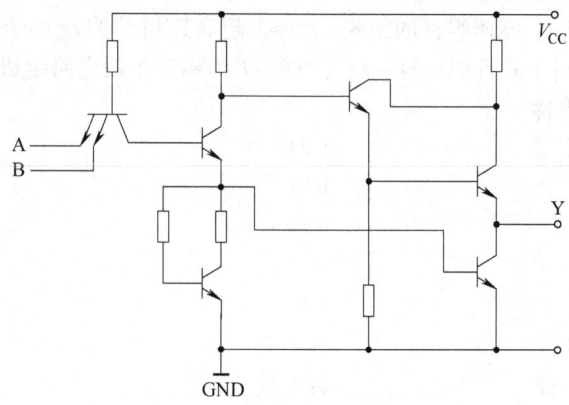

图 2-9　74LS00 的电路结构

与非门74LS00的主要电路参数有：

1）输出高电平 V_{OH}

一般 $V_{OH} \geq 2.4V$。

2）输出低电平 V_{OL}

一般 $V_{OL} \leq 0.4V$。

3）低电平输入电流 I_{IL}（或输入短路电流 I_{RD}）

指当一个输入端接地而其他输入端悬空时，从低电平输入端流入地的电流。

4）高电平输入电流 I_{IH}

指当一个输入端接高电平而其他输入端接地时，从电源流入高电平输入端的电流。

5）空载导通功耗 P_{ON}

指输入全部为高电平、输出为低电平且不带负载时的功率损耗。

6）空载截止功耗 P_{OFF}

指输入有低电平、输出为高电平且不带负载时的功率损耗。

7）扇出系数 N_O

电路正常工作时能带动的同类门的数目称为扇出系数 N_O。

8）电压传输特性曲线和关门电平 V_{OFF}

图2-10所表示的 $V_i \sim V_o$ 关系曲线称为电压传输特性曲线。使输出电压刚刚达到低电平时的最低输入电压称为开门电平 V_{ON}。使输出电压刚刚达到规定高电平时的最高输入电压称为关门电平 V_{OFF}。

9）噪声容限

电路保持正确的逻辑关系所允许的最大抗干扰电压值，称为噪声电压容限。输入低电平时的噪声容限为 $V_{OFF} - V_{IL}$，输入高电平时的噪声容限为 $V_{IH} - V_{ON}$。通常TTL门电路的 V_{IH} 取其最小值2.0V，V_{IL} 取其最大值0.8V。

10）平均传输延迟时间（t_{pd}）

平均传输延迟时间（t_{pd}）是与非门的输出波形相对于输入波形的时间延迟，是衡量开关电路速度的重要指标。一般情况下，低速组件的 t_{pd} 约为40~60ns，

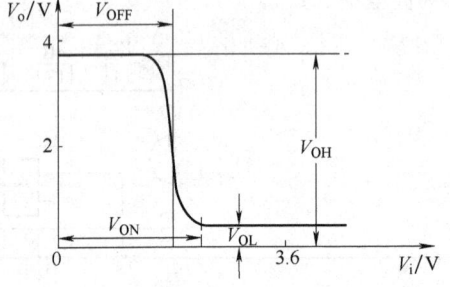

图2-10 TTL与非门的电压传输特性曲线

中速组件的约为15~40ns，高速组件的为8~15ns，超高速组件的 t_{pd} 小于8ns。一个与非门的平均传输延迟时间可以通过下式近似计算：$t_{pd} = T/6$，T 为用三个门电路组成的振荡器的周期。

4. 实验设备及元器件

1）数字电路实验箱　　　　　　　　1台
2）万用表　　　　　　　　　　　　1块
3）示波器　　　　　　　　　　　　1台
4）元器件
集成电路：74LS00　　　　　　　　1片
电阻：680Ω，200Ω　　　　　　　　各1只
电位器：1kΩ，4.7kΩ　　　　　　　各1只

5. 实验内容及步骤

（1）TTL与非门74LS00的主要电路参数测试

1）输出高电平 V_{OH}

TTL 与非门的输出高电平 V_{OH} 的测试电路如图 2-11 所示，把与非门两输入端中的一个接地或两者全部接地，用万用表测出的输出端电压为 V_{OH}，测出四组数据，将其填入表 2-4 中。在测量中如果电压值≥2.4V，则为高电平"1"；如果电压值≤0.4V，则为低电平"0"。

2）输出低电平 V_{OL}

TTL 与非门的输出低电平 V_{OL} 的测试电路如图 2-12 所示，输入端全部悬空，测出输出端电压即为 V_{OL}，将测量的四组数据填入表 2-4 中。

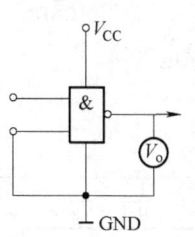   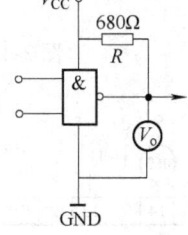

图 2-11　V_{OH} 的测试电路　　　图 2-12　V_{OL} 的测试电路

3）低电平输入电流 I_{IL}

按图 2-13 所示连接电路，则从电流表上读出的电流就是与非门的低电平输入电流。用万用表分别测出集成块 74LS00 中各与非门不同输入端接地时的电流 I_{IL}，并将测量的结果填入表 2-5 中。

4）高电平输入电流 I_{IH}

按图 2-14 所示连接电路，测量与非门的高电平输入电流 I_{IH} 并记录到表 2-5 中。

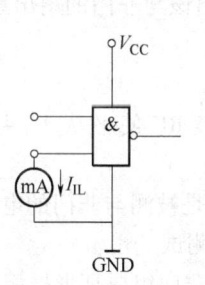   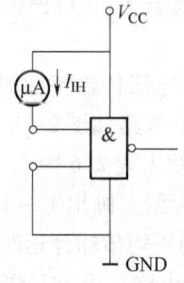

图 2-13　I_{IL} 的测试电路　　　图 2-14　I_{IH} 的测试电路

5）空载导通功耗 P_{ON}

如图 2-15 所示，将芯片所有输入端悬空，从 +5V 电源输出处用万用表测出电流 I_{ON}，就可以按下式求出空载导通功耗 P_{ON}：

$$P_{ON} = V_{CC} I_{ON}$$

6）空载截止功耗 P_{OFF}

如图 2-16 所示，将芯片所有输入端接地，从 +5V 电源输出处用万用表测出电流 I_{OFF}，就可以按下式求出空载截止功耗 P_{OFF}：

$$P_{OFF} = V_{CC} I_{OFF}$$

7）扇出系数 N_O

如图 2-17 所示，与非门的两输入端均悬空，接通电源，调节 R_W，使电压表的读数等于

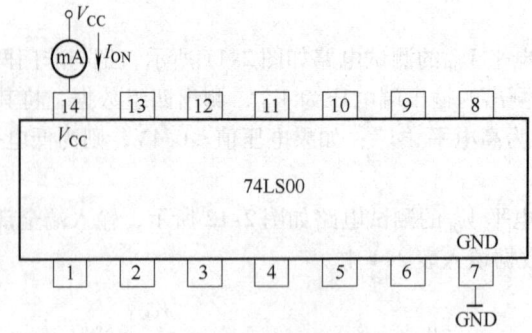

图 2-15 P_{ON} 的测试电路

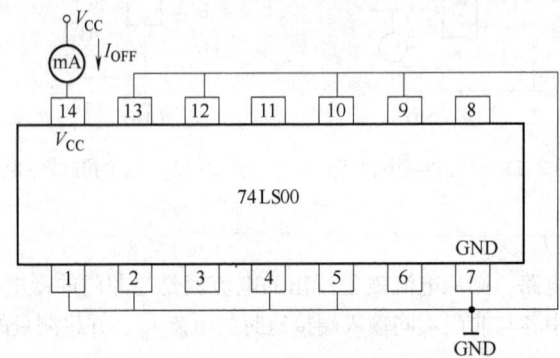

图 2-16 P_{OFF} 的测试电路

0.4V,读出此时电流表的读数 I_{OL}。可根据下式计算出该与非门的扇出系数 N_O:

$$N_O = I_{OL}/I_{IL}$$

(2) 与非门 74LS00 的电压传输特性测试

测量与非门传输特性的电路如图 2-18 所示,调节 RP 使 V_i 从 0~4.8V 变化,分别测出对应的输出电压 V_o,并将结果填入表 2-6 中。

根据实验数据,在坐标纸上画出 V_i~V_o 的曲线就是被测与非门的电压传输特性曲线。

(3) 与非门 74LS00 的平均传输延迟时间 (t_{pd}) 测试

按照图 2-19 所示连接电路,用 74LS00 的三个与非门组成环形振荡器,从示波器读出振荡周期 T,然后估算出该与非门的平均传输延迟时间 (t_{pd})。

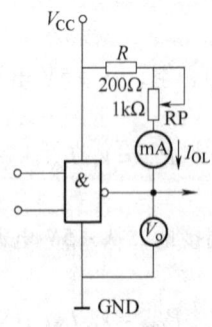

图 2-17 I_{OL} 的测试电路

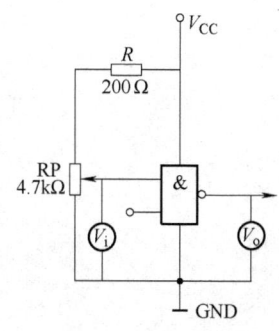

图 2-18　电压传输特性的测试电路

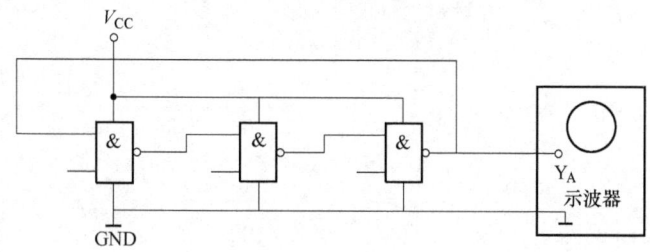

图 2-19　平均传输延迟时间（t_{pd}）的测试电路

6. 注意事项

1）注意被测器件的引脚 7 和引脚 14 分别接地和接 +5V。

2）实验箱上电位器可调端电压可作为被测与非门的输入电压，旋转电位器改变与非门的输入电压值。

3）按测试表所示调整率改变与非门的输入电压。首先用万用表监视与非门的输入电压，调好输入电压后，再用万用表测量与非门的输出电压，并记录下来。

7. 实验报告

学号：_____ 姓名：_____ 班级：_____ 实验台号：____ 成绩：____

实验标题：_____

（1）原始数据

1）V_{OH}和V_{OL}的测试

表 2-4　V_{OH}和V_{OL}的测试表格

引脚	3	6	8	11	平均值
V_{OH}/V					
V_{OL}/V					

2）I_{IL}和I_{IH}的测试

表 2-5　I_{IL}和I_{IH}的测试表格

引脚	1	2	4	5	9	10	12	13	平均值
I_{IL}/mA									
I_{IH}/μA									

3）空载导通电流 I_{ON} = _____，空载导通功耗 P_{ON} = _____。

4）空载截止电流 I_{OFF} = _____，空载截止功耗 P_{OFF} = _____。

5）与非门 I_{OL} = _____，扇出系数 N_O = _____。

6）电压传输特性的测试

表 2-6　74LS00 电压传输特性的测试表格

V_i/V	0	0.3	0.6	0.9	1.0	1.1	1.2	1.3	1.4
V_o/V									
V_i/V	1.5	1.6	2.0	2.5	3.0	3.5	4.0	4.4	4.8
V_o/V									

画出 TTL 与非门的电压传输特性曲线。由图求出 V_{ON}，并求出使输出下降到规定高电平 90% 时所对应的输入电压即关门电平 V_{OFF}。由此估算输入低电平噪声容限，输入高电平噪声容限。

7）平均传输延迟时间（t_{pd}）的测试

环形振荡器周期 T = _____，与非门的平均传输延迟时间（t_{pd}）= _____。

（2）整理实验数据，与元件标准值比较并分析。

（3）实验心得和体会。

2.1.3　CMOS 门电路逻辑功能及参数测试

1. 实验目的

1）了解 CMOS 集成电路的使用规则。
2）掌握 CMOS 门电路的逻辑功能。
3）掌握 CMOS 与非门电路参数的测试方法。
4）认识 CMOS 与非门电压传输特性的测试方法。

2. 实验预习要求

1）复习 CMOS 门电路的逻辑功能和电路结构。
2）了解实验所用芯片的引脚分布和使用方法。
3）阅读实验相关知识和注意事项。
4）自行设计测试电路。

3. 实验相关知识

CMOS 为英文 Complementary Metal Oxide Semiconductor 的简称,译为互补-金属-氧化物-半导体。CMOS 集成电路是将 N 沟道 MOS 晶体管和 P 沟道 MOS 晶体管同时用于一个集成电路中,成为组合两种沟道 MOS 管性能的更优良的集成电路。

CMOS 集成电路的主要优点:

1）电源电压范围广,可在 3~18V 范围内正常运行;
2）功耗低,相比之下,TTL 器件的功耗则大得多;
3）输入阻抗高,通常大于 $10^{10}\Omega$,远高于 TTL 器件;
4）接近理想的传输特性,输出高电平可达电源电压的 99.9% 以上,低电平可达电源电压的 0.1% 以下;
5）扇出系数非常大,负载能力强。

本实验使用四 2 输入与非门 CD4011,四 2 输入或门 CD4071,四 2 输入与门 CD4081 及四 2 输入异或门 CD4030 进行逻辑功能测试,它们的引脚分布分别如图 2-20~图 2-23 所示。

本实验使用四 2 输入与非门 CD4011 进行参数测试,其电路结构如图 2-24 所示。CMOS 与非门电路参数的定义及测试方法与 TTL 与非门电路相仿,可参考实验 2.1.2。

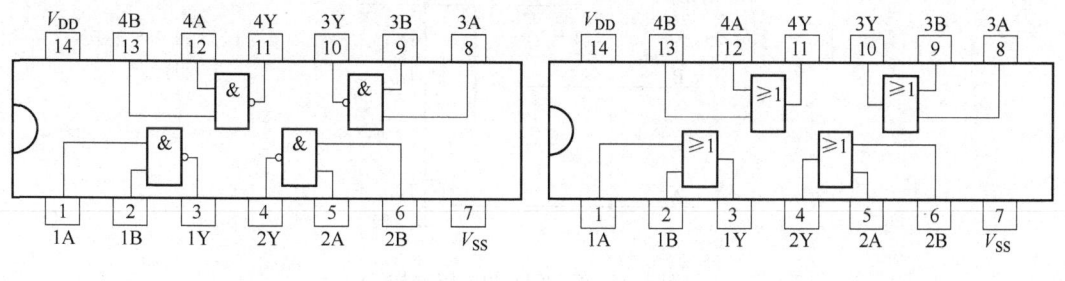

图 2-20　CD4011 的引脚分布　　　　图 2-21　CD4071 的引脚分布

4. 实验设备及元器件

1）数字电路实验箱　　　　　　　　　　　1 台
2）万用表　　　　　　　　　　　　　　　1 块

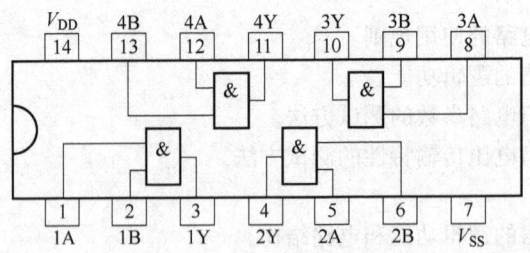

图 2-22　CD4081 的引脚分布

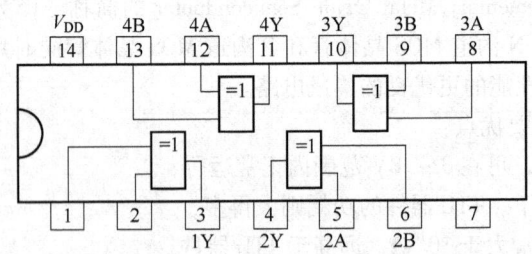

图 2-23　CD4030 的引脚分布

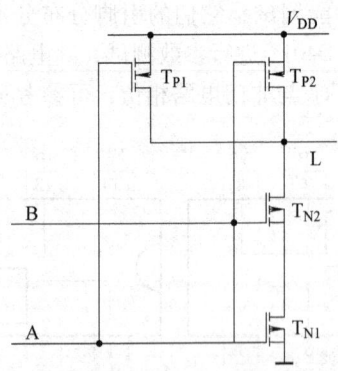

图 2-24　CD4011 的电路结构

3）元器件

集成电路：CD4011，CD4071，CD4081，CD4030　各 1 片

电阻：5.1kΩ，100Ω，200Ω，500Ω，1kΩ　各 1 只

电位器：1kΩ，10kΩ　各 1 只

5. 实验内容及步骤

（1）与非门 CD4011 和或门 CD4071 的逻辑功能测试

按表 2-7 所示的真值表逐个测试与非门 CD4011 和或门 CD4071 的输出电位和逻辑值，验证其逻辑功能。

（2）与门 CD4081 及异或门 CD4030 的逻辑功能测试

按表 2-8 所示的真值表逐个测试与门 CD4081 和异或门 CD4030 的输出电位和逻辑值，验证其逻辑功能。

（3）CMOS 与非门 CD4011 的电路参数测试

方法与 TTL 电路相同，测试电路可参考实验 2.1.2，但应当注意：CMOS 所有输入端一律不准悬空。与非门闲置输入端直接接电源电压 V_{DD}。测试结果填入表 2-9 中。

1）低电平输出电源电流 I_{DDL}

测试时，将 CD4011 四个门的所有输入端接电源电压 V_{DD}，输出端空载，测得电源提供给器件的总电流。求每个门则除以 4。

2）高电平输出电源电流 I_{DDH}

测试时，最好将 CD4011 四个门的所有输入端接地，输出端空载时，测得电源提供给器件的总电流。求每个门则除以 4。

3）低电平输入电流 I_{IL}

四个门的 I_{IL} 相同，选取其中一个门进行测试。测试时，将被测输入端接地，其余输入端接 V_{DD}。

（4）CD4011 的电压传输特性测试

参照实验 2.1.2 的图 2-18，一个输入端接信号输入，另一个输入端必须接逻辑高电平 V_{DD}，采用逐点测试法，调节电位器，按表 2-10 所示测试，然后绘制电压传输特性曲线。表中的 V_i 值仅作参考，测量时根据实际情况灵活变动。

6. 注意事项

1）V_{DD} 接电源正极，V_{SS} 接电源负极（通常接地），不得接反。CC4000 系列的电源允许电压在 3～18V 范围内，实验中一般使用 5～15V，本实验用 +5V。

2）所有输入端一律不准悬空。因为 CMOS 器件当输入端悬空时，可能为高电平，也可能为低电平，这与输入端的的静电荷情况有关；而且由于输入阻抗非常高，悬空时也会带来干扰，造成逻辑混乱。闲置输入端的处理方法是：与非门是直接接 V_{DD}，或非门是直接接 V_{SS}（⏚）；在工作频率不高的电路中，允许输入端并联使用。

3）输出端不允许直接与 V_{DD} 或 V_{SS}（⏚）相连，否则将导致器件损坏。

4）在装接电路，改变电路连接或插、拔电路时，均应切断电源，严禁带电操作。

5）焊接、测试和存储时的注意事项：

① 电路应存放在导电的容器内，有良好的静电屏蔽。

② 焊接时必须切断电源，电烙铁外壳必须良好接地，或拔下烙铁的电源，靠其余热焊接。

③ 所有的测试信号必须良好接地。

④ 若信号源与 CMOS 器件使用两组电源供电，应先开通 CMOS 电源，关机时，先关信号源最后再关 CMOS 电源。

7. 实验报告

学号：_____ 姓名：_____ 班级：_____ 实验台号：____ 成绩：____

实验标题：_____

（1）原始数据

表 2-7　CD4011 和 CD4071 的测试表格

CD4011				CD4071			
输入		输出 Y		输入		输出 Y	
A	B	电位/V	逻辑值	A	B	电位/V	逻辑值
0	0			0	0		
0	1			0	1		
1	0			1	0		
1	1			1	1		

表 2-8　CD4081 和 CD4030 的测试表格

CD4081				CD4030			
输入		输出 Y		输入		输出 Y	
A	B	电位/V	逻辑值	A	B	电位/V	逻辑值
0	0			0	0		
0	1			0	1		
1	0			1	0		
1	1			1	1		

表 2-9　CD4011 电路参数的测试表格

I_{DDL}/mA	I_{DDH}/mA	I_{IL}/mA	P_{DDL}/mW（计算）

表 2-10　CD4011 电压传输特性的测试表格

V_i/V	0	0.2	0.4	0.6	0.8	1.0	1.1	1.2	1.3
V_o/V									
V_i/V	1.4	1.5	1.6	1.8	2.0	2.5	3.0	3.5	4.0
V_o/V									

（2）整理实验数据，画出电压传输特性曲线。

（3）总结 CMOS 门电路闲置输入端如何处理。

（4）总结 TTL 与非门与 CMOS 与非门的异同点。

2.2 组合逻辑电路基本实验

2.2.1 组合逻辑电路设计与测试

1. 实验目的

1）掌握组合逻辑电路的一般设计方法。
2）了解组合逻辑电路的测试方法。
3）掌握 TTL 与或非门的逻辑功能。

2. 实验预习要求

1）复习组合逻辑电路的一般设计方法。
2）了解实验所用芯片的引脚分布和逻辑功能。
3）阅读实验相关知识和注意事项。
4）按要求设计实验所需电路，画出逻辑图。

3. 实验相关知识

组合逻辑电路的设计：就是按照具体逻辑命题要求设计出最简的组合电路。

组合逻辑电路的一般设计步骤如下：

1）对给定事件进行逻辑定义；
2）将设计需求转换为真值表；
3）将真值表转换为逻辑表达式，并对逻辑表达式进行化简或变换；
4）将逻辑表达式转换为逻辑图。

下面设计一个电路实现 3 人多数表决功能，要求用与非门实现。

首先进行逻辑定义：

3 个人分别操作 3 个表决开关，产生输入电平信号分别为 A、B、C，若为高电平则表示同意，规定为逻辑 1，若为低电平则表示不同意，规定为逻辑 0；输出电平信号 Y 可驱动指示灯表示表决结果，若为高电平指示灯亮则表示通过，规定为逻辑 1，若为低电平指示灯不亮则表示不通过，规定为逻辑 0。

于是可列出真值表见表 2-11。

表 2-11 3 人多数表决电路的真值表

A	B	C	Y
0	0	0	0
0	0	1	0
0	1	0	0
0	1	1	1
1	0	0	0
1	0	1	1
1	1	0	1
1	1	1	1

根据真值表可求出逻辑函数表达式为：
$Y = \overline{A}BC + A\overline{B}C + AB\overline{C} + ABC$

由卡诺图化简可得:
$Y = AB + AC + BC$
由于要求用与非门实现,变换可得:
$Y = \overline{\overline{AB} \cdot \overline{AC} \cdot \overline{BC}}$
根据上式可画出逻辑图如图 2-25 所示。
根据图 2-25 所示逻辑图选择芯片 74LS00 和 74LS20,通过连接即可得到所需功能。

4. 实验设备及元器件
1) 数字电路实验箱　　　　　　　　　　1 台
2) 万用表　　　　　　　　　　　　　　1 块
3) 元器件
集成电路: 74LS00、74LS86、74LS55　　各 1 片

5. 实验内容及步骤
(1) 用异或门和与非门实现半加器

根据半加器的逻辑表达式可知,半加器的和 Y 是 A、B 的异或,而进位 Z 是 A、B 相与,即半加器可用一个异或门和二个与非门组成一个电路。于是半加器的逻辑图如图 2-26 所示。

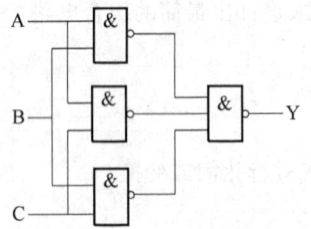

图 2-25　3 人多数表决电路的逻辑图　　　图 2-26　半加器的逻辑图

① 在数字电路实验箱上插入异或门和与非门芯片。输入端 A、B 接逻辑开关,输出端 Y、Z 接逻辑指示灯。

② 按表 2-14 要求改变 A、B 状态,填表并写出 Y、Z 逻辑表达式。

(2) 只用与非门实现全加器

1) 写出图 2-27 电路的逻辑表达式。

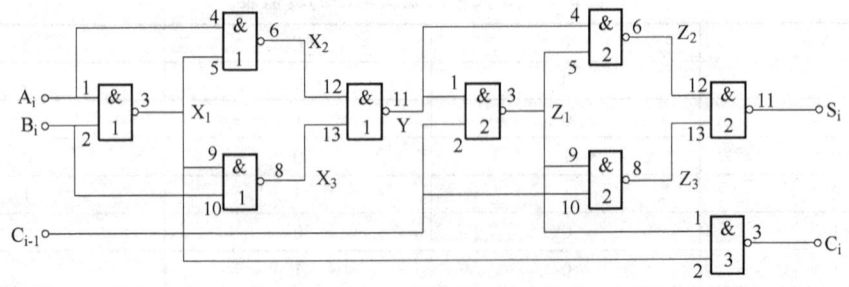

图 2-27　全加器的逻辑图

$S_i = $ _____ , $C_i = $ _____ 。

2) 根据逻辑表达式计算并填写电路真值表见表 2-12。

表 2-12 全加器的真值表

输入端			输出端	
A_i	B_i	C_{i-1}	S_i	C_i
0	0	0		
0	0	1		
0	1	0		
0	1	1		
1	0	0		
1	0	1		
1	1	0		
1	1	1		

3）根据图 2-27 所示电路计算并填写表 2-13 中各中间信号的真值表。

表 2-13 全加器各中间信号的真值表

A_i	B_i	C_{i-1}	X_1	X_2	X_3	Y	Z_1	Z_2	Z_3
0	0	0							
0	0	1							
0	1	0							
0	1	1							
1	0	0							
1	0	1							
1	1	0							
1	1	1							

4）按原理图选择与非门并接线进行测试，将测试结果记入表 2-15，并与表 2-12 进行比较看逻辑功能是否一致。

（3）与或非门 74LS55 的逻辑功能测试

1）选择 2 路 4 输入与或非门 74LS55，其引脚分布如图 2-28 所示，按图 2-29 所示接线。

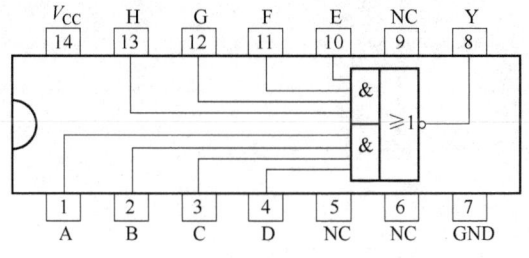

图 2-28 74LS55 的引脚分布

2）输入端接拨档逻辑开关，当输入端为表 2-16 所示情况时，拨动开关分别测试输出端（引脚 8）的电位和逻辑值，将结果填入表 2-16 中。

（4）用异或门、与或非门和与非门实现全加器全加器电路可以用两个半加器和两个与门、一个或门组成。在实验中，常用一片双异或门、一片与或非门和一片与非门来实现。

1) 以图 2-30 所示的电路元件图为基础进行连线，设计出用异或门、与或非门和与非门实现全加器的逻辑图，写出逻辑表达式。

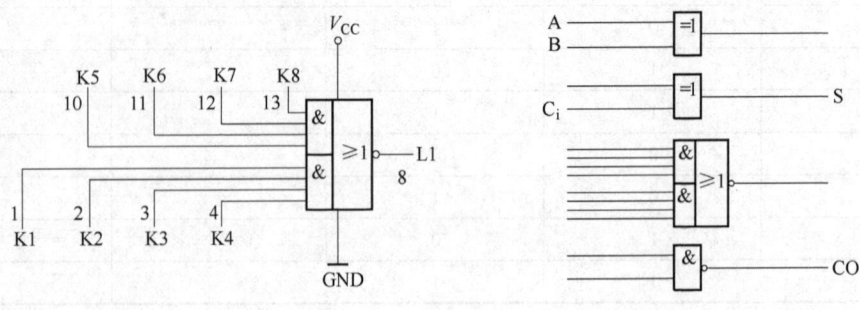

图 2-29　74LS55 的测试电路　　　　图 2-30　电路元件图

2) 选择异或门、与或非门和与非门器件按自行设计的电路图接线。
3) 自行设计测试表格对电路进行测试，验证电路功能是否正常。

6. 注意事项

1) 设计电路要尽量简洁，所用元器件要尽量少。
2) 注意正确选择集成电路的型号，不要将集成电路的电源端接反。
3) 各元器件位置摆放要合适，连线要简洁，尽量少交叉。

7. 实验报告

学号：_____ 姓名：_____ 班级：_____ 实验台号：____ 成绩：____

实验标题：_____

（1）原始数据

表 2-14　半加器的测试表格

输入端		输出端	
A	B	Y	Z
0	0		
0	1		
1	0		
1	1		

表 2-15　全加器的测试表格

输入端			输出端	
A_i	B_i	C_{i-1}	S_i	C_i
0	0	0		
0	0	1		
0	1	0		
0	1	1		
1	0	0		
1	0	1		
1	1	0		
1	1	1		

表 2-16　74LS55 的测试表格

输入端									输出端	
A	B	C	D	E	F	G	H		Y	
									电位/V	逻辑值
1	1	1	1	0	0	0	0			
1	1	1	1	0	0	0	1			
0	0	0	0	1	1	1	1			
1	0	0	0	1	1	1	1			
0	0	0	1	0	0	0	1			
0	0	0	0	0	0	0	0			

（2）总结与或非门电路的特点。
（3）记录实验中出现的问题，并加以分析。
（4）总结用逻辑门设计组合电路的方法。

2.2.2 译码器及其应用电路

1. 实验目的

1）掌握译码器的逻辑功能。
2）掌握译码器应用电路的设计方法。

2. 实验预习要求

1）复习译码器的工作原理和逻辑功能。
2）了解实验所用芯片的引脚分布和使用方法。
3）阅读实验相关知识和注意事项。
4）按要求设计实验所需电路，画出逻辑图。

3. 实验相关知识

译码器的功能是将具有特定含义的二进制码转换成相应的控制信号。

74LS138 是 3-8 译码器，有 3 个地址输入端 C、B、A（A 为低位），3 个选通输入端 G1、G2AN、G2BN，以及 8 个译码输出端 Y0N、Y1N、…、Y7N。译码输出为低电平有效。译码器 74LS138 的引脚分布如图 2-31 所示，其功能表见表 2-17。

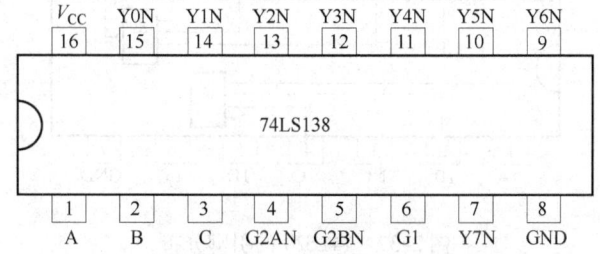

图 2-31　74LS138 的引脚分布

表 2-17　译码器 74LS138 的功能表

G1	G2AN	G2BN	C	B	A	Y0N	Y1N	Y2N	Y3N	Y4N	Y5N	Y6N	Y7N
×	×	1	×	×	×	1	1	1	1	1	1	1	1
×	1	×	×	×	×	1	1	1	1	1	1	1	1
0	×	×	×	×	×	1	1	1	1	1	1	1	1
1	0	0	0	0	0	0	1	1	1	1	1	1	1
1	0	0	0	0	1	1	0	1	1	1	1	1	1
1	0	0	0	1	0	1	1	0	1	1	1	1	1
1	0	0	0	1	1	1	1	1	0	1	1	1	1
1	0	0	1	0	0	1	1	1	1	0	1	1	1
1	0	0	1	0	1	1	1	1	1	1	0	1	1
1	0	0	1	1	0	1	1	1	1	1	1	0	1
1	0	0	1	1	1	1	1	1	1	1	1	1	0

注：×代表任意状态。

4. 实验设备及元器件

1）数字电路实验箱　　　　　　　　　　　　1 台
2）万用表　　　　　　　　　　　　　　　　1 块
3）元器件
集成电路：74LS138、74LS20、74LS00　　　若干

5. 实验内容及步骤

（1）3-8 译码器 74LS138 的基本功能测试

在数字电路实验箱上将译码器 74LS138 接通电源。在输入端按照表 2-18 加入高低电平，用 LED 逻辑指示灯观察结果并填入表 2-18 中。

（2）举重裁判电路

在举重比赛中，有三名裁判员，包括一名主裁判员和两名副裁判员。在裁判时，按照少数服从多数的原则通过，但必须包括主裁判。要求用译码器 74LS138 和必要的门电路进行设计。74LS20 是双 4 输入与非门芯片，其引脚分布如图 2-32 所示。

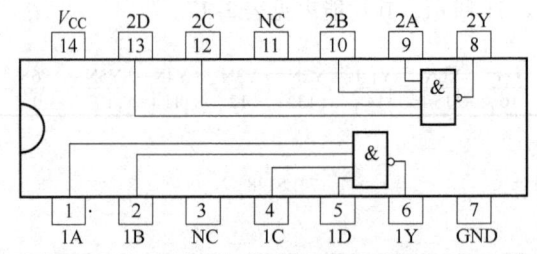

图 2-32　74LS20 的引脚分布

1）自行设计满足设计要求的举重裁判电路，画出逻辑图。
2）选择符合要求的器件在实验开发平台上按图接线并通电观察实现效果。
3）自行设计测试表格对电路进行测试，验证电路功能是否正常。

（3）2 位二进制乘法器

要求用译码器 74LS138 和必要的门电路进行设计。

1）自行设计满足设计要求的 2 位二进制乘法器，画出逻辑图。
2）选择符合要求的器件在实验开发平台上按图接线并通电观察实现效果。
3）自行设计测试表格对电路进行测试，验证电路功能是否正常。

6. 注意事项

1）译码器的控制信号设置要正确。
2）译码器的地址输入权位顺序要清楚。

7. 实验报告

学号：_____ 姓名：_____ 班级：_____ 实验台号：____ 成绩：____

实验标题：_____

（1）原始数据

表 2-18　74LS138 的测试表格

G1	G2AN	G2BN	C	B	A	Y0N	Y1N	Y2N	Y3N	Y4N	Y5N	Y6N	Y7N
×	×	1	×	×	×								
×	1	×	×	×	×								
0	×	×	×	×	×								
1	0	0	0	0	0								
1	0	0	0	0	1								
1	0	0	0	1	0								
1	0	0	0	1	1								
1	0	0	1	0	0								
1	0	0	1	0	1								
1	0	0	1	1	0								
1	0	0	1	1	1								

注：×代表任意状态。

（2）总结译码器 74LS138 的 G1、G2AN、G2BN 端的作用。

（3）总结用译码器设计组合逻辑电路的方法。

（4）总结实验心得与体会。

2.2.3 数据选择器及其应用电路

1. 实验目的

1)掌握数据选择器的逻辑功能。
2)掌握数据选择器应用电路的设计方法。
3)了解用数据选择器作逻辑函数产生器的方法。

2. 实验预习要求

1)复习数据选择器的工作原理和逻辑功能。
2)了解实验所用芯片的引脚分布和使用方法。
3)阅读实验相关知识和注意事项。
4)按要求设计实验所需电路,画出逻辑图。

3. 实验相关知识

数据选择器的功能是从多个通道的数据中选择一个数据传送到唯一的公共数据通道上。

74LS151 是 8 选 1 数据选择器,有 3 个地址输入端 C、B、A(A 为低位),用于选择 D0~D7 共 8 个数据中的其中 1 个,1 个选通输入端 GN,以及 2 个互补输出端 Y 和 WN。数据选择器 74LS151 的引脚分布如图 2-33 所示,其功能表见表 2-19。

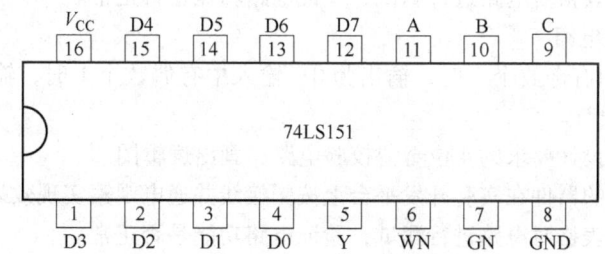

图 2-33 74LS151 的引脚分布

表 2-19 数据选择器 74LS151 的功能表

GN	C	B	A	Y	WN
1	×	×	×	0	1
0	0	0	0	D0	/D0
0	0	0	1	D1	/D1
0	0	1	0	D2	/D2
0	0	1	1	D3	/D3
0	1	0	0	D4	/D4
0	1	0	1	D5	/D5
0	1	1	0	D6	/D6
0	1	1	1	D7	/D7

注:×代表任意状态。

数据选择器除了实现有选择的传送数据以外，还可作逻辑函数产生器，与计数器配合可实现并行数据到串行数据的转换等。

4. 实验设备及元器件
1）数字电路实验箱　　　　　　　　　　1 台
2）万用表　　　　　　　　　　　　　　1 块
3）元器件
集成电路：74LS151、74LS00　　　　　若干

5. 实验内容及步骤
（1）数据选择器 74LS151 的基本功能测试

在数字电路实验箱上将数据选择器 74LS151 接通电源。在输入端按照表 2-20 加入高低电平，用 LED 逻辑指示灯观察结果并填入表 2-20 中。

（2）3 位开关控制电路

要求用 3 个开关控制 1 个灯，改变任何一个开关的状态都能控制灯由亮变灭或者由灭变亮。用 74LS151 和必要的门电路进行设计。

1）自行设计满足设计要求的 3 位开关控制电路，画出逻辑图。
2）选择符合要求的器件在实验开发平台上按图接线并通电观察实现效果。
3）自行设计测试表格对电路进行测试，验证电路功能是否正常。

（3）4 位奇偶校验电路

要求当四个输入中有奇数个 1 时，输出为 0；输入中有偶数个 1 时，输出为 1。用 74LS151 和必要的门电路进行设计。

1）自行设计满足设计要求的 4 位奇偶校验电路，画出逻辑图。
2）选择符合要求的器件在实验开发平台上按图接线并通电观察实现效果。
3）自行设计测试表格对电路进行测试，验证电路功能是否正常。

6. 注意事项
1）数据选择器的控制信号设置要正确。
2）数据选择器的地址输入权位顺序要清楚。

7. 实验报告

学号：_____ 姓名：_____ 班级：_____ 实验台号：____ 成绩：____

实验标题：_____

（1）原始数据

表 2-20 74LS151 的测试表格

GN	C	B	A	Y	WN
1	×	×	×		
0	0	0	0		
0	0	0	1		
0	0	1	0		
0	0	1	1		
0	1	0	0		
0	1	0	1		
0	1	1	0		
0	1	1	1		

注：×代表任意状态。

（2）总结数据选择器 74LS151 的 GN 端的作用。

（3）总结用数据选择器设计组合逻辑电路的方法。

（4）总结实验心得与体会。

2.2.4 显示译码器电路

1. 实验目的

1) 了解数码管的工作原理。
2) 掌握显示译码器的逻辑功能。
3) 掌握显示译码器控制信号的使用方法。

2. 实验预习要求

1) 复习显示译码器的工作原理和逻辑功能。
2) 了解实验所用芯片的引脚分布和使用方法。
3) 阅读实验相关知识和注意事项。
4) 按要求设计实验所需电路,画出逻辑图。

3. 实验相关知识

（1）数码显示器

在数字电路中,常用的显示器是数码显示器。LC5011-11 就是一种共阴极数码显示器。它的引脚分布如图 2-34 所示,X 为共阴极,DP 为小数点。其内部是八段发光二极管的负极连在一起的电路。当在它的 a、b、c、…、g、DP 加上正向电压时,各段发光二极管就点亮,例如当 a、b 和 c 段为高电平,其它各段为低电平时就显示数码"7"。

共阳极数码显示器的阳极是连在一体的,它的工作情况与共阴极数码管是相反的,它的各段加上低电平时,所对应的发光二极管就点亮。

图 2-34 LC5011-11 的引脚分布

（2）显示译码器

74LS248 是 BCD 码到七段码的显示译码器,它可以直接驱动共阴极数码管。显示译码器 74LS248 的引脚分布如图 2-35 所示,其功能表见表 2-21。

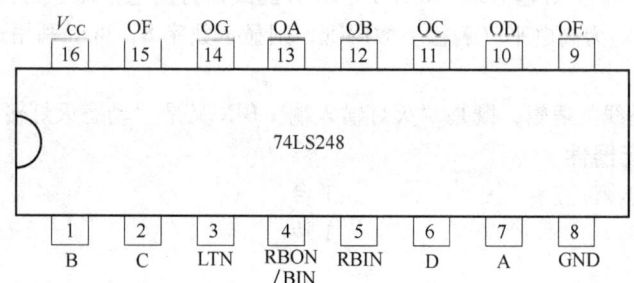

图 2-35 74LS248 的引脚分布

表 2-21 显示译码器 74LS248 的功能表

功能	LTN	RBIN	BIN	D	C	B	A	OA	OB	OC	OD	OE	OF	OG	RBON	字形
BIN	×	×	0	×	×	×	×	0	0	0	0	0	0	0	×	
RBIN	1	0	×	0	0	0	0	0	0	0	0	0	0	0	0	
LTN	0	×	1	×	×	×	×	1	1	1	1	1	1	1	1	
0	1	1	1	0	0	0	0	1	1	1	1	1	1	0	1	
1	1	×	1	0	0	0	1	0	1	1	0	0	0	0	1	

（续）

功能	LTN	RBIN	BIN	D	C	B	A	OA	OB	OC	OD	OE	OF	OG	RBON	字形
2	1	×	1	0	0	1	0	1	1	0	1	1	0	1	1	
3	1	×	1	0	0	1	1	1	1	1	1	0	0	1	1	
4	1	×	1	0	1	0	0	0	1	1	0	0	1	1	1	
5	1	×	1	0	1	0	1	1	0	1	1	0	1	1	1	
6	1	×	1	0	1	1	0	1	0	1	1	1	1	1	1	
7	1	×	1	0	1	1	1	1	1	1	0	0	0	0	1	
8	1	×	1	1	0	0	0	1	1	1	1	1	1	1	1	
9	1	×	1	1	0	0	1	1	1	1	0	1	1	1	1	
10	1	×	1	1	0	1	0	0	0	0	1	1	0	1	1	
11	1	×	1	1	0	1	1	0	0	1	1	0	0	1	1	
12	1	×	1	1	1	0	0	1	0	0	0	1	1	0	1	
13	1	×	1	1	1	0	1	0	1	0	0	1	0	1	1	
14	1	×	1	1	1	1	0	0	0	0	0	1	1	1	1	
15	1	×	1	1	1	1	1	0	0	0	0	0	0	0	1	

注：×代表任意状态。

74LS248 在使用时要注意以下几点：

1）要求输入数字 0~15 时"灭灯输入端"BIN 必须开路或保持高电平。如果需要显示十进制的 0，则"动态灭灯输入"RBIN 必须开路或为高电平。

2）当灭灯输入端 BIN 接低电平时，不管其他输入为何种电平，所有各段输出均为低电平。

3）当"动态灭灯输入端"RBIN 和 D、C、B、A 输入为低电平而"灯测试端"LTN 为高电平时，所有各段输出均为低电平，并且"动态灭灯输出端"RBON 处于低电平。

4）"灭灯输入/动态灭灯输出端"BIN/RBON 开路或保持高电平而"灯测试端"LTN 为低电平时，所有各段输出均为高电平（若接上数码管，则显示数字 8，可以利用这一点检查 74LS248 和数码管的好坏）。

5）BIN/RBON 是线与逻辑，既是"灭灯输入端"BIN 又是"动态灭灯输出端"RBON。

4. 实验设备及元器件

1）数字电路实验箱　　　　　　　　1 台

2）万用表　　　　　　　　　　　　1 块

3）元器件

集成电路：74LS248、74LS154、74LS00　　若干

5. 实验内容及步骤

（1）显示译码器 74LS248 的基本功能测试

1）译码显示的实验电路如图 2-36 所示，74LS248 的译码输出端接共阴极数码管对应的段。为了检查数码显示器的好坏，使 LT = 0，其余为任意状态，这时数码管各段全部点亮。否则数码管是坏的。再用一根导线将 BI/RBO 接地，这时如果数码管全灭，说明译码显示是好的。

2）在图 2-36 中将 74LS248 的 D、C、B、A 分别接

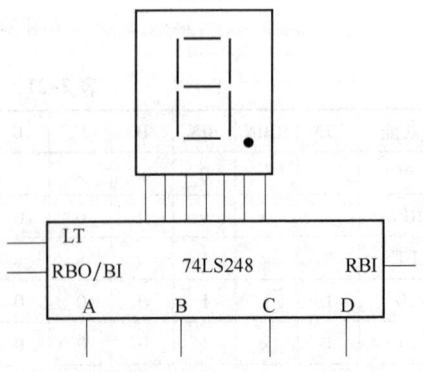

图 2-36　译码显示的测试电路

拨档逻辑开关，LT、RBI 和 BI/RBO 分别接逻辑高电平。改变拨档开关的逻辑电平，在不同的输入状态下，将从数码管观察到的字形填入表 2-24 中。

3）使 LT = 1，BI/RBO 接一个发光二极管，在 RBI 为 1 和 0 的情况，使拨档开关的输出为 0000，观察灭零功能。

（2）用 74LS154 实现十六进制显示译码器

普通显示译码器能够实现十进制数的译码显示，如果要实现十六进制数的译码显示则需要自行设计，其功能表见表 2-22。

表 2-22 十六进制显示译码器的功能表

功能	D	C	B	A	OA	OB	OC	OD	OE	OF	OG	字形
0	0	0	0	0	1	1	1	1	1	1	0	
1	0	0	0	1	0	1	1	0	0	0	0	
2	0	0	1	0	1	1	0	1	1	0	1	
3	0	0	1	1	1	1	1	1	0	0	1	
4	0	1	0	0	0	1	1	0	0	1	1	
5	0	1	0	1	1	0	1	1	0	1	1	
6	0	1	1	0	1	0	1	1	1	1	1	
7	0	1	1	1	1	1	1	0	0	0	0	
8	1	0	0	0	1	1	1	1	1	1	1	
9	1	0	0	1	1	1	1	0	1	1	1	
10	1	0	1	0	1	1	1	0	1	1	1	
11	1	0	1	1	0	0	1	1	1	1	1	
12	1	1	0	0	1	0	0	1	1	1	0	
13	1	1	0	1	0	1	1	1	1	0	1	
14	1	1	1	0	1	0	0	1	1	1	1	
15	1	1	1	1	1	0	0	0	1	1	1	

要求用中规模集成电路（MSI）4-16 译码器 74LS154 和必要的门电路完成设计。4-16 译码器 74LS154 的引脚分布如图 2-37 所示，其功能表见表 2-23。

1）自行设计满足设计要求的十六进制显示译码器，画出逻辑图。

2）选择符合要求的器件在实验开发平台上按图接线并通电观察实现效果。

3）自行设计测试表格对电路进行测试，验证电路功能是否正常。

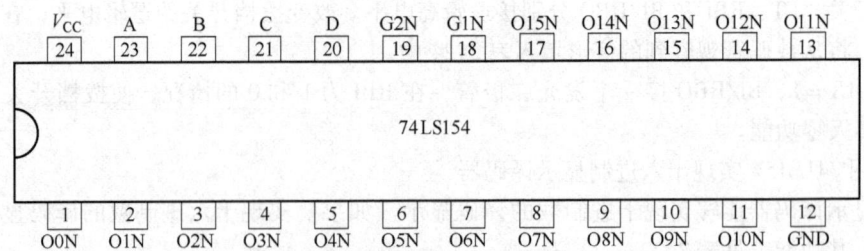

图 2-37　74LS154 的引脚分布

表 2-23　译码器 74LS154 的功能表

G1N	G2N	D	C	B	A	O0N	O1N	O2N	O3N	O4N	O5N	O6N	O7N	O8N	O9N	O10N	O11N	O12N	O13N	O14N	O15N
×	1	×	×	×	×	1	1	1	1	1	1	1	1	1	1	1	1	1	1	1	1
1	×	×	×	×	×	1	1	1	1	1	1	1	1	1	1	1	1	1	1	1	1
0	0	0	0	0	0	0	1	1	1	1	1	1	1	1	1	1	1	1	1	1	1
0	0	0	0	0	1	1	0	1	1	1	1	1	1	1	1	1	1	1	1	1	1
0	0	0	0	1	0	1	1	0	1	1	1	1	1	1	1	1	1	1	1	1	1
0	0	0	0	1	1	1	1	1	0	1	1	1	1	1	1	1	1	1	1	1	1
0	0	0	1	0	0	1	1	1	1	0	1	1	1	1	1	1	1	1	1	1	1
0	0	0	1	0	1	1	1	1	1	1	0	1	1	1	1	1	1	1	1	1	1
0	0	0	1	1	0	1	1	1	1	1	1	0	1	1	1	1	1	1	1	1	1
0	0	0	1	1	1	1	1	1	1	1	1	1	0	1	1	1	1	1	1	1	1
0	0	1	0	0	0	1	1	1	1	1	1	1	1	0	1	1	1	1	1	1	1
0	0	1	0	0	1	1	1	1	1	1	1	1	1	1	0	1	1	1	1	1	1
0	0	1	0	1	0	1	1	1	1	1	1	1	1	1	1	0	1	1	1	1	1
0	0	1	0	1	1	1	1	1	1	1	1	1	1	1	1	1	0	1	1	1	1
0	0	1	1	0	0	1	1	1	1	1	1	1	1	1	1	1	1	0	1	1	1
0	0	1	1	0	1	1	1	1	1	1	1	1	1	1	1	1	1	1	0	1	1
0	0	1	1	1	0	1	1	1	1	1	1	1	1	1	1	1	1	1	1	0	1
0	0	1	1	1	1	1	1	1	1	1	1	1	1	1	1	1	1	1	1	1	0

注：×代表任意状态。

6. 注意事项

1）显示译码器的控制信号设置要正确。

2）显示译码器的地址输入权位顺序要清楚。

7. 实验报告

学号：_____ 姓名：_____ 班级：_____ 实验台号：____成绩：____

实验标题：_____

（1）原始数据

表 2-24　74LS248 的测试表格

D	C	B	A	显示字形
0	0	0	0	
0	0	0	1	
0	0	1	0	
0	0	1	1	
0	1	0	0	
0	1	0	1	
0	1	1	0	
0	1	1	1	
1	0	0	0	
1	0	0	1	
1	0	1	0	
1	0	1	1	
1	1	0	0	
1	1	0	1	
1	1	1	0	
1	1	1	1	

（2）总结出显示译码器的逻辑功能和使用方法。

（3）如果不使用显示译码器，如何在数码显示器上显示数字或字母。

（4）字形编码的种类，即一个七段数码管可产生多少种字符（字母或数字），并画图示意，产生所有的字符需要多少根译码输入信号线。

2.3 触发器逻辑功能测试及其应用

2.3.1 触发器逻辑功能测试

1. 实验目的

1）熟悉并掌握 RS、D、JK 触发器的特性和功能测试方法。
2）学会正确使用触发器集成芯片。
3）了解不同逻辑功能触发器相互转换的方法。

2. 实验预习要求

1）复习 RS、D、JK 触发器的工作原理和逻辑功能。
2）了解实验所用芯片的引脚分布和使用方法。
3）阅读实验相关知识和注意事项。
4）按要求设计实验所需电路，画出逻辑图。

3. 实验相关知识

触发器具有两个稳定状态，在一定的外加信号作用下可以由一种稳定状态转变为另一稳定态，无外加信号作用时，将维持原状态不变。因为触发器是一种具有记忆功能的二进制存储单元，所以是构成各种时序电路的基本逻辑单元。

根据电路结构和功能的不同，触发器有 RS 触发器、D 触发器、JK 触发器、T 触发器、T'触发器等类型，见表 2-25。

表 2-25 常见触发器一览表

	RS 触发器	JK 触发器	D 触发器	T 触发器	T'触发器
逻辑符号	(Q Q̄ / S R)	(Q Q̄ / J CP K)	(Q Q̄ / D CP)	(Q Q̄ / T CP)	(Q Q̄ / T CP / 1)
特性表	S R Q^{n+1} 0 0 Q^n 0 1 0 1 0 1 1 1 不定	J K Q^{n+1} 0 0 Q^n 0 1 0 1 0 1 1 1 $\overline{Q^n}$	D Q^{n+1} 0 0 1 1	T Q^{n+1} 0 Q^n 1 $\overline{Q^n}$	T Q^{n+1} 1 $\overline{Q^n}$
特性方程	$\begin{cases} Q^{n+1} = S + \overline{R}Q^n \\ SR = 0 \end{cases}$	$Q^{n+1} = J\overline{Q^n} + \overline{K}Q^n$	$Q^{n+1} = D$	$Q^{n+1} = T \oplus Q^n$	$Q^{n+1} = \overline{Q^n}$
特点	①信号双端输入 ②具有置 0、置 1、保持功能 ③S 和 R 有约束条件 SR=0	①信号双端输入 ②具有置 0、置 1、保持、翻转功能	①信号单端输入②具有置 0、置 1 功能	①信号单端输入②具有保持、翻转功能	①信号单端输入②具有翻转功能

集成触发器的主要产品是 D 触发器和 JK 触发器，其他功能的触发器可由 D、JK 触发器进行转换。将 D 触发器的 D 端连到其输出端 Q'，就构成 T'触发器。将 JK 触发器的 J、K 端连在一

起输入信号,就构成 T 触发器;J、K 端连在一起输入高电平(或悬空),就构成 T' 触发器。

实验中使用的集成触发器是 74LS74 和 74LS112,其中 74LS74 是双 D 型上升沿触发器,具有预置、清零功能;74LS112 是双 JK 型下降沿触发器,同样具有预置、清零功能。它们的引脚分布分别如图 2-38 和图 2-39 所示。

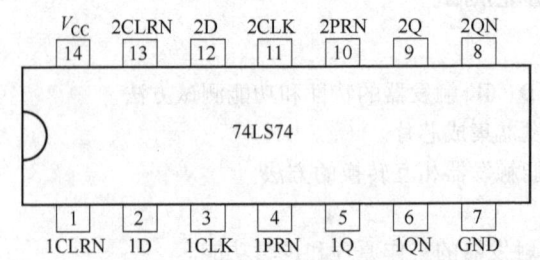

图 2-38　74LS74 的引脚分布

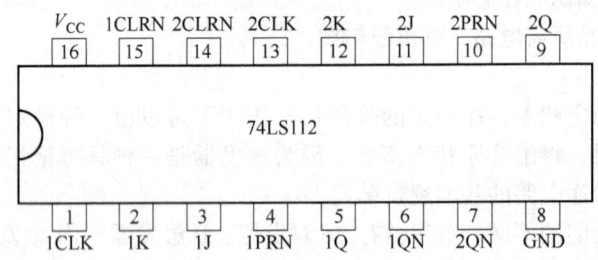

图 2-39　74LS112 的引脚分布

4. 实验设备及元器件

1)数字电路实验箱　　　　　　　　　　　　1 台
2)万用表　　　　　　　　　　　　　　　　1 块
3)示波器　　　　　　　　　　　　　　　　1 台
4)元器件

集成电路:74LS00、74LS74、74LS112、74LS86　若干

5. 实验内容及步骤

(1) 基本 RS 触发器的功能测试

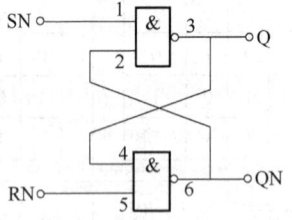

图 2-40　基本 RS 触发器的测试电路

用集成电路 74LS00 中的两个 TTL 与非门首尾相接构成基本 RS 触发器的电路,如图 2-40 所示。

1)按表 2-26 所示的顺序在 SN、RN 端加信号,观察并记录触发器的 Q、QN 端的状态,将结果填入表 2-26 中,并说明在上述各种输入状态下,RS 触发器执行的是什么逻辑功能?

2)SN 端接低电平,RN 端加单脉冲。

3)SN 端接高电平,RN 端加单脉冲。

4)令 SN = RN,SN 端加单脉冲。

观察并记录 2)、3)、4)三种情况下,Q、QN 端的状态。从中你能否总结出基本 RS 的 Q 或 QN 端的状态改变和输入端 SN、RN 的关系。

5)当 SN、RN 都接低电平时,观察 Q、QN 端的状态,当 SN、RN 同时由低电平跳为高电平时，注意观察 Q、QN 端的状态，重复 3~5 次看 Q、QN 端的状态是否相同，以正确理解"不定"状态的含义。

(2) 上升沿 D 触发器 74LS74 的功能测试

双 D 型上升沿触发器 74LS74 的逻辑符号如图 2-41 所示。图中 PRN、CLRN 端为异步置 1 端、置 0 端（或称异步置位、复位端），CLK 为时钟输入端。

1) 分别在 PRN、CLRN 端加低电平，观察并记录 Q、QN 端的状态。

2) 令 PRN、CLRN 端为高电平，D 端分别接高、低电平，CLK 加单脉冲，观察并记录当 CLK 为 0、↑、1、↓ 时 Q 端状态的变化。

3) 当 PRN = CLRN = 1、CLK = 0（或 CLK = 1），改变 D 端信号，观察 Q 端的状态是否变化。

整理上述实验数据，将结果填入表 2-27 中。

4) 令 PRN = CLRN = 1，将 D 和 QN 端相连，CLK 端加 1kHz 连续脉冲，用示波器观察并记录 Q 相对于 CLK 的波形。

(3) 下降沿 JK 触发器 74LS112 的功能测试

双 JK 型下降沿触发器 74LS112 芯片的逻辑符号如图 2-42 所示。

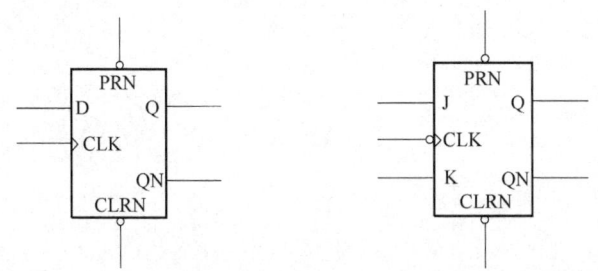

图 2-41 74LS74 的逻辑符号　　图 2-42 74LS112 的逻辑符号

自拟实验步骤，测试其功能，并将结果填入表 2-28 中，若令 J = K = 1 时，CLK 端加 1kHz 连续脉冲，用示波器观察并记录 Q~CLK 波形。再将 D 触发器的 D 和 QN 端相连，CLK 端加同一个 1kHz 连续脉冲，观察并记录 Q 相对于 CLK 的波形，并与 JK 触发器相比较，有何异同点？

(4) 触发器的功能转换

1) 分别将 D 触发器和 JK 触发器转换成 T 触发器，列出表达式，画出实验电路图。

2) 接入连续脉冲，观察并记录各触发器 CLK 及 Q 端波形，比较两者关系。

3) 自拟实验数据表并填写。

6. 注意事项

1) 触发器的单次时钟信号应选择单脉冲或带消抖功能的逻辑开关。

2) 每一次测试前应设置或确认触发器的初始状态（0 或 1）。

7. 实验报告

学号：_____ 姓名：_____ 班级：_____ 实验台号：____ 成绩：____

实验标题：_____

（1）原始数据

表 2-26　RS 触发器的测试表格

SN	RN	Q	QN	逻辑功能
0	1			
1	1			
1	0			
1	1			

表 2-27　74LS74 的测试表格

PRN	CLRN	CLK	D	Q^n	Q^{n+1}	逻辑功能
0	1	×	×	0		
				1		
1	0	×	×	0		
				1		
1	1	↑	0	0		
				1		
1	1	↑	1	0		
				1		
1	1	0 或 1	×	0		
				1		

注：×代表任意状态。

CLK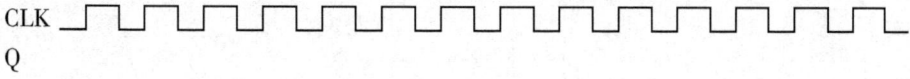
Q

表 2-28　74LS112 的测试表格

PRN	CLRN	CLK	J	K	Q^n	Q^{n+1}	逻辑功能
0	1	×	×	×	0		
					1		
1	0	×	×	×	0		
					1		
1	1	↓	0	0	0		
					1		
1	1	↓	0	1	0		
					1		
1	1	↓	1	0	0		
					1		
1	1	↓	1	1	0		
					1		
1	1	0 或 1	×	×	0		
					1		

注：× 代表任意状态。

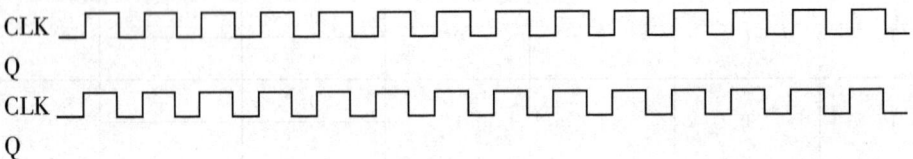

（2）将实验数据与特性真值表比较，确认触发器功能，总结各类触发器特点。

（3）总结常见的触发器功能转换方法。

（4）如果触发器时钟信号由普通的按键开关提供，在操作时可能会出现什么现象。

2.3.2 触发器基本应用电路

1. 实验目的

1）进一步掌握 D 触发器的功能。
2）了解按键抖动原理和常见消抖方法。
3）掌握抢答器的工作原理。

2. 实验预习要求

1）复习 D 触发器的特性和功能。
2）了解实验所用芯片的引脚分布和使用方法。
3）阅读实验相关知识和注意事项。
4）按要求设计实验所需电路，画出逻辑图。

3. 实验相关知识

通常的按键所用开关为机械弹性开关，当机械触点断开、闭合时，由于机械触点的弹性作用，一个按键开关在闭合时不会马上稳定地接通，在断开时也不会一下子断开。因而在闭合及断开的瞬间均伴随有一连串的抖动，如图 2-43 所示，为了不产生这种现象而作的措施就是按键消抖。

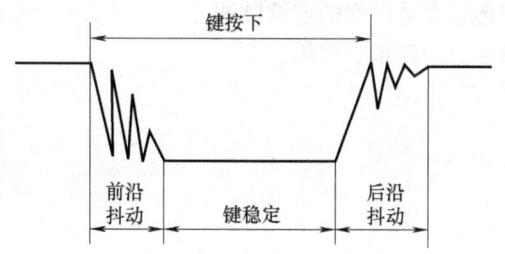

图 2-43　按键抖动示意图

抖动时间的长短由按键的机械特性决定，一般为 5~10ms。这是一个很重要的时间参数，在很多场合都要用到。按键稳定闭合时间的长短则是由操作人员的按键动作决定的，一般为零点几秒至数秒。键抖动会引起一次按键被误读多次。为确保对按键的一次闭合仅作一次处理，必须去除键抖动。在键闭合稳定时读取键的状态，并且必须判别到键释放稳定后再作处理。

抢答器是一种在知识竞赛、文体娱乐活动（抢答活动）中，能准确、公正、直观地判断出抢答者的机器。通过抢答者所处位置的指示灯显示、声音提醒、数字显示等手段筛选出抢答违规者或者第一抢答成功者，但是一般抢答器都只需要筛选出第一抢答成功或者第一抢答违规者。

4. 实验设备及元器件

1）数字电路实验箱　　　　　　　　1 台
2）万用表　　　　　　　　　　　　1 块
3）示波器　　　　　　　　　　　　1 台
4）元器件
集成电路：74LS00、74LS74　　　　若干

5. 实验内容及步骤

1) 按键消抖电路

要求用 D 触发器和必要的门电路设计。

① 自行设计满足设计要求的按键消抖电路，画出逻辑图。
② 选择符合要求的器件在实验开发平台上按图接线并通电。
③ 使用示波器监测消抖前后的信号，操作按键，观察并记录波形，验证电路功能是否正常。

2) 4 人抢答器电路

要求用 D 触发器和必要的门电路设计。

按照设计图接线，按照抢答器的要求实现如下功能。

① 抢答开始前，主持人清除上一轮抢答结果。
② 主持人发出抢答信号，抢答开始，记录抢答结果。
③ 重复以上两步，验证抢答器功能。

具体实验步骤如下：

① 自行设计满足设计要求的 4 人抢答器电路，画出逻辑图。
② 选择符合要求的器件在实验开发平台上按图接线并通电观察实现效果。
③ 自行设计测试表格对电路进行测试，验证电路功能是否正常。

6. 注意事项

1) 触发器时钟信号应选择合适频率的连续脉冲。
2) 每一次抢答前应清除上一轮抢答结果。

7. 实验报告

学号：_____ 姓名：_____ 班级：_____ 实验台号：____成绩：____

实验标题：_____

（1）原始数据

① 按键消抖电路设计图

② 4 人抢答器电路设计图

（2）分析实验中出现的问题的原因。
（3）总结实验心得与体会。

2.4 时序逻辑电路基本实验

2.4.1 触发器设计计数器

1. 实验目的

1）掌握用触发器设计计数器的方法。
2）了解时序逻辑电路中自启动功能的设计方法。
3）掌握逻辑分析仪的基本使用方法。

2. 实验预习要求

1）复习用触发器设计计数器的方法。
2）复习时序逻辑电路中自启动功能的设计方法。
3）了解逻辑分析仪的基本使用方法。
4）阅读实验相关知识和注意事项。
5）按要求设计实验所需电路，画出逻辑图。

3. 实验相关知识

计数器是数字系统中用的较多的基本逻辑器件，它的基本功能是统计时钟脉冲的个数，即实现计数操作，它也可用于分频、定时、产生节拍脉冲和脉冲序列等。例如，计算机中的时序发生器、分频器、指令计数器等都要使用计数器。采用触发器和逻辑门，通过一定的设计步骤就可以得到所需的计数器功能。

计数器的种类很多。按构成计数器中的各触发器是否使用一个时钟源来分，可分为同步计数器和异步计数器；按进位体制的不同，可分为二进制计数器、十进制计数器和任意进制计数器；按计数过程中数字增减趋势的不同，可分为加法计数器、减法计数器和可逆计数器；还有可预置数和可编码计数器等。

在计数器的设计中，有时需要考虑自启动的要求。数字电路中的状态机在上电时，无论它处于什么初始状态，都会自动经过有限次的跳变后，最终进入设定的状态中。具有这种功能的电路，就叫做自启动电路。

判断一个计数器能否自启动，可将各无效状态逐个代入各级触发器的驱动方程，若每个无效状态经过一个或多个计数脉冲，能自动进入有效循环，即无效状态中无自成闭合无效循环者，则该计数器能自启动。反之，则属非自启动计数器。将非自启动计数器变为自启动计数器，通常采用下面的方法：一种解决办法是在电路开始工作时通过预置数将电路的状态置成有效状态循环中的某一种；另一种解决方法是通过修改逻辑设计加以解决。

4. 实验设备及元器件

1）数字电路实验箱　　　　　　　　1 台
2）万用表　　　　　　　　　　　　1 块
3）逻辑分析仪　　　　　　　　　　1 台
4）元器件
集成电路：74LS00、74LS74、74LS112　　若干

5. 实验内容及步骤

1）环形计数器

设计一个可自启动的计数器，要求当输入脉冲时，输出能正确地按照如表2-29所示的状态转换表运行。用D触发器和必要的逻辑门进行设计。

表2-29 环形计数器的状态转换表

CLRN	CLK	Q3	Q2	Q1	Q0
0	×	0	0	0	0
1	1	0	0	0	1
1	2	0	0	1	0
1	3	0	1	0	0
1	4	1	0	0	0
1	5	0	0	0	1

注：×代表任意状态。

① 按照自行设计的电路选择元器件，检测正常后在实验开发平台上完成接线。输入CLRN接按键开关，CLK接单脉冲，输出Q3～Q0分别接L1～L4逻辑指示灯。

② 接通电源，复位电路，连续提供单脉冲，观察输出状态变化规律，记录到如表2-30所示的状态转换测试表中。

③ 设置一个电路的无效状态，再连续提供单脉冲，观察输出状态变化规律，记录到自行设计的状态转换测试表中。

④ 将CLK改接为1kHz连续脉冲，用逻辑分析仪连接观察各输入和输出信号，再次运行电路，将观察结果记录下来。

2）12进制计数器

设计一个可自启动的带进位输出的12进制计数器。用JK触发器和必要的门电路进行设计。

① 按照自行设计的电路选择元器件，检测正常后在实验开发平台上完成接线。

② 接通电源，复位电路，连续提供单脉冲，观察输出状态变化规律，记录到如表2-31所示的状态转换测试表中。

③ 设置一个电路的无效状态，再连续提供单脉冲，观察输出状态变化规律，记录到自行设计的状态转换测试表中。

④ 将时钟改接为10kHz连续脉冲，用逻辑分析仪连接观察各输入和输出信号，再次运行电路，将观察结果记录下来。

6. 注意事项

1）设计电路必须包含时钟和异步复位信号，采用同步方法设计。

2）设计电路在保证自启动功能的基础上应尽量简化。

7. 实验报告

学号：_____ 姓名：_____ 班级：_____ 实验台号：_____ 成绩：____

实验标题：_____

（1）原始数据

表 2-30 环形计数器的测试表格

CLRN	CLK	Q3	Q2	Q1	Q0
0	×				
1	1				
1	2				
1	3				
1	4				
1	5				

注：×代表任意状态。

表 2-31 12 进制计数器的测试表格

CLRN	CLK	Q3	Q2	Q1	Q0	RCO
0	×					
1	1					
1	2					
1	3					
1	4					
1	5					
1	6					
1	7					
1	8					
1	9					
1	10					
1	11					
1	12					
1	13					

注：×代表任意状态。

（2）总结用触发器设计计数器的方法。

（3）总结时序逻辑电路中自启动功能的设计方法。

（4）如何把 10kHz 的脉冲通过计数的方法变成 1kHz 的脉冲（要求占空比 50%），请描述设计过程并画出相应的电路图。

2.4.2 集成计数器及其应用

1. 实验目的

1）掌握集成计数器的逻辑功能和各控制端作用。
2）掌握任意模计数器的设计方法。
3）熟悉集成计数器的级联方法。

2. 实验预习要求

1）复习计数器的工作原理和逻辑功能。
2）了解实验所用芯片的引脚分布和使用方法。
3）复习任意模计数器的设计方法和集成计数器的级联方法。
4）阅读实验相关知识和注意事项。
5）按要求设计实验所需电路，画出逻辑图。

3. 实验相关知识

采用触发器和逻辑门可以构成各种类型的计数器，但电路结构复杂，使用起来很不方便，于是生产厂家制造了一系列的集成计数器，大大提高了工作效率。

中规模集成计数器功能完善，具有自扩展特性，通用性很强。学生应能看懂功能表，并且能熟练使用集成计数器。

常用的同步集成计数器如下：

① 74160：十进制同步计数器，同步预置，异步清零
② 74161：4位二进制同步计数器，同步预置，异步清零
③ 74162：十进制同步计数器，同步预置，同步清零
④ 74163：4位二进制同步计数器，同步预置，同步清零
⑤ 74168：十进制加/减计数器，同步预置，无清零
⑥ 74169：4位二进制加/减计数器，同步预置，无清零
⑦ 74190：十进制加/减计数器，异步预置，无清零，单时钟
⑧ 74191：4位二进制加/减计数器，异步预置，无清零，单时钟
⑨ 74192：十进制加/减计数器，异步预置，异步清零，双时钟
⑩ 74193：4位二进制加/减计数器，异步预置，异步清零，双时钟

4位二进制同步计数器74LS161的引脚分布如图2-44所示，其功能表见表2-32。

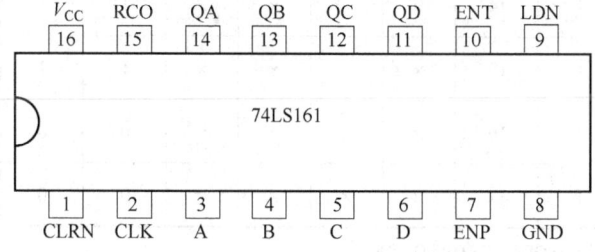

图 2-44 74LS161 的引脚分布

4. 实验设备及元器件

1）数字电路实验箱　　　　1台

表 2-32 计数器 74LS161 的功能表

CLRN	ENP	ENT	LDN	CLK	D	C	B	A	QD	QC	QB	QA	RCO
1	×	×	0	↑	d	c	b	a	d	c	b	a	*
1	×	0	1	↑	×	×	×	×	QD	QC	QB	QA	0
1	0	1	1	↑	×	×	×	×	QD	QC	QB	QA	*
0	×	×	×	×	×	×	×	×	0	0	0	0	0
1	1	1	1	1	×	×	×	×	0	0	0	1	0
1	1	1	1	2	×	×	×	×	0	0	1	0	0
1	1	1	1	3	×	×	×	×	0	0	1	1	0
1	1	1	1	4	×	×	×	×	0	1	0	0	0
1	1	1	1	5	×	×	×	×	0	1	0	1	0
1	1	1	1	6	×	×	×	×	0	1	1	0	0
1	1	1	1	7	×	×	×	×	0	1	1	1	0
1	1	1	1	8	×	×	×	×	1	0	0	0	0
1	1	1	1	9	×	×	×	×	1	0	0	1	0
1	1	1	1	10	×	×	×	×	1	0	1	0	0
1	1	1	1	11	×	×	×	×	1	0	1	1	0
1	1	1	1	12	×	×	×	×	1	1	0	0	0
1	1	1	1	13	×	×	×	×	1	1	0	1	0
1	1	1	1	14	×	×	×	×	1	1	1	0	0
1	1	1	1	15	×	×	×	×	1	1	1	1	1
1	1	1	1	16	×	×	×	×	0	0	0	0	0
1	1	1	1	17	×	×	×	×	0	0	0	1	0

注：×代表任意状态，* = QD&QC&QB&QA&ENT。

2）万用表　　　　　　　　1 块

3）元器件

集成电路：74LS00、74LS161　若干

5. 实验内容及步骤

1）计数器 74LS161 的基本功能测试

在数字电路实验箱上将计数器 74LS161 接通电源。在输入端按照表 2-33 加入信号，用 LED 逻辑指示灯观察结果并填入表 2-33 中。

2）10 进制计数器

用 74LS161 和必要的逻辑门设计一个带进位输出的 10 进制计数器。

① 自行设计满足设计要求的 10 进制计数器，画出逻辑图。

② 选择符合要求的器件在实验开发平台上按图接线并通电观察实现效果。

③ 按照表 2-34 所示的测试表格对电路进行测试，验证电路功能是否正常。

3）60 进制秒计数器

用两片 74LS161 和必要的逻辑门设计一个带进位输出的 60 进制秒计数器。

① 自行设计满足设计要求的 60 进制秒计数器，画出逻辑图。

② 选择符合要求的器件在实验开发平台上按图接线并通电观察实现效果。

③ 自行设计测试表格对电路进行测试，用数码管观察结果，验证电路功能是否正常。

6. 注意事项

1）计数器的并行数据端权位顺序要清楚，计数器的控制信号设置要正确。

2）设计电路必须包含时钟和异步复位信号，采用同步置数方法设计。

3）基本功能测试的时钟信号选择单脉冲，应用电路的时钟信号选择 1Hz 连续脉冲。

7. 实验报告

学号：_____ 姓名：_____ 班级：_____ 实验台号：____ 成绩：____

实验标题：_____

（1）原始数据

表 2-33 74LS161 的测试表格

CLRN	ENP	ENT	LDN	CLK	D	C	B	A	QD	QC	QB	QA	RCO
1	×	×	0	↑									
1	×	0	1	↑	×	×	×	×					
1	0	1	1	↑	×	×	×	×					
0	×	×	×	×	×	×	×	×					
1	1	1	1	1	×	×	×	×					
1	1	1	1	2	×	×	×	×					
1	1	1	1	3	×	×	×	×					
1	1	1	1	4	×	×	×	×					
1	1	1	1	5	×	×	×	×					
1	1	1	1	6	×	×	×	×					
1	1	1	1	7	×	×	×	×					
1	1	1	1	8	×	×	×	×					
1	1	1	1	9	×	×	×	×					
1	1	1	1	10	×	×	×	×					
1	1	1	1	11	×	×	×	×					
1	1	1	1	12	×	×	×	×					
1	1	1	1	13	×	×	×	×					
1	1	1	1	14	×	×	×	×					
1	1	1	1	15	×	×	×	×					
1	1	1	1	16	×	×	×	×					
1	1	1	1	17	×	×	×	×					

注：×代表任意状态。

表 2-34　10 进制计数器的测试表格

CLRN	CLK	QD	QC	QB	QA	RCO
0	×					
1	1					
1	2					
1	3					
1	4					
1	5					
1	6					
1	7					
1	8					
1	9					
1	10					
1	11					

注：×代表任意状态。

（2）总结集成计数器 74LS161 的逻辑功能和各控制端作用。

（3）总结任意模计数器的设计方法。

（4）总结集成计数器的级联方法。

2.4.3 移位寄存器及其应用

1. 实验目的

1) 掌握移位寄存器的逻辑功能。
2) 掌握使用移位寄存器设计时序电路的方法。

2. 实验预习要求

1) 复习移位寄存器的工作原理和逻辑功能。
2) 了解实验所用芯片的引脚分布和使用方法。
3) 阅读实验相关知识和注意事项。
4) 按要求设计实验所需电路,画出逻辑图。

3. 实验相关知识

在数字电路中,用来存放二进制数据或代码的电路称为寄存器。寄存器是由具有存储功能的触发器组合起来构成的。一个触发器可以存储 1 位二进制代码,存放 N 位二进制代码的寄存器,需用 n 个触发器来构成。按功能可分为:基本寄存器和移位寄存器。

移位寄存器中的数据可以在移位脉冲作用下依次逐位右移或左移,数据既可以并行输入、并行输出,也可以串行输入、串行输出,还可以并行输入、串行输出,串行输入、并行输出,十分灵活,用途也很广。

4 位双向移位寄存器 74LS194 是一种常用的移位寄存器,其引脚分布如图 2-45 所示,其功能表见表 2-35。

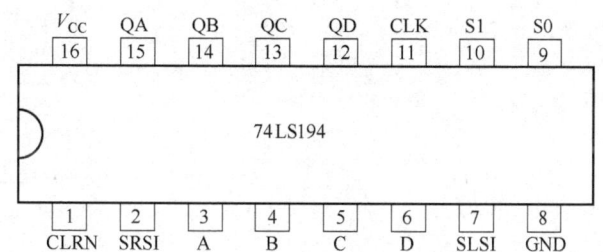

图 2-45 74LS194 的引脚分布

表 2-35 移位寄存器 74LS194 的功能表

CLRN	S1	S0	CLK	SLSI	SRSI	A	B	C	D	QA	QB	QC	QD
0	×	×	×	×	×	×	×	×	×	0	0	0	0
1	0	0	↑	×	×	×	×	×	×	QA0	QB0	QC0	QD0
1	0	1	↑	×	0	×	×	×	×	0	QA0	QB0	QC0
1	0	1	↑	×	1	×	×	×	×	1	QA0	QB0	QC0
1	1	0	↑	0	×	×	×	×	×	QB0	QC0	QD0	0
1	1	0	↑	1	×	×	×	×	×	QB0	QC0	QD0	1
1	1	1	↑	×	×	a	b	c	d	a	b	c	d

注:×代表任意状态。

4. 实验设备及元器件

1）数字电路实验箱　　　　　1 台
2）万用表　　　　　　　　　1 块
3）元器件

集成电路：74LS00、74LS194　若干

5. 实验内容及步骤

1）移位寄存器 74LS194 的基本功能测试

在数字电路实验箱上将移位寄存器 74LS194 接通电源。在输入端按照表 2-36 加入信号，用 LED 逻辑指示灯观察结果并填入表 2-36 中。

2）节日彩灯电路

用 74LS194 和必要的逻辑门设计一个节日彩灯电路，实现如下功能：当输入连续脉冲时，4 个彩灯（发光二极管）既可以从左向右逐位全亮继而逐位全灭，又可以从右向左逐位全亮继而逐位全灭。

①自行设计满足设计要求的节日彩灯电路，画出逻辑图。
②选择符合要求的器件在实验开发平台上按图接线并通电观察实现效果。
③按照表 2-37 所示的测试表格对电路进行测试，验证电路功能是否正常。

6. 注意事项

1）移位寄存器的并行数据端方向顺序要清楚，移位寄存器的控制信号设置要正确。
2）设计电路必须包含时钟和异步复位信号。

7. 实验报告

学号：_____ 姓名：_____ 班级：_____ 实验台号：_____ 成绩：_____

实验标题：_____

（1）原始数据

表 2-36 74LS194 的测试表格

CLRN	S1	S0	CLK	SLSI	SRSI	A	B	C	D	QA	QB	QC	QD
0	×	×	×	×	×	×	×	×	×				
1	0	0	↑	×	×	×	×	×	×				
1	0	1	↑	×	0	×	×	×	×				
1	0	1	↑	×	1	×	×	×	×				
1	1	0	↑	0	×	×	×	×	×				
1	1	0	↑	1	×	×	×	×	×				
1	1	1	↑	×	×								

注：× 代表任意状态。

表 2-37 节日彩灯电路的测试表格

CLRN	S1	S0	CLK	QA	QB	QC	QD
0	×	×	×				
1	0	1	1				
1	0	1	2				
1	0	1	3				
1	0	1	4				
1	0	1	5				
1	0	1	6				
1	0	1	7				
1	0	1	8				
1	1	0	9				
1	1	0	10				
1	1	0	11				
1	1	0	12				
1	1	0	13				
1	1	0	14				
1	1	0	15				
1	1	0	16				

注：× 代表任意状态。

（2）总结移位寄存器 74LS194 的工作原理和逻辑功能。

（3）总结使用移位寄存器设计时序电路的方法。

2.5 555 定时器的功能及应用

1. 实验目的

了解 555 定时器基本功能和常见应用电路。

2. 实验预习要求

1) 复习 555 定时器的工作原理及一般使用方法。
2) 复习实验所用 555 定时器芯片的引脚分布和逻辑功能及使用方法。
3) 用 555 芯片设计一个多谐振荡器电路,振荡频率 $f \approx 1\text{Hz}$。假设外接电容 $C = 10\mu\text{F}$,确定外接电阻 R_1、R_2 的阻值(取值约几十千欧)。
4) 了解实验相关知识和注意事项。

3. 实验相关知识

掌握 555 定时器内部结构及工作原理如下:

555 定时器(Timer)的电路原理图如图 2-46a 所示,它包括三个精密电阻(阻值都为 5kΩ),两个电压比较器 C_A 和 C_B,一个基本 RS 触发器和一个集电极开路的放电三极管 VT 等部分。三个电阻构成的分压器给两个比较器提供基准电压:$\frac{2}{3}V_{CC}$ 和 $\frac{1}{3}V_{CC}$。

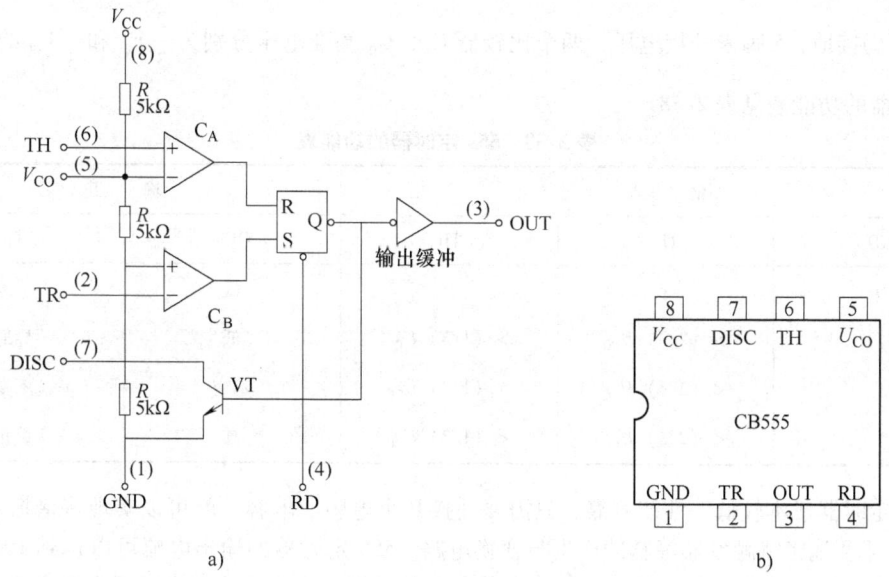

图 2-46 555 定时器的内部电路图和引脚图
a) 内部电路图 b) 引脚图

555 定时器的功能主要由两个电压比较器决定。两个比较器的输出电压控制 RS 触发器和放电管的状态。在电源与地之间加上电压,当 5 脚悬空时,则电压比较器 C_A 的反相输入端的电压为 $\frac{2}{3}V_{CC}$,电压比较器 C_B 的同相输入端的电压为 $\frac{1}{3}V_{CC}$。如果阈值输入端 TH 的电压小于 $\frac{2}{3}V_{CC}$,

同时触发输入端 TR 的电压小于 $\frac{1}{3}V_{CC}$,则比较器 C_A 的输出为 0,输出为 1,可将 RS 触发器置 1,使输出端 OUT = 1。如果 TH 端的电压大于 $\frac{2}{3}V_{CC}$,同时 TR 端的电压大于 $\frac{1}{3}V_{CC}$,则 C_A 的输出为 1,C_B 的输出为 0,可将 RS 触发器置 0,使输出为低电平。

555 定时器的外引脚排列图如图 2-46b 所示,它的各个引脚功能如下:

1 引脚(GND):一般情况下接地。

2 引脚(TR):触发输入端。

3 引脚(OUT):输出端。

4 引脚(RD):直接清零端,当此端接低电平时,555 定时器不工作,此时不论 TR、TH 处于何电平,555 定时器输出均为逻辑"0",该端不用时应接高电平。

5 引脚(U_{CO}):电压控制端。若此端外接电压,则可改变内部两个比较器的基准电压,当该端不用时,应将该端串入一只 $0.01\mu F$ 的退耦电容并接地,以防引入干扰。

6 引脚(TH):阈值输入端。

7 引脚(DISC):放电端,该端与放电三极管集电极相连,555 用做定时器时电容通过此端放电。

8 引脚(V_{CC}):外接电源端,双极型 555 定时器电源 V_{CC} 的范围是 4.5V ~ 16V,CMOS 型 555 定时器电源 V_{CC} 的范围为 3 ~ 18V。一般用 5V。

在 1 脚接地,5 脚未外接电压,两个比较器 C_A、C_B 基准电压分别为 $\frac{2}{3}V_{CC}$ 和 $\frac{1}{3}V_{CC}$ 的情况下,555 定时器的功能表见表 2-38。

表 2-38 555 定时器的功能表

输入			输出	
RD	TH	TR	OUT	T_D
0	×	×	低	导通
1	> (2/3) U_{CC}	> (1/3) U_{CC}	低	导通
1	< (2/3) U_{CC}	> (1/3) U_{CC}	不变	不变
1	< (2/3) U_{CC}	< (1/3) U_{CC}	高	截止

555 定时器成本较低,性能可靠,只需要外接几个电阻、电容,就可以实现多谐振荡器、单稳态触发器及施密特触发器等脉冲产生与变换电路。555 定时器的输出电流可以达到 100mA,因此可以直接驱动继电器、扬声器、发光二极管等外接负载。它也常作为定时器广泛应用于仪器仪表、家用电器、电子测量及自动控制等方面。

4. 实验设备及元器件

1)示波器   1 台

2)万用表   1 块

3)直流电源   1 台

4)元器件

集成电路:CB555 芯片、电阻、电容   若干参考参数：外接电容 $C = 10\mu F$，电阻 R 为几十千欧。

5. 实验内容及步骤

按设计好的电路图或按图 2-47 接好电路。

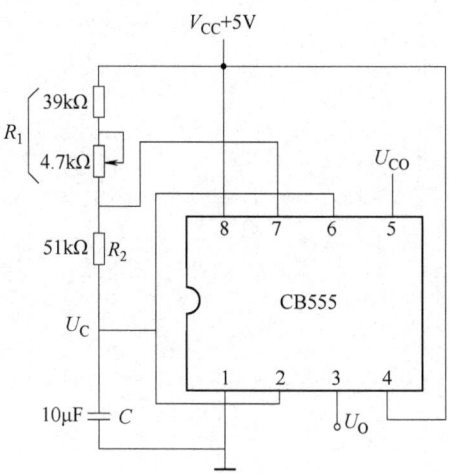

图 2-47　555 定时器构成多谐振荡器

1）用示波器观察并记录 U_O 和 U_C 的波形，将测试结果填入表 2-39。
2）测试并计算输出频率 f、占空比。

6. 注意事项

1）通电前，仔细检查电路各引脚连接是否正确。
2）如果波形图不理想，可适当调整 R_1、R_2 的阻值。

7. 实验报告

学号：_____ 姓名：_____ 班级：_____ 实验台号：_____ 成绩：____

实验标题：_____

（1）原始数据

表 2-39 555 定时器构成的多谐振荡器的功能测试表格

R_1 值	U_O 频率 f		U_O 占空比	
	理　论	实　测	理　论	实　测
最大				
最小				

U_O 和 U_C 的波形观察记录：

（2）总结用 555 定时器设计多谐振荡器的方法。

（3）如何改变输出矩形波的占空比？

（4）思考：如何用两个多谐振荡器构成一个救护车扬声器发音电路（即双音频电路）？可附加其他芯片或电路。

设计提示：分析工作原理，计算高音、低音的频率。控制和驱动救护车扬声器的频率信号如图 2-48 所示：U_{O1} 为时间长短开关，U_{O2} 为到达扬声器的信号。

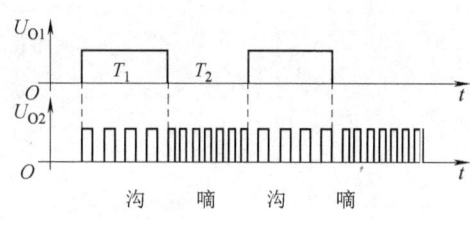

图 2-48 救护车扬声器的频率信号输出示意图

2.6　D-A 转换器和 A-D 转换器

2.6.1　D-A 转换器

1. 实验目的

了解 D-A 转换器的功能，用 D-A 转换芯片实现由数字信号到模拟信号的转换，输入数字信号，测试对应的模拟信号。

2. 实验预习要求

1）了解 D-A 转换器的基本工作原理和基本结构。
2）了解 DAC0832 芯片的功能及其典型应用。

3. 实验相关知识

1）了解 DAC0832 的引脚功能：D-A 转换器用以实现数字量向模拟量的转换，简称 DAC。其内部电路结构主要由 8 位输入寄存器，8 位 DAC 寄存器，8 位 D-A 转换器及逻辑控制单元等功能电路组成。

本实验采用大规模集成电路 DAC0832 芯片来实现 D-A 信号的转换。

DAC0832 是一个 8 位的 D-A 转换器，其引脚图如图 2-49 所示，各引脚功能如下：

$D_0 \sim D_7$：数字信号输入端。

ILE：输入寄存器允许。

$\overline{CS}$：片选信号，低电平有效。

$\overline{WR_1}$：写信号 1，低电平有效。

$\overline{XFER}$：传送控制信号，低电平有效。

$\overline{WR_2}$：写信号 2，低电平有效。

I_{out1}，I_{out2}：DAC 电流输出端。

R_{FB}：反馈电阻，是集成在片内的外接运放的反馈电阻。

U_{REF}：基准电压（-10 ~ +10）V。

V_{CC}：电源电压（+5 ~ +15）V。

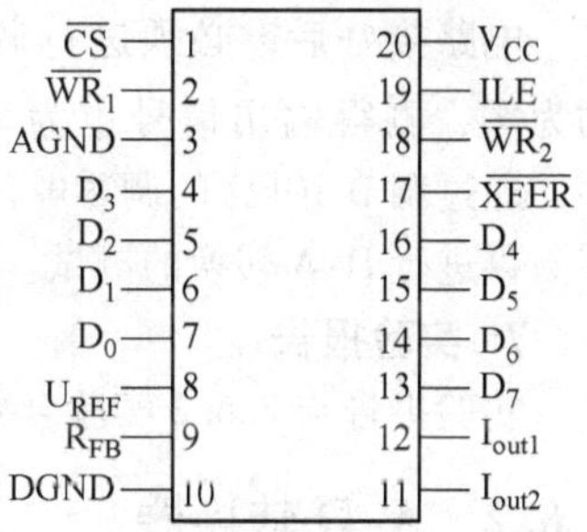

图 2-49　D-A 转换器的引脚图

AGND 和 DGND：AGND 模拟地，DGND 数字地，可并接在一起使用。

2）了解芯片 LM741 引脚及使用方法，LM741（单运放）是高增益运算放大器，其引脚图如图 2-50 所示。

图 2-51 是用 LM741 高增益运算放大器连接成的失调电压调整电路的连接图。图中 10kΩ 电位器用于调零。

4. 实验设备及元器件

1）数字实验箱　　　　　　　　　　　　　　1 台
2）数字电压表　　　　　　　　　　　　　　1 块
3）调零电位器（10kΩ）　　　　　　　　　　1 台
4）元器件
　　集成电路：DAC0832、LM741 芯片　　　　各一个

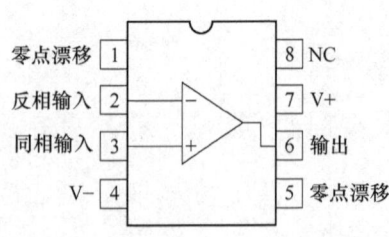

图 2-50　LM741 芯片引脚图

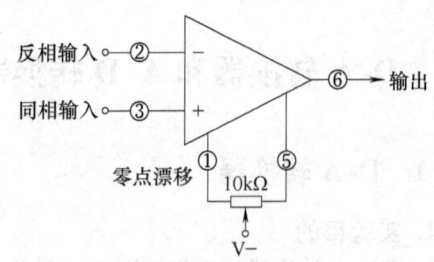

图 2-51　LM741 失调电压调整电路

5. 实验内容及步骤

按照图 2-52 所示接好电路，$D_0 \sim D_7$ 接数字实验箱的电平开关的输出端，输出 U_0 接数字电压表。

1）调零：令 $D_0 \sim D_7$ 均为零，测试输出信号，如果输出不为零，则需对 LM741 调零。调节方法：调节调零电位器，使 $U_0 = 0V$。

2）输入数字信号，测量对应的输出电压（模拟信号），并记录在表 2-40 中。

6. 注意事项

电路接好后，必须进行调零，即令 $D_0 \sim D_7$ 均为零，测得输出信号也为零，如果输出不为零，通过调节 10kΩ 的调零电位器，使 U_0 输出为零。再进行 D-A 转换的测试。

7. 实验报告

实验报告与 2.6.2 实验合并。

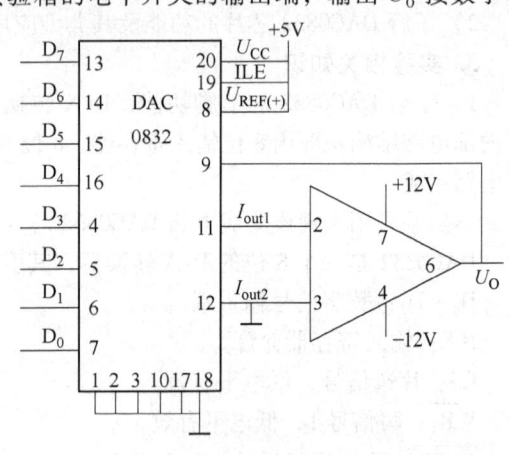

图 2-52　D-A 转换器实验电路

2.6.2　A-D 转换器

1. 实验目的

了解 A-D 转换器的功能，用 A-D 转换器实现由模拟信号到数字信号的转换，并输入模拟信号，测试对应输出的数字信号。

2. 实验预习要求

1）了解 A-D 转换器的基本工作原理和基本结构。

2）了解 ADC0809 芯片的功能及其典型应用。

3. 实验相关知识

A-D 转换器可以实现由模拟量向数字量的转换，简称 ADC。本实验采用大规模集成电路 ADC0809 芯片来实现 A-D 的转换。做实验前必须了解 A-D 转换原理及 ADC0809 芯片的各引脚功能及使用方法。

ADC0809 是 CMOS 型的 8 位 8 通道逐次逼近型 A-D 转换器。其引脚图如图 2-53 所示。

主要引脚功能如下：

$IN_0 \sim IN_7$：8 路模拟信号输入端。

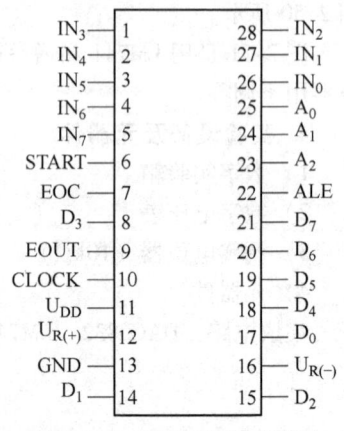

图 2-53　A-D 转换器引脚图

A_2、A_1、A_0：地址输入端。

ALE：地址锁存允许输入信号。

START：启动信号输入端。

EOC：转换结束标志，高电平有效。

EOUT：输入允许信号，高电平有效。

CLOCK（CP）：时钟信号。

V_{CC}：+5V 单电源供电。

4. 实验设备及元器件

1）数字实验箱　　　　　　　　　　　　　　　1台

2）万用表　　　　　　　　　　　　　　　　　1块

3）信号发生器　　　　　　　　　　　　　　　1台

4）元器件

集成电路：ADC0809 芯片　　　　　　　　　　1片

5. 实验内容及步骤

按照图 2-54 所示正确连接电路，按表 2-40 输入模拟信号，测试输出的数字信号，并将测试结果填写在表 2-40 中。CLOCK 接 1Hz 的脉冲信号，P 接单次脉冲。

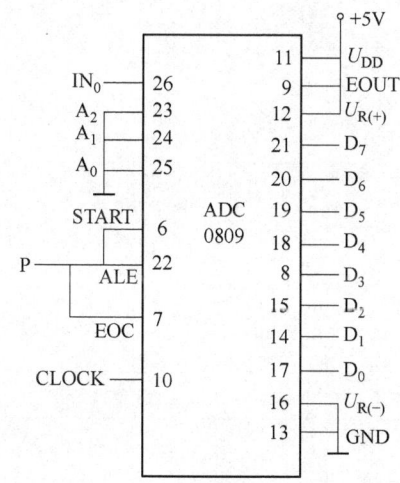

图 2-54　A-D 转换器实验电路

6. 实验报告

学号：_____ 姓名：_____ 班级：_____ 实验台号：____ 成绩：____

实验标题：_____

（1）原始数据

表 2-40　A-D 转换器和 D-A 转换器测试数据记录表

A-D 转换	输入/输出数字量								D-A 转换
输入模拟量 U_i/V	D_7	D_6	D_5	D_4	D_3	D_2	D_1	D_0	输出模拟量 U_O/V
	0	0	0	0	0	0	0	0	
	0	0	0	0	0	0	0	1	
	0	0	0	0	0	0	1	0	
	0	0	0	0	0	1	0	0	
	0	0	0	0	1	0	0	0	
	0	0	0	1	0	0	0	0	
	0	0	1	0	0	0	0	0	
	0	1	0	0	0	0	0	0	
	1	0	0	0	0	0	0	0	
	1	1	1	1	1	1	1	1	

（2）将测试数据与理论值进行比较，分析实验误差。

（3）思考题：

1）D-A 转换产生误差的原因？采取什么方法可以减少 D-A 转换产生的误差？

2）A-D 转换产生误差的原因？采取什么方法可以减少 A-D 转换产生的误差？

第 3 章 综合设计型实验

3.1 组合逻辑电路的设计与实现

3.1.1 代码转换电路的实现

1. 实验目的

熟悉组合逻辑电路设计的基本过程。

2. 实验内容

用基本门电路设计一个 8421 码和余 3 码的代码转换电路,具体要求如下:
1) 电路输入信号是四位 8421 码,输出信号是对应的余 3 码。
2) 写出输入、输出的对应关系式,化简后用最简的电路实现。
3) 测试并验证电路的功能。

3. 实验原理

8421 码和余 3 码的代码转换关系见表 3-1。

表 3-1 8421 码和余 3 码的代码转换关系

8421 码				余 3 码			
A	B	C	D	Y3	Y2	Y1	Y0
0	0	0	0	0	0	1	1
0	0	0	1	0	1	0	0
0	0	1	0	0	1	0	1
0	0	1	1	0	1	1	0
0	1	0	0	0	1	1	1
0	1	0	1	1	0	0	0
0	1	1	0	1	0	0	1
0	1	1	1	1	0	1	0
1	0	0	0	1	0	1	1
1	0	0	1	1	1	0	0

4. 实验器材

1) 数字电路实验箱   1 台
2) 元器件
集成门电路:74LS00、74LS08、74LS20   若干
按键开关   4 个
LED 指示灯   4 个
电阻   若干

5. 注意事项

1) 通过按动按键开关来模拟输入的 8421 码。

2) 通过 LED 指示灯的亮灭来验证输出的余 3 码。

6. 扩展练习

1) 试采用 4 位二进制并行加法器 74LS283 和部分门电路来实现代码转换功能。
2) 试设计实现 8421 码和格雷码（Gray Code）的代码转换电路。

3.1.2 病房呼叫系统设计

1. 实验目的

1) 熟悉优先编码器的优先功能及应用。
2) 掌握译码显示电路设计。

2. 实验内容

试用优先编码器 74LS148 芯片和必要的门电路设计一个病房呼叫系统。具体要求如下：

1) 共有一、二、三、四号病室，每个房间装有呼叫按钮。
2) 各病室的呼叫优先权不同，其中，一号病室的优先权最高，四号病室最低。
3) 在护士值班室内有相应的显示电路，能看到当前呼叫病室的房间号。

3. 实验原理

优先编码器 74LS148 的原理图如图 3-1 所示，其功能表见表 3-2。

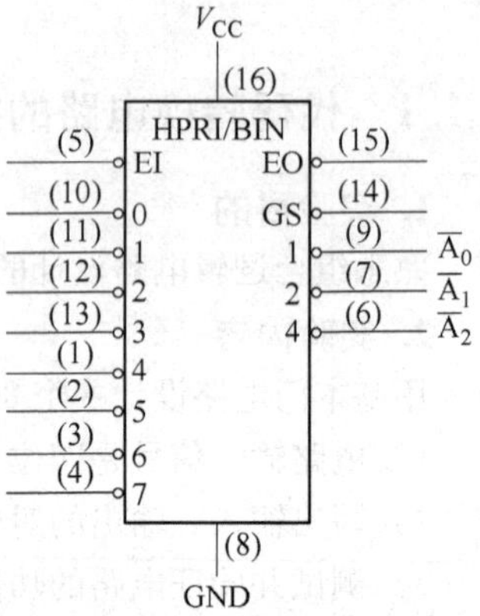

图 3-1 优先编码器 74LS148 的原理图

表 3-2 优先编码器 74LS148 的功能表

输入使能端	输入								输出			扩展	使能输出
EI	I_7	I_6	I_5	I_4	I_3	I_2	I_1	I_0	$\overline{Y}_2$	$\overline{Y}_1$	$\overline{Y}_0$	GS	EO
1	×	×	×	×	×	×	×	×	1	1	1	1	1
0	1	1	1	1	1	1	1	1	1	1	1	1	0
0	0	×	×	×	×	×	×	×	0	0	0	0	1
0	1	0	×	×	×	×	×	×	0	0	1	0	1
0	1	1	0	×	×	×	×	×	0	1	0	0	1
0	1	1	1	0	×	×	×	×	0	1	1	0	1
0	1	1	1	1	0	×	×	×	1	0	0	0	1
0	1	1	1	1	1	0	×	×	1	0	1	0	1
0	1	1	1	1	1	1	0	×	1	1	0	0	1
0	1	1	1	1	1	1	1	0	1	1	1	0	1

4. 实验器材

1) 数字电路实验箱　　　　　　　　　　　　　1 台
2) 元器件
集成门电路：74LS00 等　　　　　　　　　　若干
优先编码器 74LS148 芯片　　　　　　　　　1 片
按键开关　　　　　　　　　　　　　　　　4 个
共阴极七段数码管　　　　　　　　　　　　1 位

蜂鸣器或扬声器	1个
LED 指示灯	1个
电阻	若干

5. 注意事项

1）通过 LED 指示灯显示是否有呼叫情况，通过蜂鸣器示警。
2）使用数码管显示呼叫的病房号。
3）接线时要注意各芯片及数码管输入端的权位顺序。

6. 扩展练习

增加护士值班室的显示内容：可显示当前呼叫的总病房数；优先级别高的病室处理完成后自动显示低一级别的呼叫病房号。

3.1.3 十进制加法器的设计

1. 实验目的

1）熟悉常用中规模组合逻辑电路的基本功能。
2）熟练使用中规模集成加法器电路及必要的门电路设计组合逻辑电路。

2. 实验内容

设计一个 1 位十进制加法运算电路。具体要求如下：

1）电路的输入是 1 位十进制的加数和被加数。
2）电路的输出是两数相加的十进制运算结果。
3）用 4 个数码管分别显示加数、被加数及相加所得的结果。

3. 实验原理

参考设计思路如下：

1）可以用按键开关模拟加数和被加数的 BCD 码输入，并用两个数码管分别显示加数与被加数。

2）使用两个数值比较器，将加数及被加数分别与 9 进行比较，输出的结果再与输入值分别相与，便可设置加数和被加数的上限。当加数或被加数超过 9 时均按 0 处理。

3）将加数和被加数输入一个 4 位二进制加法器进行相加。当加法器的输出结果小于 9 时可以直接输出，大于 9 时则需要通过另一个加法器与 6 相加，进行加 6 修正。

4）最后将所得结果通过两个数码管分别显示。其中加法器的进位输出端（Cout）为相加结果的十位数，求和输出端（Σ）为 BCD 码形式的相加结果的个位数。

4. 实验器材

1）数字电路实验箱	1台
2）元器件	
集成门电路：74LS00 等	若干
4 位二进制并行加法器芯片 74LS283	2片
四位数值比较器芯片	3片
共阴极七段数码管	4个
按键开关	若干
电阻	若干

5. 注意事项

1）电路设计的关键是判断相加结果是否有进位产生及对进位的处理。

2）接线时要注意各芯片及数码管输入端的权位顺序。
6. 扩展练习
1）通过键盘输入加数和被加数。
2）试实现更多位的十进制加法运算电路。

3.2 时序逻辑电路的设计与实现

3.2.1 序列检测电路

1. 实验目的
1）熟练掌握同步时序逻辑电路的设计方法。
2）掌握序列检测电路的工作原理和设计方法。

2. 实验内容
用同步时序逻辑电路的设计方法，设计一个可重叠的1001序列检测器，具体要求如下：

1）其框图如图3-2所示。

2）X是串行输入端口，可以输入二进制字符串，每当输入序列中出现1001时，在输出端Z产生一个高电平，即$Z=1$，其他情况$Z=0$。

图3-2 序列检测器框图

3）典型的输入输出序列为 X：10100100110；Z：00000100100。

4）序列检测器的状态转换过程及输出状态用发光二极管来显示。

3. 实验原理
1）序列检测电路：序列检测电路又称序列检测器，在数字通信中有着广泛的应用，其功能是用于检测一组或多组由二进制码组成的脉冲序列信号。如果序列检测器的输入端输入的一串连续二进制代码与预先设置的代码相同，就会给出一个有效的输出信号。

这种检测的关键在于收到的目标代码必须是连续的。这就要求检测器必须记住之前输入的正确代码，直到在连续的检测中所收到的每一位代码都与预置的对应码相同；而检测过程中，任何一位不正确的代码都将使电路回到初始状态重新开始检测。

2）同步时序逻辑电路的设计步骤：同步时序逻辑电路的一般设计步骤如图3-3所示。

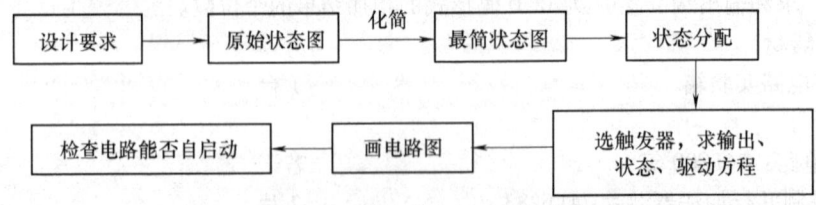

图3-3 同步时序逻辑电路的一般设计步骤框图

3）序列检测器的简单设计过程
① 由给定的逻辑功能确定序列检测电路应包含的状态，并画出原始的状态图。设定状态如下：
未收到要求的信号为初始状态S_0；
收到输入为"1"时的状态设为S_1；

收到输入为"10"时的状态设为 S_2；
收到输入为"100"时的状态设为 S_3；
收到输入为"1001"时的状态设为 S_4。
② 经状态图化简，合并等价状态后进行状态编码如下：$S_0=00$，$S_1=01$，$S_2=10$，$S_3=11$；
③ 根据状态转换关系得到电路的状态方程和输出方程如下：

$$Q_1^{n+1}=\overline{X}\,\overline{Q_1}Q_0+\overline{X}Q_1\overline{Q_0};\quad Q_0^{n+1}=(X\oplus Q_1)\overline{Q_0}+XQ_0Q_1;\quad Z=XQ_1Q_0$$

④ 选择合适器件，推导出驱动方程，并按方程接线实现电路。

4. 实验器材

1) 数字电路实验箱　　　　　　　　　　　　　　1台
2) 元器件

集成门电路：74LS00、74LS10、74LS04　　　　若干
双 D 触发器组件 7474　　　　　　　　　　　　1片
按键开关　　　　　　　　　　　　　　　　　若干
LED 指示灯　　　　　　　　　　　　　　　　若干

5. 注意事项

1) 列出详细的设计过程。
2) 芯片使用前先进行功能好坏的检测。
3) 注意清零端、时钟信号是否输入正确。

6. 扩展练习

1) 设计一个 8 位序列检测器，可用于检测 8 位二进制序列 "11001010"，并在实验开发平台上进行实现。
2) 硬件测试时，用按键开关输入任意序列，并用 LED 指示灯串行移位显示出来；检测到的目标代码的数目用静态数码管显示出来。

3.2.2　数字频率计

1. 实验目的

1) 了解数字频率计的工作原理。
2) 学习中规模集成电路计数器和分频器的使用。
3) 学习组装简单的数字频率计。

2. 实验内容

设计并制作一个简易数字频率计，频率测量结果以 3 位十进制数显示。技术要求如下：
1) 频率测量范围为：1～999Hz。
2) 测量信号种类：方波。
3) 测量信号幅度：0.5～5V。

3. 实验原理

传统的数字频率计实际上就是一个脉冲计数器，它通过在单位固定闸门时间内对输入的信号脉冲进行计数，根据闸门时间和脉冲计数结果计算求出输入信号的频率。数字频率计的组成框图如图 3-4 所示。

1) 单脉冲发生器（门控电路）：产生一个单脉冲的矩形波，即门控信号；只有在其为高电平时，闸门电路才开放，被测信号才可通过，并送达计数器进行计数。这部分电路可以由 555 定时器构成的单稳态触发器来实现，一般使高电平的持续时间为 1s。

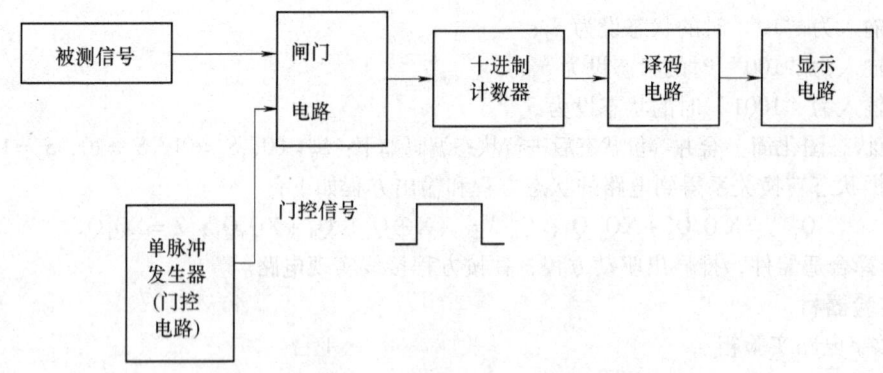

图 3-4 数字频率计的组成框图

2) 闸门电路：通常由两输入与非门组成，把被测试信号加到一个输入端，门控信号加到另一个输入端。门控信号控制闸门电路的开和关。

3) 十进制计数器：对通过闸门电路的脉冲信号进行计数。可以使用 3 片中规模集成计数器芯片 74LS160 构成，计数容量（模）为 1000，并具有清零功能。

4) 译码电路：将 BCD 码编译成七段数码管的输入信号，由组合电路来实现。

5) 显示电路：将译码电路的输出接到共阴极或共阳极数码管和限流电阻上，这样就可以把相应的通过闸门电路的脉冲个数显示出来。

4. 实验器材

1) 信号发生器　　　　　　　　　　　　　　　　1 台
2) 显示译码电路　　　　　　　　　　　　　　　1 套
3) 元器件

集成门电路芯片：74LS00 等	若干
集成计数器芯片 74LS160	3 片
555 定时器集成芯片 CB555	1 片
共阴极七段数码管	3 个
电阻、电容	若干

5. 注意事项

1) 单稳态触发器输出信号有失真时，可在信号输出端加整形电路即一个非门，得到一个不失真的方波信号。

2) 各个模块都工作正常，但组装后不能得到正确的结果。可以用示波器检查各部分的输出信号波形是否正常，特别是有门控信号和被测信号的情况下，闸门电路的输出是否是一串脉冲波形？

3) 重点是计数闸门时间的实现，即门控信号的调试，这是保证测量精度的基础。

6. 扩展练习

1) 试扩大频率计的测量范围，将量程分为 ×1、×10、×100 三档。

2) 通过实验，讨论并给出影响数字频率计精度的原因，提出解决设计方案。

3) 试以数字频率计的设计原理为基础，自行研发一款电子心率（脉搏）计。

3.2.3 可控脉冲发生器

1. 实验目的

1) 了解可控脉冲发生器的实现机理。

2) 掌握用集成计数器芯片 74LS161 构成任意进制计数器的方法。

2. 实验内容

利用集成计数器芯片 74LS161 设计一个可控脉冲发生器电路,该电路可以产生周期及占空比均可调的脉冲信号。技术要求如下:

1) 采用 1kHz 的工作时钟。
2) 脉冲周期范围:50ms~1s。
3) 占空比可调范围 10%~90%。
4) 可初始化:初始周期 0.5s,占空比 50%。

3. 实验原理

脉冲发生器即产生指定脉冲波形的电路,而可控脉冲发生器则是要产生一个周期和占空比可变的脉冲波形。利用集成计数器芯片实现可控脉冲发生器可以理解为一个计数器对输入的时钟信号进行分频的过程。我们可以通过改变计数器的计数容量(模)来改变所产生脉冲的周期;通过改变控制输出电平翻转的计数值来改变占空比。下面举例具体说明:

用计数器 CT 构成一个时钟分频电路,其输出信号为 Z,计数器 CT 的计数范围为 0~N。当该计数器计数值为 0~M(M<N)时,输出 Z=1;而当该计数器计数值为 (M+1)~N 时,输出 Z=0。该电路的输出信号 Z 即是我们需要的脉冲波形,则其脉冲周期 $T=(N+1)T_{CLK}$,占空比 $D=\dfrac{M}{N+1}\times 100\%$(其中 T_{CLK} 是工作时钟周期)。

这样,通过改变 N 值即可以改变输出脉冲波 Z 的周期;而通过改变 M 值即可以改变输出脉冲波 Z 的占空比。

4. 实验器材

1) 数字电路实验箱　　　　　　　　　　　　　1 台
2) 示波器　　　　　　　　　　　　　　　　　1 台
3) 元器件
集成门电路芯片:74LS00 等　　　　　　　　 若干
集成计数器芯片 74LS161　　　　　　　　　　若干
LED 指示灯　　　　　　　　　　　　　　　　1 个

5. 注意事项

1) 列出详细的设计过程,并画出完整电路图。
2) 按电路图接线,并验证电路是否符合要求。

6. 扩展练习

试用其他元器件和方法实现可控脉冲发生器。

3.3　实用电路

3.3.1　琴键控制电路的设计与实现

1. 实验目的

1) 了解音阶的频率范围和扬声器的驱动方法。
2) 掌握用集成计数器设计分频电路的方法。
3) 了解模块化设计思想。

2. 实验内容

设计一个电路实现简易电子琴琴键控制电路的功能,技术要求如下:
1) 使用 3 个按键选择低、中、高音。
2) 按下某个按键发出该键对应的声音。
3) 发声的同时在数码管上显示该声音对应的音名。
4) 使用 3 个 LED 指示灯显示低、中、高音。

3. 实验原理

1) 音阶与频率的关系:简谱中音阶与频率的关系见表 3-3。

表 3-3 简谱中音阶与频率的关系

音名	频率/Hz	音名	频率/Hz	音名	频率/Hz
低音 1	261.63	中音 1	523.25	高音 1	1046.50
低音 2	293.66	中音 2	587.33	高音 2	1174.66
低音 3	329.63	中音 3	659.26	高音 3	1318.51
低音 4	349.23	中音 4	698.46	高音 4	1396.91
低音 5	391.99	中音 5	783.99	高音 5	1567.98
低音 6	440.00	中音 6	880.00	高音 6	1760.00
低音 7	493.88	中音 7	987.77	高音 7	1975.52

2) 琴键控制电路的工作原理和组成框图:琴键控制电路主要由时钟振荡器、分频器、选择控制电路、编码译码电路和相关输出部件等几部分构成。时钟振荡器产生频率较高的主时钟;分频器将主时钟分频为所需要的高音各音阶的二倍频时钟;选择控制电路实现对音阶和音调的选择和控制功能;编码译码电路实现各音阶的数字显示功能。组成框图如图 3-5 所示。

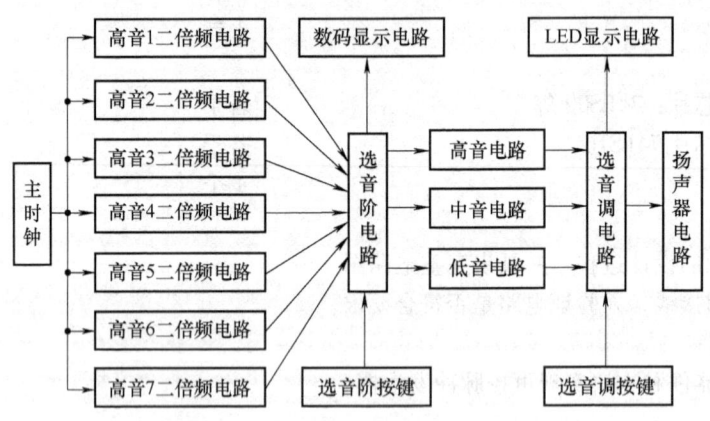

图 3-5 琴键控制电路的组成框图

4. 实验器材

1) 数字电路实验箱   1 台
2) 万用表   1 块
3) 示波器   1 台
4) 元器件

集成电路:74LS161、74LS194、74LS74、74LS112、74LS00、74LS138、74LS151、74LS248 若干

蜂鸣器或扬声器	1 个
按键开关	10 个
共阴极七段数码管	1 位
LED 指示灯	3 个

5. 注意事项

1）分频器设计时可以将输出频率稍微近似（小数部分四舍五入）。

2）驱动扬声器的信号占空比应为 50%。

6. 扩展练习

1）利用计算机和 PLD 开发软件，通过开发 PLD 实验系统实现琴键控制电路的功能。

2）设计一个音乐自动播放电路，并在实验开发平台上进行实现。要求设计一段乐曲代码代替按键操作，在时钟的作用下实现自动播放。

3.3.2 数字钟的设计与实现

1. 实验目的

1）掌握数字钟的工作原理和设计方法。

2）了解数码管动态扫描显示技术的特点。

3）了解 LED 花样显示的设计方法。

2. 实验内容

设计一个电路实现数字钟电路的功能，实现如下技术要求：

1）具有时、分、秒数码管显示功能，以 24h 循环计时。

2）具有清零和校时功能，可以分别独立调整小时、分钟。

3）具有整点报时功能，当时间到达整点后进行 10s 蜂鸣报时，同时 LED 花样显示。

3. 实验原理

1）数字钟简介：数字钟是一种用数字电路技术实现时、分、秒计时的钟表。与机械钟相比具有更高的准确性和直观性，具有更长的使用寿命，已得到广泛的使用。数字钟的设计方法有许多种，可用中小规模集成电路组成电子钟，也可以利用专用的电子钟芯片配以显示电路及其所需要的外围电路组成电子钟，还可以利用可编程集成电路来实现电子钟等等。这些方法都各有其特点，其中利用可编程集成电路实现的电子钟编程灵活，便于功能的扩展。

2）数码管动态扫描显示技术：动态扫描显示，一般应用于多位数码管联合使用的场合。数据线任何时刻只提供某一位数码管的显示数据，当扫描信号选中某一位数码管时，数据线也变化为相应的显示数据。当扫描频率达到一定值的时候，利用眼睛的视觉暂留原理，可以达到多位数码管同时显示的效果，从而减少数据接口的数量。

3）数字钟电路的工作原理和组成框图：数字钟电路主要由时钟振荡器、分频器、计数器、校时控制电路、译码器和相关输出部件等几部分构成。时钟振荡器产生频率较高的主时钟；分频器将主时钟分频为相关电路需要的扫描时钟、消抖时钟和秒时钟；计数器得到数字钟需要的时分秒数据，主要包括 1 个 24 进制计数器和 2 个 60 进制计数器；校时控制电路实现对时计数器和分计数器的控制和调整功能；动态扫描和显示译码电路实现对多位数码管的扫描、译码和驱动显示功能；整点译码电路产生相关输出电路的整点控制信号。组成框图如图 3-6 所示。

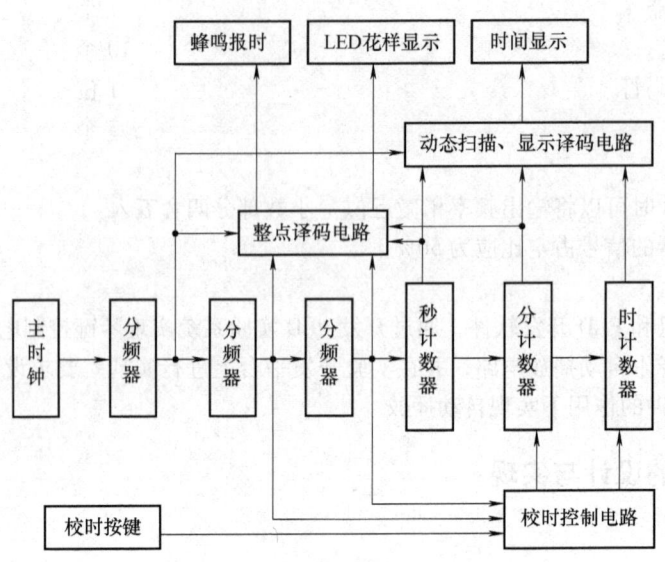

图 3-6 数字钟电路的组成框图

4. 实验器材

1) 数字电路实验箱　　　　　　　　　　　　1 台
2) 万用表　　　　　　　　　　　　　　　　1 块
3) 示波器　　　　　　　　　　　　　　　　1 台
4) 元器件

集成电路：74LS161、74LS194、74LS74、74LS112、74LS00、74LS138、74LS151、74LS248
　　　　　　　　　　　　　　　　　　　　若干
共阴极扫描式七段数码管　　　　　　　　　8 个
按键开关　　　　　　　　　　　　　　　　3 个
蜂鸣器或扬声器　　　　　　　　　　　　　1 个
LED 指示灯　　　　　　　　　　　　　　　8 个

5. 注意事项

1) 秒时钟和扫描时钟都由主时钟通过分频器获得。
2) LED 花样显示和声音输出需进行编码设计。

6. 扩展练习

1) 利用计算机和 PLD 开发软件，结合 PLD 设计方法，实现数字钟电路芯片的开发。
2) 多设计几个彩灯花样电路，并在实验系统上进行实现。
3) 多设计几个扬声器花样电路，并在实验系统上进行实现。

第 4 章 数字系统课程设计

4.1 数字系统认识

数字系统是由许多基本的逻辑功能部件有机连接起来完成某种任务的数字电子系统，其规模有大有小，复杂性有简有繁。一般来说，只要能够按预定要求产生或加工处理数字信息的装置都可以看成是一个独立的数字系统。

数字系统通常由若干个逻辑功能部件组成。一个完整的数字系统通常包括输入电路、输出电路、时基电路、控制电路以及若干逻辑单元电路。输入电路接收外部信号；输出电路将运算和处理的结果送出。逻辑单元电路的作用通常比较单一，它们完成某一项相对独立的任务，如加法电路、乘法电路、译码电路、计数电路、存储电路等。控制电路对外部输入信号以及各个单元电路的信号进行分析，根据分析结果发出控制命令给输入、输出及其他各逻辑单元电路，实现统一指挥。时基电路产生系统工作所需的同步时钟信号。

4.2 数字系统设计及调试方法

数字系统的设计，是一个自上而下的过程，又称由顶向下的设计过程。通常从总体任务开始，先进行总体的方案设计。首先需仔细分析设计任务，明确系统所应满足的要求和应该具备的功能，整个电路需要哪些输入信号，又需要得到些什么输出结果。在此基础上把总体任务划分成若干局部任务，把所要设计的系统合理地划分成若干子系统，每个子系统分别完成较小的任务。如果子系统还比较复杂，可以进一步划分，直到每项局部任务都十分明确且易于实现为止。总体设计方案最后可用框图表示，它反映了设计的整体思想。

划分出来的子系统一般是一个个典型的逻辑功能部件，称为单元电路。单元电路可以逐个设计。在单元电路的设计中，一般应尽可能的选择成熟的电路，优先考虑采用学过的或用过的芯片。选用电路元器件应遵循够用就好的原则，并非越先进越好。要注意各单元间输入输出信号的关系，尽量采用同一种类型的芯片，以减少不同类型元器件间的匹配问题。

整个设计过程包含了一系列的试探过程。在系统被划分成子系统的过程中，会有不同的方案需要试探、比较和验证。在完成了各个子系统的设计后，又有一个自下而上把子系统连接成整体并进行整体功能验证和检查的过程。如不能满足要求，则需要进行修改，修正子系统的设计。通常要经过一定的反复修正过程才能完成整个系统的设计。

电路设计完成后，可以根据各功能模块，进行有步骤的仿真验证，检查电路原理上是否可行。仿真验证通过后，才可以购买相应的元器件，在面包板或洞洞板上搭建出设计的电路。在实际硬件环境下分模块检查设计电路的各方面的功能和性能，及时的发现问题

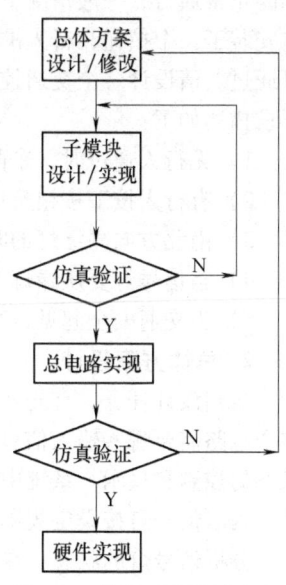

图 4-1 数字系统设计流程

的根源。如存在问题，针对问题对原理图及器件参数进行相应的修改，直到系统符合设计要求为止。最后，采用专用软件根据电路原理图绘制 PCB，将电子元器件焊接到制作好的 PCB 上，再次调试直至验证成功，完成整个设计任务。整个设计部分流程如图 4-1 所示。

4.3 数字系统设计举例

4.3.1 人行横道交通信号灯控制系统设计

1. 题目的确定及分析

在城市道路上的交叉路口一般会设置交通灯，用于管理道路上车辆及行人的通行，在允许车辆高速顺畅通行的同时，保证车辆和行人的安全。现有一条东西方向的马路，马路南侧有一小区，北侧有一公交车车站，现需要在小区门口增设一条南北方向的人行横道，同时需增加相应的交通信号灯，如图 4-2 所示。

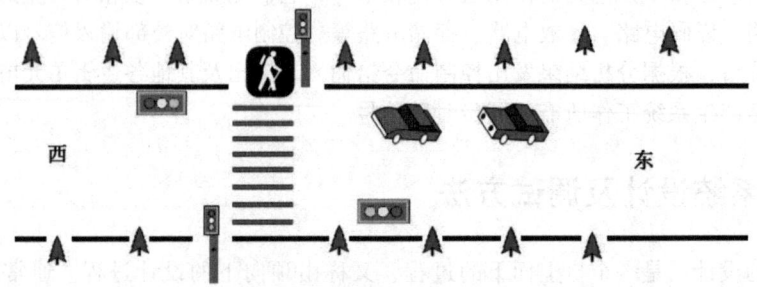

图 4-2　人行横道处交通灯分布示意图

东南西北四个方向各自应有一组红黄绿信号灯，其中东西向两组信号一致，统称东西向信号灯；南北向两组信号一致，统称为南北向信号灯。由于平时马路上车流较密集，为保证过往车辆能正常通行，一般情况下东西方向道路信号灯为绿灯，南北方向过街行人为红灯。在人行横道前安装了一个按钮，行人准备过马路时，需按下过马路按钮，等待人行横道前的信号灯变绿后方可通过。请设计一个交通控制系统，用以管理和控制新增加的交通信号灯。对信号灯的具体控制要求描述如下：

1）无行人通过时，东西方向亮绿灯。
2）有行人按下按钮且东西向持续亮绿灯的时间超过 30s 时信号灯状态会改变。
3）南北方向亮绿灯的时间最多不超过 20s。
4）当信号灯要从绿灯变成红灯时需使相应的黄灯亮 4s 作为过渡警示。
5）为交通安全起见，当一个方向的信号灯为黄灯或绿灯时，另一个方向一定为红灯。

2. 总体方案设计

接到设计任务，首先需要仔细分析设计任务，明确系统所应满足的要求和应该具备的功能。整个电路需要哪些输入信号，又需要得到些什么输出结果？本设计任务需要实现对交通信号灯状态的控制和显示。系统中输入量为行人准备过街时按下按钮的信号，输出结果使东西向和南北向两组信号灯按设定规则亮灭。

分析信号灯的状态：在没有行人通过时，应该尽可能保持马路车辆的畅通。此时，马路上东西向的交通信号灯应为绿灯亮，而人行横道上南北方向的信号灯应为红灯亮。在行人通过过街横道时,应该让南北方向绿灯亮,东西方向的红灯亮。为给行人及汽车一定的反应时间,当信号灯要从绿灯变成红灯前需使相应的黄灯亮4s以作为过渡警示。这样,两组交通灯的有效状态共有四种情况,如图4-3所示。

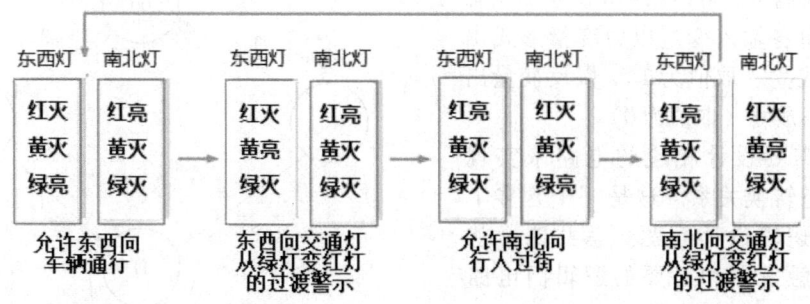

图4-3 交通灯的有效状态分析

整个电路的核心是实现对信号灯在四种状态间转换的控制,而状态间的转换受到行人过街信号的控制。状态转换的结果经过译码后让两组信号灯按指定方式亮灭。此外,系统还需要用到定时器和供数字电路工作的时钟信号。可将总体任务划分成状态控制模块、状态显示输出模块、控制信号输入模块、时钟及时间控制模块这几个逻辑功能模块。总体设计方案框图如图4-4所示。

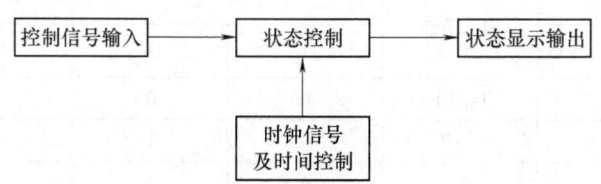

图4-4 总体设计方案框图

3. 逻辑功能部件的设计和实现

1) 状态控制模块设计:信号状态间的转换控制是整个数字系统的核心。通过前面分析得到两组交通灯的有效状态只有四个,具体为:①东西向马路亮绿灯,行人亮红灯;②马路亮黄灯,行人亮红灯;③东西向马路亮红灯,行人亮绿灯;④马路亮红灯,行人亮黄灯。四个状态分别用符号S_1、S_2、S_3、S_4来表示,用两位二进制码表示就可以了。为防止电路中可能出现的竞争冒险现象,采用格林码顺序,分别用00,01,11,10来表示。

分析状态控制模块的输入信号。四种状态间的转换受到输入的行人过街信号以及几个定时器的时间量的控制。用P来表示行人过街信号变量,P为1表示有行人按下按钮并等待系统响应。除了受到行人过街信号的控制,四种状态间的转换还受到几个时间信号的控制:①东西向信号灯由原来的绿灯到红灯的时间需要在行人按下按钮且绿灯已持续亮30s后才会改变;②当信号灯要从绿灯变成红灯时需使相应的黄灯亮4s时间;③南北方向亮绿灯的时间最多不超过20s时间。对这些时间信号我们可用系统内部的定时器来实现。这里,分别需要用到4s、20s和30s的定时器。三个定时器的状态分别用变量T_4、T_{20}和T_{30}来表示,计时未到时逻辑输出为0,计时时间到时逻辑输出为1。

几个输入控制信号的定义如下:

P:0没有行人通过,1有行人等待通过。

T_{30}：0 计时未到 30s，1 计时已过 30s。
T_{20}：0 计时未到 20s，1 计时已过 20s。
T_4：0 计时未到 4s，1 计时已过 4s。

由此，我们可以得出图 4-5 所示的状态转换图。这里各输入变量以原变量形式出现表示条件成立（取值为 1），以反变量出现表示条件不成立（取值为 0）。

接下来需要设计相应的电路来实现图 4-5 的状态转换关系。这是一个含多个输入的时序逻辑设计问题。总共四个状态可由两个触发器和必要的逻辑门电路来实现。若选用 D 触发器，结合 D 触发器的翻转特性将每种状态转换情况下的输入条件以及使状态发生转换所需的触发器输入变量的要求用状态转换表表示在表 4-1 中。

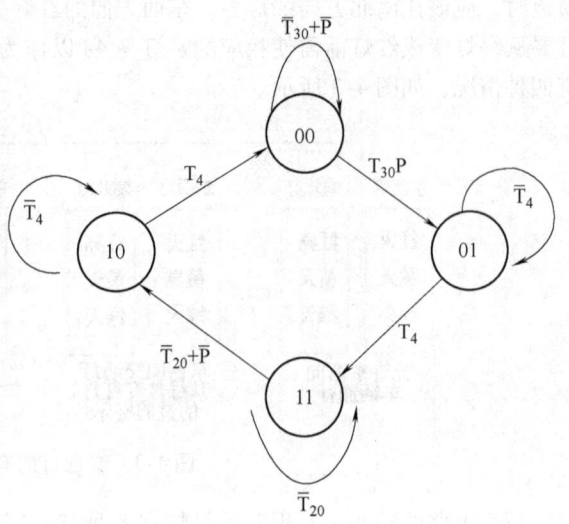

图 4-5 交通灯控制系统状态转换图

表 4-1 状态转换表及输入要求

当前状态		输入条件	下一状态		触发器输入要求	
Q_1	Q_0		Q_1	Q_0	D_1	D_0
0	0	$\overline{T_{30}} + \overline{P}$	0	0	0	0
0	0	$T_{30}P$	0	1	0	1
0	1	$\overline{T_4}$	0	1	0	1
0	1	T_4	1	1	1	1
1	1	$\overline{T_{20}}P$	1	1	1	1
1	1	$T_{20} + \overline{P}$	1	0	1	0
1	0	$\overline{T_4}$	1	0	1	0
1	0	T_4	0	0	0	0

由状态转换表可推导出各触发器的驱动方程：

$$D_1 = \overline{Q_1}Q_0T_4 + Q_1Q_0\overline{T_{20}}P + Q_1Q_0(T_{20} + \overline{P}) + Q_1\overline{Q_0}\overline{T_4}$$

$$D_0 = \overline{Q_1}\,\overline{Q_0}T_{30}P + \overline{Q_1}Q_0\overline{T_4} + \overline{Q_1}Q_0T_4 + Q_1Q_0\overline{T_{20}}P$$

化简可得

$$D_1 = Q_1Q_0 + Q_0T_4 + Q_1\overline{T_4}$$

$$D_0 = \overline{Q_1}Q_0 + \overline{Q_1}T_{30}P + Q_0\overline{T_{20}}P$$

如用与非门实现，以上两式可转换成

$$D_1 = \overline{\overline{Q_1Q_0} \cdot \overline{Q_0T_4} \cdot \overline{Q_1\,\overline{T_4}}}$$

$$D_0 = \overline{\overline{\overline{Q_1}Q_0} \cdot \overline{\overline{Q_1}T_{30}P} \cdot \overline{Q_0\overline{T_{20}}P}}$$

在此基础上,连接出相应的状态控制电路如图 4-6 所示。

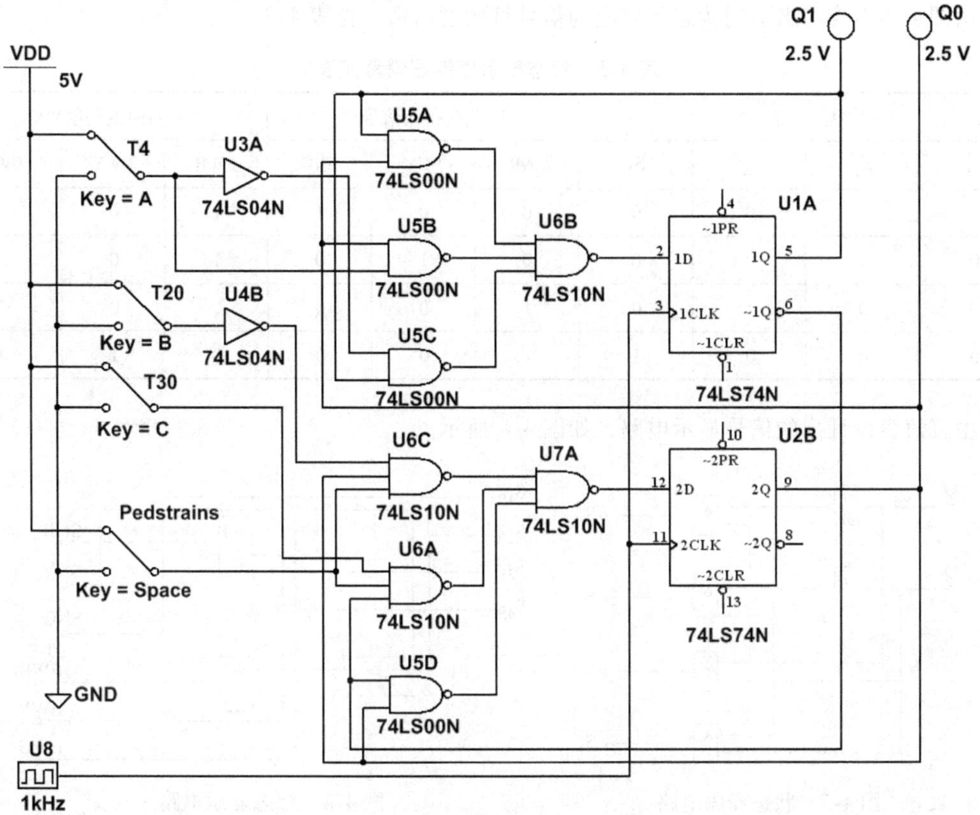

图 4-6 状态控制电路

2)状态显示模块设计:状态显示模块负责将当前交通灯的状态翻译成对应的交通灯信号并显示出来。该模块可进一步细分为状态译码模块和信号显示模块两个小模块。状态译码模块将当前用数字二进制码表示的状态翻译成特定的信号状态。表 4-2 为本状态显示模块的状态译码表,二进制码 00,01,11,10 分别对应状态 S_1,S_2,S_3 和 S_4。由真值表很容易设计出相应的译码电路,如图 4-7 所示。

表 4-2 为状态译码的真值表

状态输入		状态输出			
Q_1	Q_0	S_1	S_2	S_3	S_4
0	0	1	0	0	0
0	1	0	1	0	0
1	1	0	0	1	0
1	0	0	0	0	1

信号显示模块负责根据状态下对四组信号灯的正确控制。前面提到东西向两组车辆信号灯信号应该一致。同样,南北向两组行人的信号灯的信号也应该保持一致。实际需要两组控制信号,每组控制 3 盏灯,共需要 6 个输出信号,分别用 SNR(南北向行人红灯),SNY(南北向行人黄灯),SNG(南北向行人绿灯),EWR(东西向道路红灯),EWY(东西向道路黄灯),EWG

（东西向道路绿灯）这六个变量表示。输出逻辑为1时相应的信号灯点亮，为0时相应的信号灯灭。由图4-3不难写出不同状态下对应的信号灯的逻辑值，见表4-3。

表4-3 状态显示控制逻辑真值表

状态				南北向行人信号灯			东西向道路信号灯		
S_1	S_2	S_3	S_4	SNR	SNY	SNG	EWR	EWY	EWG
1	0	0	0	0	0	1	1	0	0
0	1	0	0	0	1	0	1	0	0
0	0	1	0	1	0	0	0	0	1
0	0	0	1	1	0	0	0	1	0

由真值表设计出的信号显示电路，如图4-8所示。

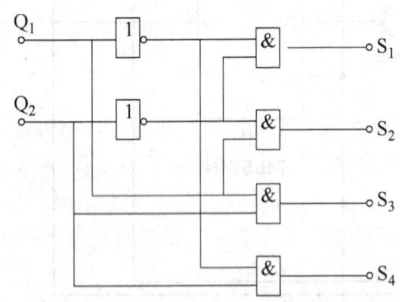

图4-7 状态译码电路

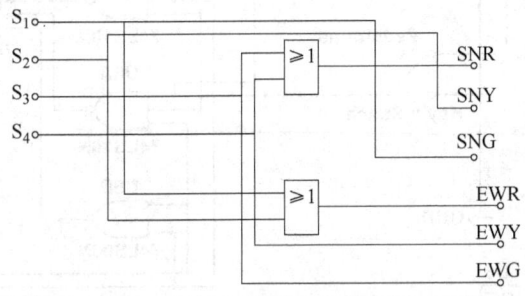

图4-8 状态显示电路

3）时钟模块电路设计：时钟模块电路部分包括三个分别为4s，20s，30s的定时器，以及时序逻辑控制模块所需的时钟信号源。时钟信号源可由石英晶振分频给出，也可利用555定时器构成。图4-9为由555定时器构成的多谐振荡电路，其振荡频率可由公式 $f = \dfrac{1.44}{(R_1 + 2R_2)C_1}$ 计算。选择合适的参数，使时钟信号频率为1kHz作为整个电路所需的时钟信号源。

三个计时器均可在时钟源的基础上利用计数器分频得来。分频电路可选用中规模集成计数器构成。这里要注意三个计时器的计时开启和停止时间的控制。和 T_{30} 信号相对应的定时器应在 S_1 状态刚开始时开始计时，计时30s后对应的输出变量 T_{30} 由 0 变为 1；到下一个状态时信号清零。同样，和 T_{20} 信号相对应的定时器应在 S_3 状态刚开始时开始计时，计时20s后对应的输出变量 T_{20} 由 0 变

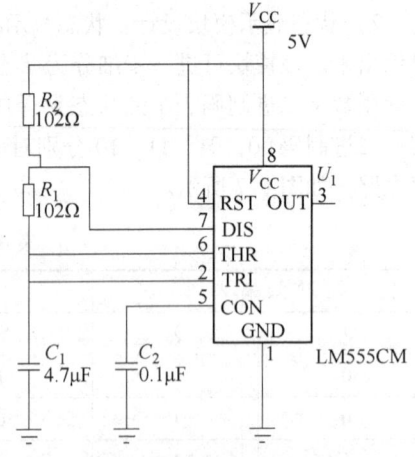

图4-9 由555定时器构成的时钟信号源

为1；到下一个状态时信号清零。类似的，和 T_4 信号相对应的定时器应在 S_2 和 S_4 状态开始时开始计时，计时4s后对应的输出变量 T_4 由 0 变为 1；相应的定时器清零，到下一个 S_2 或 S_4 状态开始时再次重新开始计时。图4-10为计时器 T_4 的电路图。电路在1kHz的时钟信号源的基础上采

用了 4000 进制计数器，4s 后 RCO 为高。同理可设计出 T_{20} 和 T_{30} 计时器。

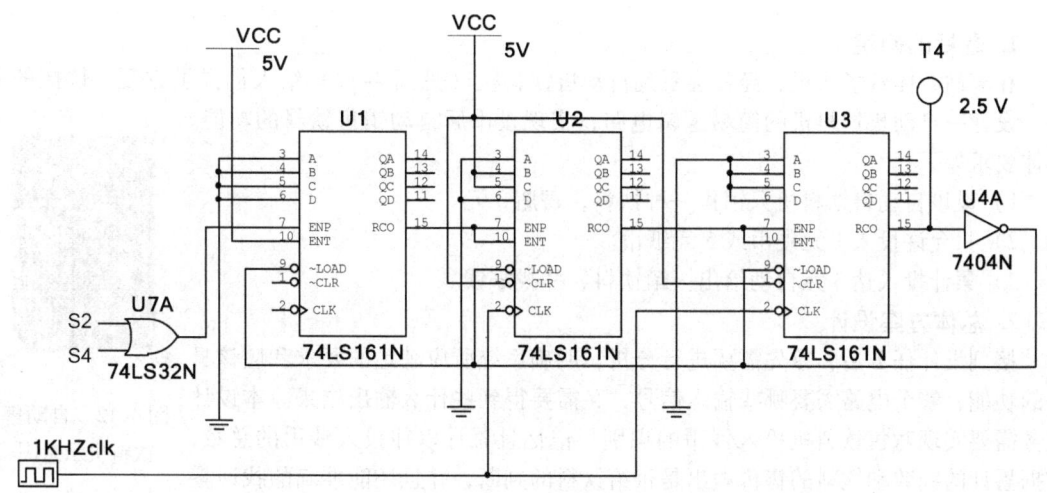

图 4-10　计时器 T_4 的电路

4. 总电路的搭建调试

在完成逻辑功能电路各模块电路设计后，应各自独立仿真。如有问题，需要各自独立修改电路，直至各部分都能够完成预定功能后，再着手整体电路的实现。由于整体电路通常较大，包含较多芯片和连线，为方便分析和调试，常将各个子逻辑模块用子电路形式构成。整体电路连接时需要仔细考虑各模块输入输出间信号的关系。如必要，还需增加少量电路进行衔接。整体电路连接完后再进行整体电路的仿真。

完整的电路可以参考图 4-11。

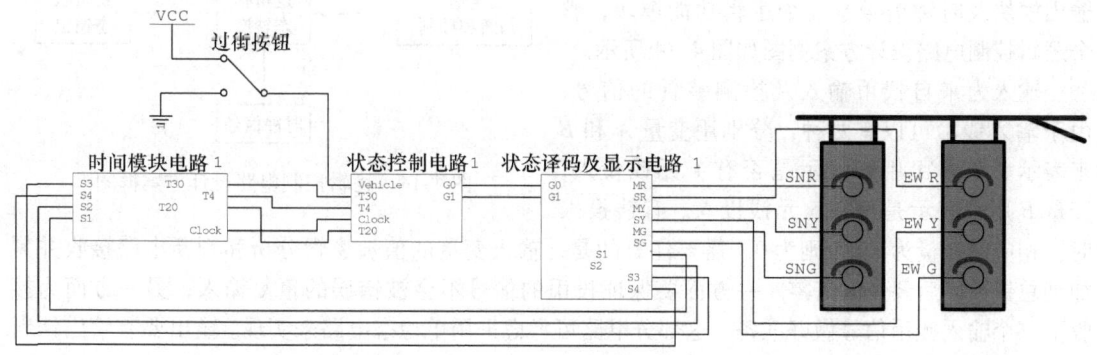

图 4-11　人行横道交通信号灯完整控制电路

5. 练习、思考及拓展

1）在 Multisim 软件环境下实现人行横道处交通信号灯完整控制电路的仿真。
2）用按钮模拟行人过街输入信号，并增加相应输入信号的整形电路。
3）增加交通灯信号的无效状态检测及报警功能。
4）如需增加绿灯最后 4s 时闪烁显示的功能，应如何修改电路？设计并实现其功能。
5）如需增加绿灯倒计时功能，显示倒计时时间，应该如何修改电路？设计并实现其功能。
6）在紧急情况下，东西和南北向可全部置为红灯。设计并增加此功能。

4.3.2 简易自动售饮料机

1. 题目的确定

在车站、体育场所里,经常会看到自动售饮料机(见图4-12)给人们提供方便、快捷的服务。设计一自动售饮料机的简易逻辑电路,实现投币后自动销售饮料的功能。具体要求如下:

1) 设该自动售饮料机只销售一种饮料,每瓶3元。
2) 只允许投入1元硬币或5元纸币。
3) 累计投入达3元自动给出一罐饮料,并找零钱。

2. 总体方案设计

接到设计任务后,首先需要进行分析,明确系统所应满足的要求和应该具备的功能,整个电路需要哪些输入信号,又需要得到些什么输出结果。本设计任务需要实现对售饮料机投入钱币的识别、记忆且累计以往投入钱币的总数,依据累计的钱数和饮料的售价做出是否给饮料的判断,并且还能准确的找回零钱。整个系统需有钱币输入及检测装置、饮料输出装置、钱币输出装置以及逻辑控制电路几个部分,如图4-13 所示。

图4-12 自动售饮料机示意图

图4-13 简易自动售饮料机系统框图

整个逻辑控制电路实现接收输入不同钱币的信号、记忆并累计输入钱的数目,通过逻辑分析给出是否给饮料输出的判断,同时还要能够给出不同情况下找钱的信号。由于需要记忆并累计投入钱的总数,系统需要有记忆功能,需由时序逻辑电路来实现。系统还需要用到供时序逻辑电路工作的时钟信号。故可将逻辑控制电路部分进一步划分成逻辑输入判断和控制,时序逻辑状态转换,逻辑状态输出模块及时钟信号这几个逻辑功能模块,整个逻辑控制电路设计方案框图如图4-14 所示。

输入为来自钱币输入及检测装置的信号,由于输入钱币可以有两种,分别用变量 A 和 B 来表示。变量 A 用来表示是否有1元钱投入,变量 B 用来表示是否有5元钱投入。有钱投入

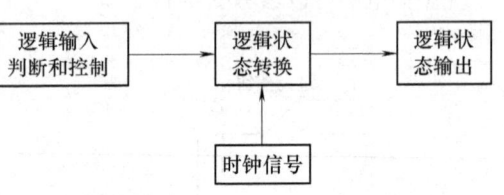

图4-14 逻辑控制电路设计方案框图

时,相应的变量为1,否则为0。需要注意的是,输入变量的值被逻辑分析和判断电路接收并累加到总钱数以后要及时清零。一方面要保证投币的信号不会被错误的重复输入,另一方面为接收下一个输入钱币信号做好准备。这部分电路可考虑采用单稳态电路来实现。输出要有给出饮料的控制信号,同时还需给出找钱信号。根据具体投入的钱数不同,找的钱数也不同。

具体考察一下投入不同钱的情况。由于任务中只能投入5元和1元两种钱币,而且只有投入的数目超过3元才开始输出。从表4-4列出各种输入输出情况。

表4-4 简易自动售饮料机的所有输入和输出情况

输 入	输 出	输 入	输 出
1元	不给饮料、不找钱	5元	给饮料、找两元钱
1元、1元	不给饮料、不找钱	1元、5元	给饮料、找3元钱
1元、1元、1元	给饮料、不找钱	1元、1元、5元	给饮料、找4元钱

从表 4-4 可以看出,从开始投币到系统有有效输出时,实际输入钱币的情况共有六种可能,输出饮料的结果有两种(给或不给饮料),找钱的结果有四种情况(不找钱、找两元、找 3 元和找 4 元)。是否输出饮料的结果可用一个变量 X 来表达,由于找钱的结果有四种,需要用两个变量 YZ 的组合表达。三个输出变量定义分别如下:

X:0 不给饮料,1 给饮料

YZ:00 不找钱,01 找两元,10 找 3 元,11 找 4 元

3. 逻辑功能部件的设计和实现

1)逻辑状态转换模块:由于设计任务中只要输入系统内的钱数累计等于或超过 3 元就开始送出饮料并找钱,系统内累计的总钱数只能有 0 元,1 元,2 元这三种情况,分别用三个状态 S_0,S_1 和 S_2 来表示。

在定义好输入输出及系统状态变量的基础上,可以分析系统在不同输入情况下的状态变化关系。

系统一开始初始状态为 S_0,累计总钱数为 0 元。没有输入(BA = 00)时,输出既不给出饮料也不输出找钱(XYZ = 000),同时保持原状态 S_0。当输入 1 元硬币(BA = 01)时,累计总钱数为 1 元,输出既不给出饮料也不找钱(XYZ = 000),状态变化为 S_1。当输入 5 元硬币(BA = 10)时,累计总钱数为 5 元,超过 3 元,输出送出饮料的同时还找两元钱(XYZ = 101),系统给出输出动作后又回到原初始状态 S_0。图 4-15 为相应的逻辑状态转换图。

如果系统原状态为 S_1,累计总钱数为 1 元。没有输入(BA = 00)时,输出既不给出饮料也不找钱(XYZ = 000),同时保持原状态 S_1。当输入 1 元硬币(BA = 01)后,系统累计总钱数为两元,输出既不给出饮料也不给出找钱(XYZ = 000),但状态变化为 S_2。当输入 5 元硬币

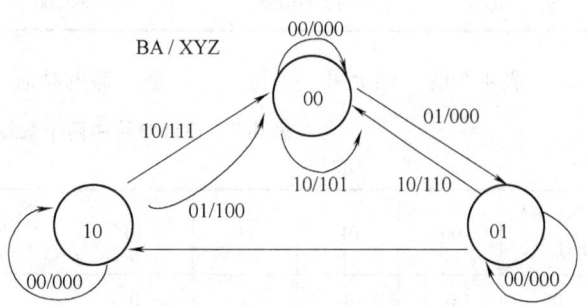

图 4-15 简易自动售饮料机的逻辑状态转换图

(BA = 10)时,累计总钱数为 6 元,输出给出饮料的同时还找 3 元钱(XYZ = 110),系统给出输出动作后又回到原初始状态 S_0。

如果系统原状态为 S_2,累计总钱数为两元。没有输入时(BA = 00)时,输出既不输出饮料也不输出找钱(XYZ = 000),同时保持原状态 S_2。当输入 1 元硬币(BA = 01)时,累计总钱数为 3 元,输出给出饮料但不需找钱(XYZ = 100),系统给出输出动作后内部状态又回到原状态 S_0。当输入五元硬币(BA = 10)时,累计总钱数为 7 元,输出给出饮料同时找钱 4 元(XYZ = 111),系统给出输出动作后内部状态又回到原状态 S_0。

根据逻辑状态转换图,我们可以进一步将设计任务用表 4-5 所示的状态转换关系来描述。

表 4-5 简易自动售饮料机的不同输入情况下的状态转换关系及输出

S_N \ BA	S_{N+1}/XYZ			
	00	01	10	11
S_0	S_0/000	S_1/000	S_0/101	×/×××
S_1	S_1/000	S_2/000	S_0/110	×/×××
S_2	S_2/000	S_0/100	S_0/111	×/×××

任务设计的核心是 好三种状态的 。可看出,这是 带多输入和输出的时序 设计问 ,电路必须 具记忆 的 (触 器) 相判断和 系的 合 。 用 触器就可 表 三种状态,这里我们用 JK 触器和必 的 门电路 上面的 电路。JK 触 器状态 别用 Q_1 和 Q_0 表示,00 代表 S_0 状态,01 代表 S_1 状态,10 代表 S_2 状态,系统 11 状态没 定义,可 当 无 项处理。

表 4-5 的 础上可得 易自 售饮料机的状态 表,见表 4-6。

表 4-6 简易自动售饮料机的状态转换表（$Q_1^{n+1}Q_0^{n+1}$/XYZ）

输入 BA 状态 Q_1Q_0	新状态/输出（$Q_1^{n+1}Q_0^{n+1}$/XYZ）			
	00	01	10	11
00	00/000	01/000	00/101	×/×××
01	01/000	10/000	00/110	×/×××
10	10/000	00/000	00/111	×/×××

表 4-6 的 础上可 别得 触 器的状态 表,见表 4-7。

表 4-7 设计电路中两个触发器的状态转换表

Q_1^{n+1}						Q_0^{n+1}				
BA Q_1Q_0	00	01	11	10		BA Q_1Q_0	00	01	11	10
00	0	0	×	0		00	0	1	×	0
01	0	1	×	0		01	1	0	×	0
11	×	×	×	×		11	×	×	×	×
10	1	0	×	0		10	0	0	×	0

触 器的状态 表的 础上,结合 JK 触 器的状态 系,可 别得 触器的输入 的 程。也可 先 用卡诺图化 ,得 触 器的状态 程, 状态 程的 础上 用比 得出 触 器的 程。

经 化 后的 状态 程为:

$$Q_1^{n+1} = AQ_0 + \overline{A}\,\overline{B}Q_1$$
$$Q_0^{n+1} = A\,\overline{Q_1}\,\overline{Q_0} + \overline{A}\,\overline{B}Q_0$$

JK 触 器的特征 程为:

$$Q^{n+1} = J\overline{Q} + \overline{K}Q$$

用比 得 触器的 程:

$$J_1 = AQ_0,\ K_1 = AQ_0 + \overline{A}\,\overline{B}$$
$$J_0 = A\overline{Q_1},\ K_0 = \overline{A}\,\overline{B}$$

相 的电路如图 4-16 示。

2） 状态输出 :从表 4-6 可得 和三 输出 的输出 系表,见表 4-8。

第 4 章 数字系统课程设计

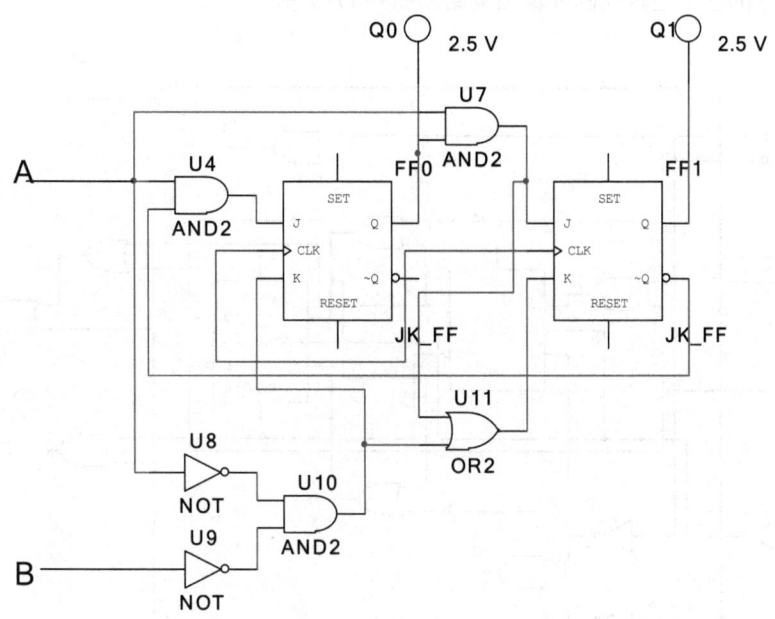

图 4-16 自动售饮料机状态转换电路

表 4-8 电路输出变量逻辑关系表

X					Y					Z				
Q_1Q_0 \ BA	00	01	11	10	Q_1Q_0 \ BA	00	01	11	10	Q_1Q_0 \ BA	00	01	11	10
00	0	0	×	1	00	0	0	×	0	00	0	0	×	1
01	0	0	×	1	01	0	0	×	1	01	0	0	×	0
11	×	×	×	×	11	×	×	×	×	11	×	×	×	×
10	0	1	×	1	10	0	0	×	1	10	0	0	×	1

在表 4-8 的输出变量的逻辑关系表的基础上，采用卡诺图进行化简可进一步得到电路输出方程：

$$X = B + AQ_1$$
$$Y = BQ_0 + BQ_1$$
$$Z = B\overline{Q_0}$$

根据驱动方程和输出方程可设计出相应的输出电路。

3）逻辑输入及时钟信号的设计：逻辑输入信号来自钱币输入及检测装置的信号。需要注意的是，输入变量的值被逻辑状态转换电路接收并累加到总钱数以后要及时清零，保证投币的信号不会被错误的重复输入，同时为接收下一个输入钱币信号做好准备。

考虑电路中用到的时钟信号。只有在有效输入信号时，电路状态才可能发生改变。细致的考察输入信号和所需时钟的关系：两个输入信号在没有输入时都是以低电平形式存在，有有效输入时才跳转到高电平。有效信号的输入正好给出一个上升沿。任何一个有效输入都将使电路状态发生改变。故采用异步时序逻辑工作方法，用或门连接两个输入信号后给上升沿触发的 JK 触发器作为时钟信号。

含输入部分的整个逻辑控制和输出电路如图 4-17 所示。

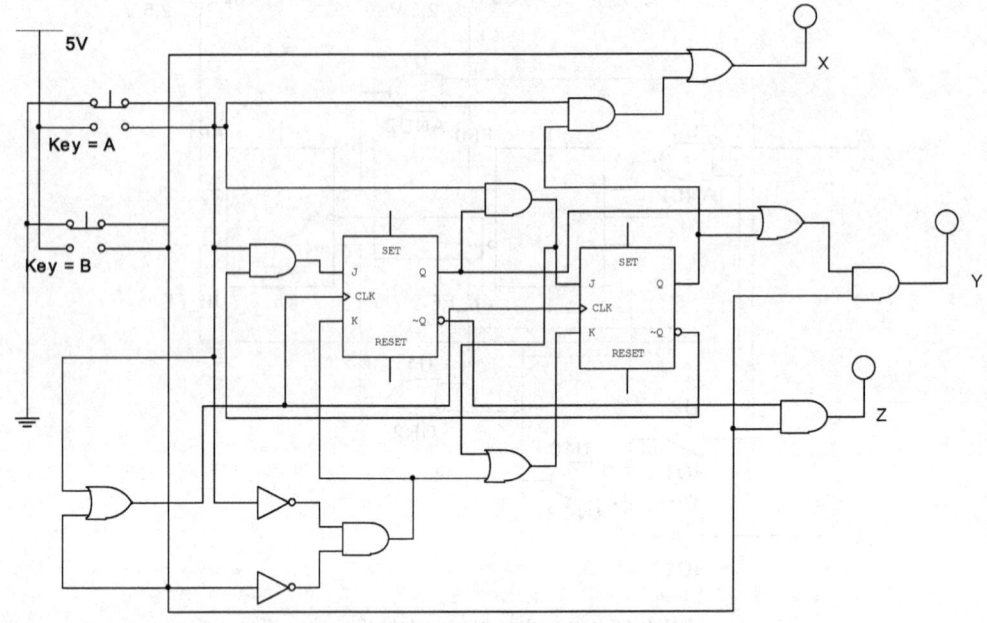

图 4-17　状态控制逻辑电路及输出电路

4. 练习、思考及拓展

1) 采用 Multisim 软件平台实现简易自动售饮料机完整控制电路的仿真。

2) 为防止按键抖动对输入信号的影响,考虑在输入按钮后增加相应的消抖电路及整形电路,从而使每按一次键都产生正确有效的计数,增加系统的稳定性和可靠性。

3) 如需增加一退币按钮,在系统未输出饮料前允许用户取消操作,并取回所投钱数,应该如何修改电路?

4) 要求在超过一定时间 (3min) 没有进一步输入动作的情况下,系统给出提醒信息,1min 后自动结束当前任务并退出用户所投钱数。应如何设计电路?

5) 如果自动售饮料机销售两种饮料,两种饮料的售价一致,应该如何修改电路?如果两种饮料售价不一致,又应该如何修改电路?

4.4　数字系统设计任务

数字系统设计任务涉及移位寄存器、计数器、数码显示电路以及时钟电路等知识的综合运用。要求学生能够运用所学过的数字电路设计方法,熟练使用常用逻辑功能芯片搭建具有实际应用背景的数字电路。在激发学生兴趣的同时培养学生工程设计能力和综合分析问题、解决问题的能力。这部分设计工作量通常较大,建议由 2~4 人为一组共同完成。在共同讨论出基本方案的前提下,小组成员间可以通过分工协作来完成整体设计内容。

4.4.1　汽车尾灯控制电路

1. 设计目的

1) 掌握时序逻辑电路的一般设计方法。

2）掌握组合逻辑电路的一般设计方法。

3）通过汽车尾灯控制电路的设计，锻炼学生对数字单元电路的灵活运用和综合设计能力，提高学生综合运用知识的能力和创新能力。

2. 设计任务

1）用6只小灯泡模拟6只汽车尾灯，左侧3只，右侧3只。用4个开关分别模拟脚踏制动器，停车信号，左转弯控制和右转弯控制。

2）汽车在转弯时，该侧的3只尾灯按下列状态周期性的亮与暗。000→100→110→111→000→……

3）在无制动时，如果驾驶员不慎将两个转向开关都接通，则两侧的尾灯都作同样的周期性亮暗变化。

4）在制动时，若转弯开关未合上（或错误的将两个转弯开关都合上），所有的6只尾灯均亮。

5）停车时，6只尾灯按脉冲频率闪亮。

3. 设计内容及参考步骤

1）实现单侧尾灯指定状态的周期性亮暗显示。

2）实现两个转向控制对两侧尾灯状态显示的控制电路。

3）实现制动时的控制和显示电路。

4）实现停车时的控制和显示电路。

5）实现完整电路。

4. 设计思考

如何在步骤2）基础上实现步骤3）、4），并在原有条件下保持现有功能不变？

5. 报告书写要求

1）课题名称。

2）完成人班级、姓名、学号。

3）最终实现的总设计任务和分工。

4）汽车尾灯控制电路的总体设计方案及框图。

5）单元电路设计及基本原理分析。

① 尾灯指定状态的周期性亮暗控制和显示单元电路图；

② 制动时控制和显示单元电路原理图；

③ 停车时控制和显示单元电路原理图；

6）对调试过程中所遇到的其它故障和问题进行分析。

7）元件清单。

8）设计过程遇到的体会与创新点、建议。

9）主要参考书籍或网站。

4.4.2 智能风扇控制系统

1. 设计目的

1）掌握移位寄存器、计数器电路的原理和应用。

2）掌握555定时器电路的应用方法。

3）掌握数据选择器等组合逻辑电路芯片的使用方法。

4）掌握组合逻辑电路的一般设计方法。

5）掌握译码显示电路的原理和应用。

6）通过家用风扇的设计，锻炼学生对数字单元电路的灵活运用和综合设计能力，提高学生综合运用知识的能力和创新能力。

2. 设计任务

设计并制作一个家用电扇控制器。控制器面板为：按钮三个，分别为风速、风种和停止。LED 指示灯 6 个，分别指示风速的强、中、弱的三种状态以及风种的正常、自然和睡眠三种状态。

风种正常为电扇连续运转；自然为电扇模拟自然风（转 4s、停 4s）；睡眠为电扇慢转，产生轻柔的微风（转 8s、停 8s）。

风速的强、中、弱对应电扇的转动由慢到快。一般家用电扇采用电容分相式单向异步电机，可以通过改变抽头位置来改变定子绕组的接线，进而实现调速，电路如图 4-18 所示。在本系统设计仿真中，可以直接采用 3 个 LED 灯代表 3 个抽头位置。

1）电扇处于停转状态时，所有指示灯不亮，只有按下"风速"键时，才会响应，进入起始工作状态；电扇在任何状态，只要按停止键，则进入停止状态。

2）处于工作状态时的初始状态为风速弱，风种正常。

按"风速"键，其状态由"弱、中、强、弱、……"循环；

按"风种"键，其状态由"正常、睡眠、自然、正常、……"循环；

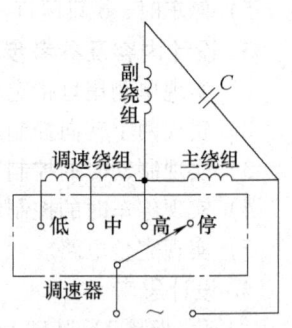

图 4-18　家用电扇调速方法

3）按照风速与风种的设置输出相应的显示信号。

3. 设计内容及参考步骤

1）采用触发器搭建移位寄存器，实现风种调节单元电路。

2）实现带有消抖功能的风种调节输入电路。

3）分别实现 4s 和 8s 的定时器。

4）实现完整的风种控制电路模块。

5）添加风速控制电路模块，在不同风种情况下实现调速器的不同位置接入。

6）增加停止按钮，实现完整电路。

4. 设计思考

1）如何实现定时信号的控制？

2）如何实现消除按键的抖动对输入的影响？

3）如何在不同风种情况下对不同速度进行控制？

5. 扩展要求

增加定时电路，允许用户设定电扇的运行时间，时间到即自动切断电源，请修改和补充电路。

6. 报告书写要求

1）课题名称。

2）完成人班级、姓名、学号。

3）最终实现的总设计任务和分工。

4）家用电扇控制器的总体设计方案及框图。

5）单元电路设计及基本原理分析。

① 风种调节单元电路图；

② 风种调节输入电路图；
③ 4s 和 8s 的定时器电路图；
④ 完整的风种控制电路模块原理图；
⑤ 风速控制电路模块原理图；
⑥ 定时电路原理图（扩展要求）；
⑦ 完整的总体电路的连接调试。
6）对调试过程中所遇到的其他故障和问题进行分析。
7）元件清单。
8）设计过程遇到的体会与创新点、建议。
9）主要参考书籍或网站。

4.4.3　洗衣机控制系统

1. 设计目的

1）掌握计数器电路的原理和应用。
2）掌握 555 定时器电路的应用方法。
3）掌握数据选择器等组合逻辑电路芯片的使用方法。
4）掌握组合逻辑电路的一般设计方法。
5）掌握译码显示电路的原理和应用。
6）通过洗衣机控制系统的设计，锻炼学生对数字单元电路的灵活运用和综合设计能力，提高学生综合运用知识的能力和创新能力。

2. 设计任务

普通洗衣机的主要控制电路是一个定时器，它按照一定的洗涤程序控制电动机作正向和反向转动。试设计一简易洗衣机控制电路，该洗衣机按下面规律运转：定时起动→正转 10s→反转 20s→暂停 10s……定时到，停止。在本系统设计仿真中，可以使用一组 LED 灯的不同点亮顺序代表电动机的正转和反转情况。

3. 设计内容及参考步骤

假设定时时间为 10min。
1）实现总定时电路，如果设定时时间到，则停机并发出音响信号。
2）分别实现 10s 和 20s 的定时电路，并按要求实现电路正转、反转和停止三种状态间的切换。
3）用数字显示洗衣机的剩余工作时间。
4）增加起动/停止按钮，实现完整电路。

4. 设计思考

1）如何正转、反转和停止三种状态间的切换？
2）如何计算剩余时间？

5. 扩展要求

1）增加能够允许用户自行设置定时时间（不超过 60min），修改和补充电路。
2）再增加一预约时间（不超过 12h），使该洗衣机在预约时间减去定时时间时开始洗衣，预约时间到时正好洗完，请修改和补充电路。

6. 报告书写要求

1）课题名称。

2）完成人班级、姓名、学号。
3）最终实现的总设计任务和分工。
4）家用洗衣机控制电路的总体设计方案及框图。
5）单元电路设计及基本原理分析。
① 定时单元电路图；
② 三种状态间的转换原理图；
③ 洗衣机的剩余工作时间显示电路原理图。
6）对调试过程中所遇到的其他故障和问题进行分析。
7）元件清单。
8）设计过程遇到的体会与创新点、建议。
9）主要参考书籍或网站。

4.4.4 出租车自动计费器

1. 设计目的

1）掌握计数器电路的原理和应用。
2）掌握555定时器电路的应用方法。
3）掌握数据选择器等组合逻辑电路芯片的使用方法。
4）掌握组合逻辑电路的一般设计方法。
5）掌握译码显示电路的原理和应用。
6）通过出租车自动计费系统的设计，锻炼学生对数字单元电路的灵活运用和综合设计能力，提高学生综合运用知识的能力和创新能力。

2. 设计任务

设计制作一个自动计费器，具有行车里程计费，等候时间计费及起价等三部分。三项计费总和为客户用车的总费用，通过数码管自动显示金额。

出租车行驶的里程可以通过里程传感器获得。里程传感器通过对车轮每转一周所走过的距离进行计数，统计出车轮所走的路程。设车轮直径为1m，通过计算车轮走过的圈数可以算出出租车走过的里程。车辆等候时间可通过计时器来获取。

1）行车里程单价（2.3元/km）、等候时间（4.6元/5min）、三公里内起步价（13.00元）。
2）在车辆起动和停止时发出音响信号，以提请顾客注意。
3）在车辆行驶的过程中，将行驶里程、等候时间及费用以整数单位分别用2数码管显示。单位分别为公里（km）、分钟（min）及元。
4）车辆停止后用四舍五入的方式，给出最后乘客所需付金额。

3. 设计内容及参考步骤

1）用计数器1表示行车里程计数，计数器2表示行车里程计费，实现里程计费和显示电路。
2）用计数器3表示等候时间计数，计数器4表示等候时间计费，实现等候计费和显示电路。
3）实现总金额的计算和数字显示。
4）实现完整电路。

4. 设计思考

1）如何根据行车里程单价和等候时间计算出相应的里程和等候计费？
2）如何实现计算里程、等候及起价费用的累加？
3）如何实现总金额的四舍五入计算？

5. 扩展要求

如增加能够允许用户自行设置定时里程单价和等候时间单价的电路，行车里程单价（XX 元/km）、等候时间（XX 元/5min）、起价（XX 元）均能通过外接 BCD 码拨盘输入，请修改和补充电路。

6. 报告书写要求

1) 课题名称。
2) 完成人班级、姓名、学号。
3) 最终实现的总设计任务和分工。
4) 出租车自动计费电路的总体设计方案及框图。
5) 单元电路设计及基本原理分析。
① 里程计费单元电路图；
② 等候计费单元电路图；
③ 累加计费单元电路原理图。
6) 对调试过程中所遇到的其他故障和问题进行分析。
7) 元件清单。
8) 设计过程遇到的体会与创新点、建议。
9) 主要参考书籍或网站。

4.4.5 电子拔河游戏机

1. 设计目的

1) 掌握移位寄存器、计数器电路的原理和应用。
2) 掌握组合逻辑电路的设计方法。
3) 掌握译码显示电路的原理和应用。
4) 通过电子拔河游戏机的设计，锻炼学生对数字单元电路的灵活运用和综合设计能力，提高学生综合运用知识的能力和创新能力。

2. 设计任务

电子拔河游戏机是一种能容纳甲乙双方参赛或甲乙双方加裁判的三人游戏电路。由一排 LED 发光二极管表示拔河的"电子绳"，由甲乙双方通过按钮开关使发光的 LED 管向自己一方的终点延伸，当延伸到某方的最后一个发光二极管时，该方获胜。连续比赛多局以定胜负。

1) 比赛开始，由裁判下达比赛命令后，甲乙双方才能输入信号，否则，由于电路具有自锁功能，使输入信号无效。
2) "电子绳"至少由 16 个 LED 管构成，裁判下达"开始比赛"的命令后，位于"电子绳"中点的 LED 发亮。
3) 甲乙双方通过按键输入信号，使发亮的 LED 管向自己一方移动，并阻止其向对方延伸。
4) 当从中点至自己一方的 LED 管全部发亮时，表示当局比赛结束。这时，电路自锁，保持当前状态不变，除非由裁判使电路复位。
5) 记分电路用两位七段数码管分别对双方得分进行累计，在每次比赛结束时电路自动加分。

3. 设计内容及参考步骤

1) 实现 16 个以上 LED 管的"电子绳"显示及控制电路，裁判下达"开始比赛"的命令后，位于"电子绳"中点的 LED 亮。
2) 在电路中实现按键对发亮的 LED 灯移动的控制，实现阻止发亮的 LED 灯向对方延伸的

3) 在电路中实现对一局比赛结束的判断和结束时状态的自锁功能。
4) 在电路中实现裁判对比赛开始和结束的控制功能。
5) 实现对比赛结果累加记分电路以及对记分结果的显示电路。

4. 设计思考

1) 如何实现一方按键对另一方的阻止作用？
2) 避免一方一直按下按键不动对游戏造成的影响？
3) 如何消除按键的抖动对比赛的影响？
4) 如何避免可能发生的竞争冒险现象？

5. 扩展要求

1) 规定在裁判下达"开始比赛"的命令前有比赛选手将按键按下视为犯规，累计三次犯规后对方可加一分。请修改和补充电路。
2) 设定先达到三分那方获得最终胜，请修改和补充电路。

6. 报告书写要求

1) 课题名称。
2) 完成人班级、姓名、学号。
3) 最终实现的总设计任务和分工。
4) 电子拔河游戏机的总体设计方案及框图。
5) 单元电路设计及基本原理分析。
① "电子绳"显示及控制电路原理图；
② 比赛双方按键对发亮的 LED 管移动控制的原理图，并解释对另一方按键的阻止作用是如何实现的；
③ 比赛开始和结束的判断和控制电路逻辑；
④ 比赛结果累加记分电路以及对记分结果的显示电路原理。
⑤ 完整的总体电路的连接调试。
6) 你在电路中采取了什么措施避免一方一直按下按钮不动对游戏造成的影响？你是如何解决的？请对过程进行描述。
7) 你的电路中有没有出现因竞争冒险而引起的问题，你是如何避免竞争冒险现象的发生的？请对过程进行描述。
8) 对调试过程中所遇到的其他故障和问题进行分析。
9) 元件清单。
10) 设计过程遇到的体会与创新点、建议。
11) 主要参考书籍或网站。

4.4.6 两人乒乓球游戏机设计

1. 设计目的

1) 掌握移位寄存器、计数器电路的原理和应用。
2) 掌握比较器、数据选择器的原理和应用。
3) 掌握组合逻辑电路的设计方法。
4) 掌握译码显示电路的原理和应用。
5) 通过乒乓游戏机的设计，锻炼学生对数字单元电路的灵活运用和综合设计能力，提高学生综合运用知识的能力和创新能力。

2. 设计任务

设计一个两人乒乓游戏机,该游戏机模拟乒乓球比赛过程,并按比赛规则自动裁判和计分。具体要求如下:

1) 用 12 只发光二极管代表球台。发球方按动发球开关,送出一个单脉冲信号,靠近该方的第一个发光二极管点亮,然后按一定的速度向对方移动。

2) 接球方只有当球到达最后一只发光二极管,即靠近本方的第一支管子点亮时,才可按动击球开关,将球击回。提前击球或未接住球均判为失分,当未接住来球时,发光二极管熄灭,表示乒乓球出台,对方得分。此时需要按规则重新发球,继续比赛。

3) 双方各有一个数码管计分,一方击球后,双方可以较量多个回合,直到一方失误为止,此时,胜方记分牌自动加一分。

4) 比赛进行到一方获得 11 分时,一局结束,记分牌全部清零。

5) 裁判有一按钮,每次裁判按下按钮后方可开始下一回合的发球。

6) 两个选手轮流发球。

3. 设计内容及参考步骤

1) 实现 12 个发光二极管按指定方向的移动点亮。

2) 在电路中如何实现对接球时刻的准确判断。

3) 一方接球成功后用接球成功信号控制电路实现对球的回击。

4) 任意一方接球失败后实现计分牌数据的正确更新以及控制发光二极管的熄灭。

5) 实现对一局比赛结束的判断。

4. 扩展要求

1) 要求每方各自连续发 2 个球后再换成另一方发球,请修改和补充电路。

2) 要求在 1) 的基础上规定每回合只有发球方才能得分,请修改和补充电路。

3) 要求一方至少领先另一方 2 分才能获胜,请修改和补充电路。

4) 要求七局四胜制,请修改和补充电路。

5. 报告书写要求

1) 课题名称。

2) 完成人班级、姓名、学号。

3) 最终实现的总设计任务和分工。

4) 两人乒乓游戏机的总体设计方案及框图。

5) 单元电路设计及基本原理分析。

① 发光二极管顺序移动点亮电路原理图;

② 接球时机正确和错误的逻辑判断电路;

③ 接球成功后对发光二极管移动点亮顺序反转的控制电路;

④ 计分牌数据的显示和更新电路;

⑤ 一局结束的判断电路和清零这几个单元模块;

⑥ 完整的总体电路的连接调试。

6) 记录调试过程,以及对调试过程中所遇到的故障进行分析。

7) 元件清单。

8) 设计过程遇到的体会与创新点、建议。

9) 主要参考书籍或网站。

4.4.7 打地鼠游戏

1. 设计目的

1）掌握时序逻辑电路的一般设计方法。
2）掌握计数器的原理和应用。
3）掌握组合逻辑电路的一般设计方法。
4）掌握定时电路的设计和使用。
5）掌握译码显示电路的原理和应用。
6）通过打地鼠游戏的设计，锻炼学生对数字单元电路的灵活运用和综合设计能力，提高学生综合运用知识的能力和创新能力。

2. 设计任务

打地鼠游戏是一个孩子们爱玩的电玩游戏。该游戏可以锻炼游戏者的反应能力。试设计对应的电子系统。基本设计要求如下：

1）4 个随机点亮的 LED 指示灯，每盏灯点亮的时间为 30ms。
2）每盏灯前有一个对应的按钮，在该灯点亮期间，相应的按钮按下，则可加 1 分，否则不予加分。
3）灯亮 10 次暂停。按下一次键后开始下一轮游戏。

3. 设计内容及参考步骤

1）实现 4 个能随机点亮的 LED 指示灯。每次只有一盏灯点亮，点亮的时间为 30ms。
2）为每盏灯设计一个对应的按钮输入。
3）实现对按钮输入是否正确地判断。
4）实现相应的记分电路，并将当前记分通过数码管显示。
5）实现灯亮 10 次暂停功能。
6）实现完整电路。

4. 设计思考

1）如何实现 4 个指示灯的随机点亮？
2）如何避免按钮的机械抖动对输入信号的影响？

5. 扩展要求

1）设定游戏反应速度难度等级，显示时间随级别增加减小。
2）修改计分规则，若连续得分可增加总分。
3）记录游戏最高分，将每次新得分和现有最高分比较，如超过更新并点亮冠军指示灯。

6. 报告书写要求

1）课题名称。
2）完成人班级、姓名、学号。
3）最终实现的总设计任务和分工。
4）打地鼠游戏电路的总体设计方案及框图。
5）单元电路设计及基本原理分析。
① 能够随机点亮的 4 个 LED 灯的控制单元电路原理图；
② 时间信号单元电路原理图；
③ 输入单元电路原理图；
④ 判断按钮输入是否正确的电路原理图；

⑤ 记分电路原理图；
⑥ 灯亮 10 次暂停以及按下一次开始新游戏的控制电路。
6）对调试过程中所遇到的其他故障和问题进行分析。
7）元件清单。
8）设计过程遇到的体会与创新点、建议。
9）主要参考书籍或网站。

4.4.8 反应时间测试电路

1. 设计目的

1）掌握时序逻辑电路的一般设计方法。
2）掌握计数器的原理和应用。
3）掌握组合逻辑电路的一般设计方法。
4）掌握计时电路的设计和使用。
5）掌握译码显示电路的原理和应用。
6）通过反应时间测试电路的设计，锻炼学生对数字单元电路的灵活运用和综合设计能力，提高学生综合运用知识的能力和创新能力。

2. 设计任务

设计一反应时间测试电路。要求如下：

1）一组（4 个）随机点亮的 LED 指示灯，每次只有一盏灯点亮，每盏灯有一个相应的按钮。
2）灯亮后等待测试者按下按钮。要求测试者在灯点亮后迅速按下相应的按钮。
3）如按下的按钮正确，记录从灯点亮到按下按钮的时间。如按下按钮不正确，累计错误次数。
4）测试者按下按钮后，才开始下一盏灯的随机显示。灯亮 10 次后停止。电路将错误次数，以及正确情况下的平均反应时长显示出来。
5）按下一次键后开始下一轮测试。

3. 设计内容及参考步骤

1）4 个能随机点亮的 LED 指示灯，每次只有一盏灯点亮。
2）为每盏灯设计一个对应的按钮输入。
3）对按钮输入是否正确进行判断。
4）设计错误情况下出错次数的累加电路以及相应的显示电路。
5）设计正确情况下，从灯亮到输入所经时间的计时电路及相应的显示电路。
6）设计对计时时间累加及相应的显示电路。
7）实现灯亮 10 次停止的功能。
8）实现对平均反应时长进行计算的电路。
9）设计完整电路。

4. 设计思考

1）如何实现 4 个指示灯的随机点亮？
2）输入信号如何避免按钮的机械抖动的影响？
3）如何使下一轮游戏中随机数起始点不同于前一次游戏？
4）如何实现多次计时时间的累加。

5）如何计算平均反应时长？

5. 扩展要求

1）当出错次数累计大于等于3时，提示本次测试无效，重新开始新一轮反应时长的测定。

2）记录最短快反应时，将每次新测时间和现有最快反应时间进行比较，如超过更新并点亮冠军指示灯。

6. 报告书写要求

1）课题名称。

2）完成人班级、姓名、学号。

3）最终实现的总设计任务和分工。

4）打反应时测试电路的总体设计方案及框图。

5）单元电路设计及基本原理分析。

① 能够随机点亮的4个LED灯的控制单元电路原理图；

② 输入单元电路原理图；

③ 判断按钮输入是否正确的电路原理图；

④ 出错次数累计电路原理图；

⑤ 反应时间累加单元电路原理图；

⑥ 显示电路原理图；

⑦ 灯亮10次暂停电路原理图；

⑧ 平均反应时长计算电路原理图。

6）对调试过程中所遇到的其他故障和问题进行分析。

7）元件清单。

8）设计过程遇到的体会与创新点、建议。

9）主要参考书籍或网站。

4.4.9 变步长计数器

计数器可以用来记录输入脉冲的个数。通常计数器芯片的步长为1。在一定的应用场合，我们需要步长不为1的计数器。试设计并实现一个4位二进制变步长计数器，要求计数步长N可以设定。

1）实现定步长，如N=3的4位二进制计数器。显示计数器的值。

2）实现任意步长N的设定。

3）实现任意步长N（N<10）的二进制加法计数器。

4）实现任意步长N的可逆计数器，当上行超过最大值时自动停止，下行小于最小数时自动停止。同时显示计数器的值。

4.4.10 智力测验定时抢答器

设计一个8路智力测验定时抢答器。

1）显示优先抢答者序号，禁止显示其他抢答者的序号。

2）节目主持人预置抢答时间，控制智力测验开始。

3）预置的时间每隔1s显示1次。

4）当抢答者发出抢答信号时，时间显示器应显示该时的时间。

5）抢答电路在抢答者发出抢答信号时报警；在争夺答题权时到达规定的抢答终止时间时报

警；在回答问题时到达规定的答题终止时间时报警。
  6）系统设置清除并能解除报警的键。

4.5 电路仿真及实现举例

4.5.1 Multisim 软件简介

随着电子技术和计算机技术的迅速发展，以计算机为工作平台的电子设计自动化（EDA）技术在电子设计和分析领域得到广泛应用。

Multisim 是美国国家仪器公司（NI）推出的以 Windows 为基础的仿真工具，适用于板级的模拟/数字电路板的设计工作。它包含了电路原理图的图形输入、电路硬件描述语言输入方式，具有丰富的仿真分析能力。这里我们以 NI Multisim 12 为例，简单介绍该软件的使用方法。具体使用可参考相应的说明和书籍。

1. Multisim 的主窗口简介

Multisim 的主窗口界面是我们熟悉的 Windows 软件环境，如图 4-19 所示，包含菜单栏，各种工具栏，元器件栏，电路输入窗口，仪器仪表栏，文件栏，状态栏等多个区域。通过对各部分的操作可以实现电路图的输入、编辑，并根据需要对电路进行相应的观测和分析。

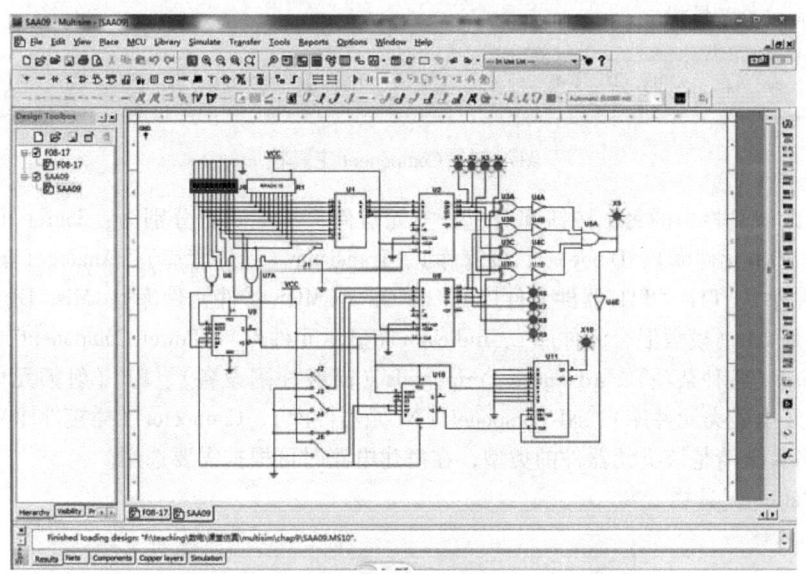

图 4-19 Multisim 工作界面

菜单栏中的 Place 选项下的 Components 可实现将所选择的元器件放入电路输入窗口；Junction 可在电路中放置连接点；New hierarchical block 在电路中放置层次模块；Text 放置文字；New subcircuit 可在电路中放置子电路；Replace by subcircuit 可重新选择子电路替代当前选中的子电路。

菜单栏中的 Simulate 选项执行对电路的仿真分析命令。其中 Run 为执行仿真；Pause 为暂停仿真；Stop 为停止仿真；Instrument 可以放置各种仿真仪表；Analyses 可以选用各项分析功能。

菜单栏中的 Help 中提供了 Multisim 使用中的各种帮助。

2. Multisim 常用工具栏简介

Multisim 12.0 提供了多种工具栏，请见图 4-20～图 4-25。并以层次化的模式加以管理，用户可以通过 View 菜单中的 Toolbars 选项将顶层的工具栏打开或关闭。通过工具栏，用户可以方便直接地使用软件的各项功能。下面简单介绍常用的工具栏的使用。

1）Standard 工具栏

包含了常见的文件操作和编辑操作按钮。

2）View 工具栏

图 4-20　Standard 工具栏　　　　　　　图 4-21　View 工具栏

3）Main 工具栏

图 4-22　Main 工具栏

包含电路从设计到分析过程的各种主要按钮。

4）Component 工具栏

图 4-23　Component 工具栏

Component 工具栏中的每个按钮都对应一类元器件，从左到右分别为：Source（信号及电源库）、Basic（基本元件库）、Diode（二极管库）、Transistor（晶体管库）、Analog（集成运算放大器等模拟元件库）、TTL（TTL 器件元件库）、CMOS（CMOS 器件元件库）、Misc Digital（其他数字元件库）、Mixed（模数混合元件库）、Indicator（显示元件库）、Power Component（电力系统电源相关）、Misc（各种杂项）、Advanced Peripherals（高级外围设备）、RF（射频元件库）、Electromechanical（电磁类元件库）、NI Componet（NI 元器件库）、Connector（插接件库）等。通过按钮上图标就可大致清楚该类元器件的类型，在搭建电路时可根据需要选用。

5）Simulation 工具栏

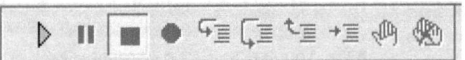

图 4-24　Simulation 工具栏

控制电路仿真的开始、结束和暂停。

6）Instruments 工具栏

图 4-25　Instruments 工具栏

Instruments 工具栏集中了 Multisim 为用户提供的所有虚拟仪器仪表，用户可以通过按钮选择自己需要的仪器对电路进行观测。

3. Multisim 常用虚拟仪器简介

Multisim 中提供了 Multimeter（数字万用表）、Function Generator（函数信号发生器）、Wattmeter（瓦特表）、Oscilloscope（双踪示波器）、Four Channel Oscilloscope（四通道示波器）、Bode Plotter（波特图仪）、Frequency Counter（频率计）、Word Generator（字信号发生器）、Logic Analyzer（逻辑分析仪）、Distortion Analyzer（失真分析仪）、Spectrum Analyzer（频谱分析仪）等多种虚拟仪器。下面仅对几种常用仪器的使用方法进行简介，详细说明可参考帮助文档。

1）Multimeter（数字万用表）：Multisim 中提供的万用表外观和操作与实际的万用表相似，见图 4-26。有正极和负极两个引线端，可以用来测量交直流电压、交直流电流、电阻及电路中两点之间的分贝损耗，能自动调整量程。用鼠标双击数字万用表图标，可以得到放大的数字万用表面板。用鼠标单击数字万用表面板上的 Settings（设置）按钮，可设置数字万用表的各电流内阻等参数。

2）Function Generator（函数发生器）：有正极、负极和公共端三个引线端，可以用来产生正弦波、三角波和矩形波。用鼠标双击函数发生器图标，可以得到放大的函数发生器面板，见图 4-27。信号的种类、频率、占空比、幅值和基本偏移量都可以通过虚拟面板来调整。

图 4-26　数字万用表

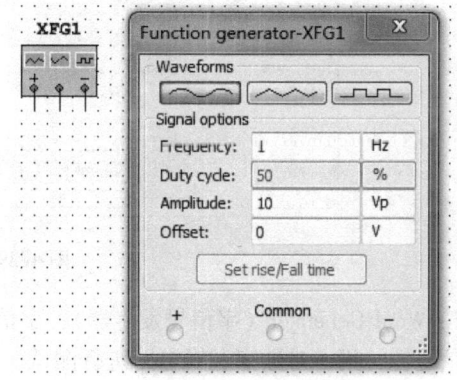

图 4-27　函数发生器

3）Oscilloscope（双踪示波器）：Multisim 的双踪示波器图标有三个连接点：A 通道输入、B 通道输入和外触发端 Ext Trig。用鼠标双击 Oscilloscope 图标，可以得到放大的双踪示波器面板。提供的双通道示波器与实际的示波器外观和基本操作基本相同，可以观察一路或两路信号波形的形状，分析被测周期信号的幅值和频率。一般情况下，示波器的触发端可以悬空。双踪示波器见图 4-28。

4）Bode Plotter（波特图仪）：波特图仪可以用来测量和显示电路的幅频特性与相频特性。波特图仪有 In 和 Out 两对端口，其中 In 端口的 + 和 − 分别接电路输入端的正端和负端；Out 端口的 + 和 − 分别接电路输出端的正端和负端。使用波特图仪时，必须在电路的输入端接入 AC（交流）信号源。用鼠标双击波特图仪图标，放大的波特图仪的面板图如图 4-29 所示。可选择幅频特性（Magnitude）或者相频特性（Phase）进行观测。

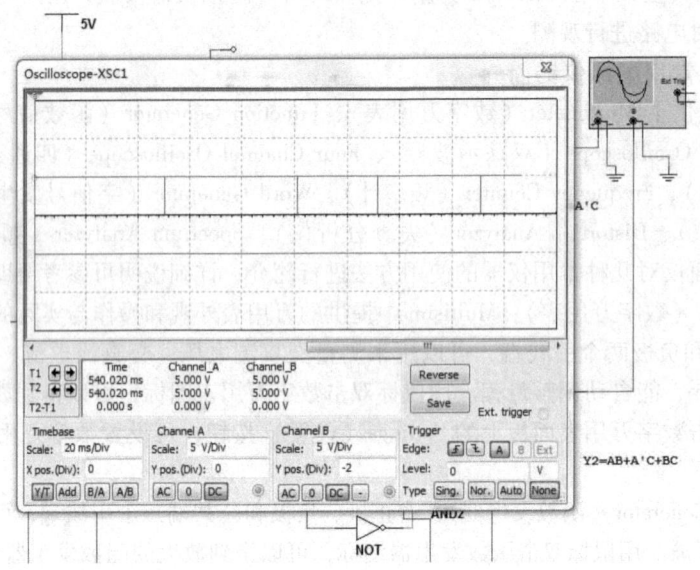

图 4-28 双踪示波器

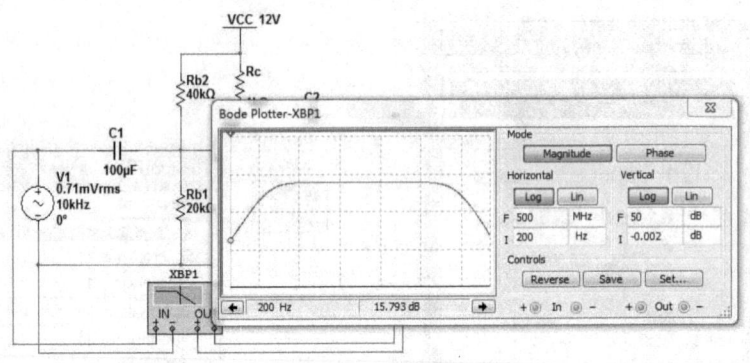

图 4-29 波特图仪

5）Word Generator（字信号发生器）：字信号发生器是能产生 16 路同步逻辑信号的一个多路逻辑信号源，用于对数字逻辑电路进行测试。用鼠标双击字信号发生器图标，放大的字信号发生器图标如图 4-30 所示。

字信号输入操作：将光标指针移至字信号编辑区的某一位，用鼠标器单击后，由键盘输入如二进制数码的字信号，光标自左至右，自上至下移位，可连续地输入字信号。字信号发生器被激活后，字信号按照一定的规律逐行从底部的输出端送出，同时在面板的底部对应于各输出端的小圆圈内，实时显示输出字信号各位的值。

4.5.2 仿真设计实现举例

现以汽车尾灯控制电路为例，来介绍电路的仿真和实现的过程。

1. 汽车尾灯控制功能描述

1）模拟器件：6 只小灯泡模拟 6 只汽车尾灯；A、B、C、D 四个开关分别代表停车信号、脚踏制动信号、左转弯控制信号、右转弯控制信号。

第 4 章 数字系统课程设计

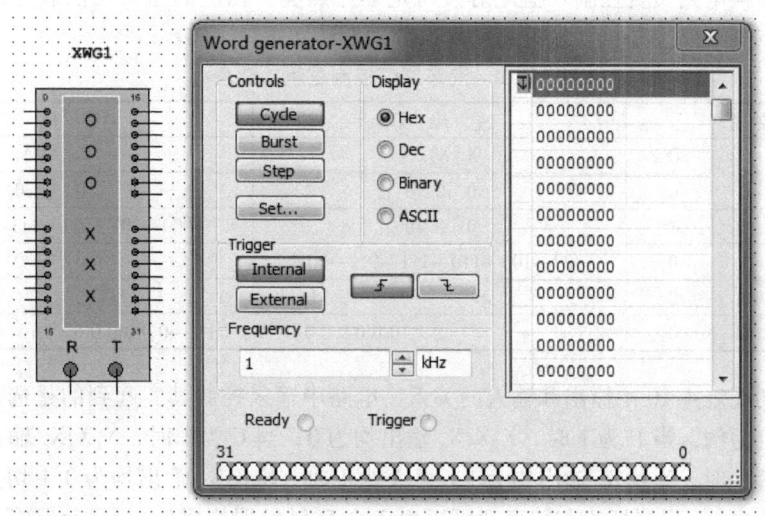

图 4-30 字信号发生器

2）转弯控制电路：左/右转弯控制开关闭合时，左侧的三只尾灯按下列规律周期性亮灭：000→100→110→111→011→001→000→……右转弯控制开关闭合时，右侧的三只尾灯按下列规律周期性亮灭：000→001→011→111→110→100→000。

3）脚踏制动器控制电路：制动时，6 只尾灯均亮。

4）停车信号控制电路：停车信号开关闭合时，6 只尾灯按脉冲频率闪亮。

2. 电路设计

该电路需要控制四个不同状态下（停车，临时制动，左转弯，右转弯）6 只小灯泡（汽车尾灯）的亮灭。为简单起见，停车信号、脚踏制动信号、左转弯控制信号、右转弯控制信号分别用 A、B、C、D 的四个开关来控制和模拟，输入为高电平时相应的信号有效。输出是 6 个小灯泡，对应的输出信号用变量 X_1～X_6 来表示，高电平时点亮。其中，在左/右转弯的两种状态下要求尾灯按特定序列点亮。四个输入开关和汽车运行情况以及尾灯点亮情况见表 4-9。电路框图如图 4-31 所示。

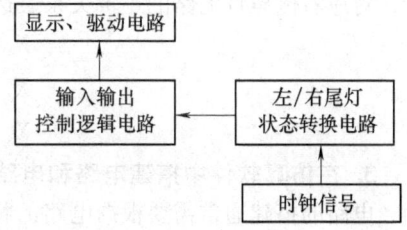

图 4-31 汽车尾灯控制电路原理框图

表 4-9 尾灯和汽车运行状态关系表

输入控制				运行状态	左 尾 灯	右 尾 灯
A	B	C	D		X_1 X_2 X_3	X_4 X_5 X_6
0	0	0	0	正常运行	全灭	全灭
0	0	0	1	右转弯	全灭	按 X_4 X_5 X_6 顺序循环点亮
0	0	1	0	左转弯	按 X_3 X_2 X_1 顺序循环点亮	全灭
0	1	0	0	临时刹车	全亮	
1	0	0	0	停车	所有的尾灯随时钟同时闪烁	

其中状态转换电路负责控制6盏尾灯按特定顺序点亮，相应的逻辑功能表见表4-10。左尾灯和右尾灯在点亮顺序上是相互独立的，可以分别设计实现。

表4-10 汽车尾灯控制逻辑功能表

输入控制				左尾灯 $X_1 X_2 X_3$	右尾灯 $X_4 X_5 X_6$
A	B	C	D		
0	0	0	0	0 0 0	0 0 0
0	0	0	1	0 0 0	000→001→011→111→110→100
0	0	1	0	000→100→110→111→011→001	0 0 0
0	1	0	0	1 1 1 1 1 1	
1	0	0	0	000000→111111→000000	

分析逻辑功能表4-10中输出和输入的关系，电路中输入控制其实起到的是选择不同种信号作用。以左尾灯为例，当D为1时，$X_1X_2X_3$输出均为0；当C为1时，$X_1X_2X_3$输出为要求的左转序列；当B为1时，$X_1X_2X_3$输出均为1；当A为1时，$X_1X_2X_3$输出均为0-1切换。以具体在左边部分的设计中，3盏尾灯的左转序列可以由3个D触发器构成的扭环形计数器来实现。0-1切换信号可用CLK信号分频置合适数值来实现，为简单起见，这里直接用频率较低的CLK信号来模拟。在四个输入状态中，A（停车）的优先级别最高，B（临时刹车）的优先级别次之。C（左转）和D（右转）的优先级别最低，设构成左转序列的扭环形计数器的3个D触发器的输出分别为$Q_1Q_2Q_3$，可写出和输出$X_1X_2X_3$对应的控制的逻辑关系表达式，如下：

$$X_1 = \overline{A}CQ_1 + \overline{A}B + A \cdot CLK$$
$$X_2 = \overline{A}CQ_2 + \overline{A}B + A \cdot CLK$$
$$X_3 = \overline{A}CQ_3 + \overline{A}B + A \cdot CLK$$

在逻辑表达式的基础上即可以设计出相应的电路。右边3盏尾灯也可以用相似的方法来设计，对应右侧尾灯电路的逻辑关系表达式如下所示：

$$X_4 = \overline{A}DQ_4 + \overline{A}B + A \cdot CLK$$
$$X_5 = \overline{A}DQ_5 + \overline{A}B + A \cdot CLK$$
$$X_6 = \overline{A}DQ_6 + \overline{A}B + A \cdot CLK$$

3. 在仿真软件中搭建电路和电路仿真

电路的搭建通常需要根据电路的特点分模块和层次来完成。通常每完成一个模块后都要进行仿真验证，如图4-1所示数字系统设计流程。本电路主要有左/右尾灯状态转换电路和输入输出控制逻辑电路两部分。其中左右两部分电路基本对称。下面以左边3盏尾灯的状态转换电路为例来介绍电路的基本搭建和仿真方法。

1）放置和调整元件：首先打开Multisim软件，在元器件库栏找到包含该元器件的图标，打开该元器件库。然后从选中的元器件库对话框中找到对应的元器件，然后单击"OK"即可。用鼠标拖拽D触发器到电路工作区的适当地方。

根据电路图摆放的需要可以对元器件进行适当的旋转或反转操作（需要先选中该元器件，然后单击鼠标右键，选择菜单中的Flip Horizontal、Flip Vertical、Rotate 90°clockwise、Rotate 90° counter clockwise等命令）。若需从电路删除元器件，只要选中该元器件，单击右键出现菜单后，选择Delete即可。

在尾灯状态转换电路中用到3个D触发器（可以从Misc Digital元件库中的TTL家族中选取D_FF元件），和一个时钟信号（可从Basic元件库中的Digital_Source家族中选取）。时钟信号源默认频率是1kHz，选中时钟信号后单击鼠标右键，在菜单栏中的 properties（属性一栏）可以改变其频率。这里为方便观察，可将频率改为100Hz。

2）连线：将鼠标指向一个元器件的端点使其出现一个小圆点，按下鼠标左键并拖拽出一根导线，拉住导线并指向另一个元器件的端点使其出现小圆点，释放鼠标左键，则导线连接完成。连接完成后，导线将自动选择合适的走向，不会与其他元器件或仪器发生交叉。若要改变或删除连线，只需选中相应的连线后拉拽或按删除键即可。在复杂的电路中，可以将导线设置为不同的颜色。要改变导线的颜色，用鼠标指向该导线，单击右键出现菜单后选择 Change Color 选项，选择合适的颜色即可。

将3个D触发器接成扭环形计数器的形式，将时钟信号连接至三个触发器的时钟端，如图4-32所示。

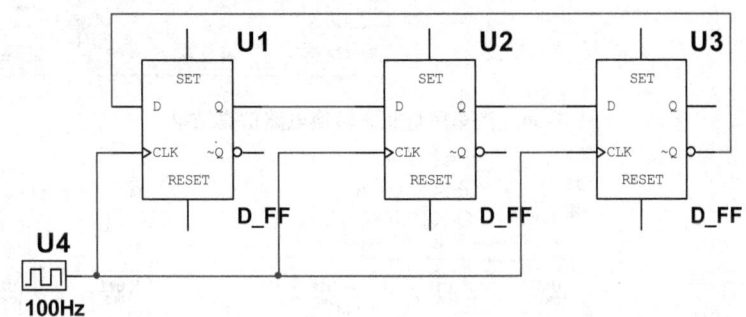

图 4-32 汽车左尾灯状态转换电路图

3）增加虚拟仪器或显示器件和输入模拟，对电路进行仿真验证：接下来可以为电路增加相应的虚拟仪器，用来观察输入信号和输出信号的关系。这里，可以添加一个四踪示波器用来观察三个D触发器的输出和时钟信号的关系。为简单起见，也可直接选用逻辑探针（Probe）来观察输出电平的变化。

单击主菜单右侧的仿真按钮，如图4-33所示，开始电路仿真。可以看到，三个逻辑探针按 000→100→110→111→011→001→000 的序列轮流点亮。仿真结果如图4-34所示。为方便观察和比较四路信号，虚拟示波器中四路信号的 Y Position 分别设为 1.6，0.5，−1.4 和 −2.6 格。

图 4-33 仿真按钮

4）整体电路的实现：用开关模拟输入信号，接下来可以按第2步电路设计中推导出来的输入输出控制的逻辑表达式搭建相应的左侧三个尾灯的输入输出控制逻辑电路，仿真验证电路的正确性。右侧电路可在复制左侧电路的基础上稍加调整实现。如果工作空间不够的话，可以通过 Options 下 Sheet Properties 选项扩大画布的尺寸。最后完整的电路如图4-35所示。

4. 实际电路的制作和调试

在电路仿真成功的基础上，可以考虑购买相应的元器件，进行实际电路的搭建。一般先在面包板或洞洞板上搭建出设计的电路。在实际硬件环境分模块检查设计电路的各方面的功能和性能，及时地发现问题的根源。如存在问题，则针对问题对原理图及器件参数进行相应的修改，直到系统符合设计要求为止。最后，采用专用软件根据电路原理图绘制PCB，将电子元器件焊接到制作好的PCB上，再次调试直至验证成功。这时可以将电路板进行封装固定，保护电路板防止受到腐蚀和震荡，减小由于外界环境引起的电路不稳定，最后实现的汽车尾灯控制系统如图4-36所示。

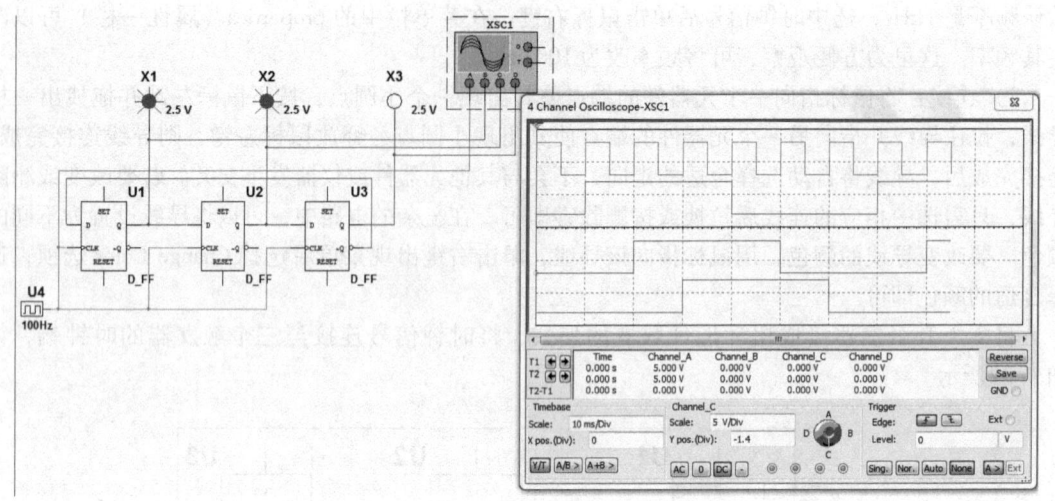

图 4-34　汽车尾灯状态转换电路仿真结果

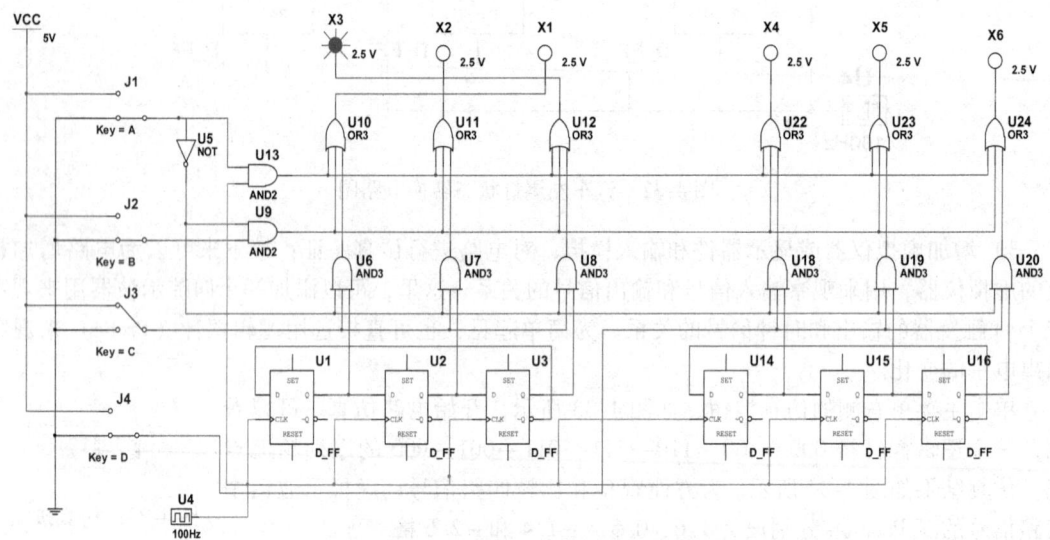

图 4-35　汽车尾灯控制完整电路

图 4-36　汽车尾灯控制电路实物

4.6 课程设计报告模板

课程设计报告是对学生写科学论文和科研总结的能力训练。通过写报告，不仅将设计、组装及调试的内容全面进行总结，而且把实践内容上升到理论高度。设计报告的撰写应该依据课程设计的要求来完成。一般来说，报告的内容包括课题名称、任务和要求、总体设计方案及思路、单元电路的设计、电路原理图、总体电路的连接和调试、元件清单以及设计过程遇到的问题和心得体会几个部分。多名同学完成的设计报告要求有分工说明和每人贡献比例。课程设计报告书写可参考下面的课程设计报告模板。

组号：_____ 设计题目：____数字电子钟____
小组成员：

____（学号）	____（姓名）	____（班级）	（30%）	____手写签名
____（学号）	____（姓名）	____（班级）	（25%）	____手写签名
____（学号）	____（姓名）	____（班级）	（25%）	____手写签名
____（学号）	____（姓名）	____（班级）	（20%）	____手写签名

（说明：括号中的百分比为每位同学对该设计的贡献比例，总和应为100%）

1. 电路功能描述

本电路主要实现了如下一些功能：

1）基本计时功能：输入1kHz的时钟，采用24小时制计时（23小时59分59秒），能显示时、分、秒。

2）校正功能：时分均有校时功能。

3）整点报时功能：当计时器运行到59分49秒开始报时，每鸣叫1s就停叫1s，共鸣叫6响，前5响为低音，频率为750Hz；最后1响为高音，频率为1kHz。

4）可设定夜间某个时段不报时。

5）闹钟功能：当按下闹铃开关时，可在规定时间闹铃，当开关复位时，闹铃停止。

2. 方案设计

1）总体设计思路（含电路原理框图）：

电路的原理框图如下图所示：

工作情况……

2）单元电路介绍

① 计秒、计分电路（张三负责）

该部分电路由两片集成十进制计数器级联，用清零法实现六十进制计数。再配以相应的译码器和显示器构成。

具体思路：……

逻辑电路图：……（Multisim中的原图粘贴）

……其他一些细节的处理。需要注意的问题。

② 整点报时电路（李四负责）

该部分电路……

……

③ 闹钟电路（李四负责）

……

3. 总结
1）电路设计中发现哪些问题？如何解决问题？
2）设计过程中的体会与创新点？对本设计及本课程的建议等。
4. 参考文献

附 录

附录 A Verilog HDL 语言简介

硬件描述语言（Hardware Description Language，HDL）是电子系统硬件行为描述、结构描述、数据流描述的语言。利用这种语言，数字电路系统的设计可以从顶层到底层（从抽象到具体）逐层描述自己的设计思想，用一系列分层次的模块来表示极其复杂的数字系统。

现在数字系统发展得相当快，系统也越来越复杂。如果还采用传统的设计方法或使用原理图来设计电路会非常困难。这些复杂的电路系统的设计就需要使用硬件描述语言来实现。使用硬件语言设计 PLD/FPGA 也已成为一种趋势。据统计，目前在美国硅谷约有 90% 以上的 ASIC 和 FPGA 采用硬件描述语言进行设计。所以，掌握一门硬件描述语言，已经成为电类专业大学生的一项基本技能，甚至比掌握单片机技能更加重要。因为使用 HDL，甚至可以自己编写一个单片机，然后在 FPGA/ASIC 上实现。

目前最流行的硬件描述语言是 VHDL 和 Verilog HDL。其中 Verilog HDL 是在 C 语言的基础上发展起来的一种硬件描述语言，语法比较自由，学习起来比 VHDL 简单，容易上手；而且在 IC 设计领域，90% 以上的公司都是采用 Verilog 进行 IC 的设计。市场上 Verilog HDL 的参考书比较少，这给学习 Verilog HDL 带来不少困难，所以我们在这里向同学们简单介绍一下 Verilog HDL 的相关知识。如果需要，日后可以通过进一步的自学和实际编程练习较快的掌握它。

本附录的内容主要参考北京航空航天大学夏宇闻老师的 PPT 整理而成。

A.1 Verilog HDL 的特点

Verilog HDL 是一种以文本形式来描述数字系统硬件结构和行为的语言，用它可以表示逻辑电路图、逻辑表达式，还可以表示数字逻辑系统所完成的逻辑功能。Verilog HDL 最初是 1983 年由 Gateway Design Automation 公司（该公司于 1989 年被 Cadence 公司收购）为其模拟器产品开发的硬件建模语言，后来逐渐得到广泛应用，并于 1995 年成为 IEEE 标准，称为 IEEE Std1364-1995。

Verilog HDL 建模的数字系统对象的复杂性介于简单的门级和完整的电子数字系统之间。设计人员通过计算机对 HDL 进行逻辑仿真和逻辑综合，能够方便高效地设计数字电路及其产品。常用的 Verilog HDL 开发软件有 Altera 公司的 MAX + plus Ⅱ，Quartus Ⅱ 和 Xilinx 公司的 Foundation ISE 等。

1. 硬件描述语言的普遍特点

1）电路的逻辑功能容易理解。
2）便于计算机对逻辑进行分析处理。
3）把逻辑设计与具体电路的实现分成两个独立的阶段来操作。
4）逻辑设计与实现的工艺无关。
5）逻辑设计的资源积累可以重复利用。
6）可以由多人共同更好更快地设计非常复杂的逻辑电路（几十万门以上的逻辑系统）。

2. Verilog HDL 的特点

1）较多的第三方工具的支持。
2）语法结构比 VHDL 简单。
3）学习起来比 VHDL 容易。
4）仿真工具比较好使。

5）测试激励模块容易编写。

综上，Verilog HDL 的最大特点就是易学易用。如果有 C 语言的编程经验，可以在较短的时间内很快的学习和掌握。因而我们可以把 Verilog HDL 内容学习与 ASIC 设计等相关课程结合起来，由于 HDL 本身是专门面向硬件与系统设计的，这样的安排可以使学习者同时获得设计实际电路的经验。

3. Verilog HDL 的应用

对于初学者，可以先大致了解一下 Verilog HDL 的描述能力及其应用，掌握 Verilog HDL 的核心子集就可以了。

Verilog HDL 具有下述描述能力：设计的行为特性、设计的数据流特性、设计的结构组成以及包含响应监控和设计验证方面的时延和波形产生机制。所有这些都使用同一种建模语言。此外，Verilog HDL 提供了编程语言接口，通过该接口可以在模拟、验证期间从设计外部访问设计，包括模拟的具体控制和运行。

Verilog HDL 不仅定义了语法，而且对每个语法结构都定义了清晰的模拟仿真语义。因此，用这种语言编写的模型能够使用 Verilog 仿真器进行验证。Verilog HDL 从 C 语言中继承了多种操作符和结构。Verilog HDL 提供了扩展的建模能力，其中许多扩展最初很难理解。但是，Verilog HDL 的核心子集非常易于学习和使用，这对大多数建模应用来说已经足够。

Verilog HDL 既是一种行为描述语言也是一种结构描述语言。这也就是说，既可以用电路的功能描述也可以用元器件和它们之间的连接来建立所设计电路的 Verilog HDL 模型。Verilog 模型可以是实际电路的不同级别的抽象。这些抽象的级别和它们对应的模型类型共有以下五种：

1）系统级（System）：用高级语言结构实现设计模块的外部性能的模型。
2）算法级（Algorithmic）：用高级语言结构实现设计算法的模型。
3）RTL 级（Register Transfer Level）：描述数据在寄存器之间流动和如何处理这些数据的模型。
4）门级（gate-level）：描述逻辑门以及逻辑门之间的连接的模型。
5）开关级（switch-level）：描述器件中晶体管和储存节点以及它们之间连接的模型。

Verilog HDL 行为描述语言作为一种结构化和过程性的语言，其语法结构非常适合于算法级和 RTL 级的模型设计。这种行为描述语言具有以下几项功能：

1）可描述顺序执行或并行执行的程序结构。
2）用延迟表达式或事件表达式来明确地控制过程的启动时间。
3）通过命名的事件来触发其他过程里的激活行为或停止行为。
4）提供了条件、if-else、case、循环程序结构。
5）提供了可带参数且非零延续时间的任务（Task）程序结构。
6）提供了可定义新的操作符的函数结构（Function）。
7）提供了用于建立表达式的算术运算符、逻辑运算符、位运算符。

Verilog HDL 的构造性语句可以精确地建立信号的模型。这是因为在 Verilog HDL 中，提供了延迟和输出强度的原语来建立精确程度很高的信号模型。信号值可以有不同的强度，可以通过设定宽范围的模糊值来降低不确定条件的影响。

Verilog HDL 的应用可以归纳为如下几方面：

1）ASIC 和 FPGA 设计师可用它来编写可综合的代码。
2）描述系统的结构，做高层次的仿真。
3）验证工程师编写各种层次的测试模块对具体电路设计工程师所设计的模块进行全面细致的验证。
4）库模型的设计：可以用于描述 ASIC 和 FPGA 的基本单元（Cell）部件，也可以描述复杂的宏单元（Macro Cell）。

A.2 Verilog HDL 的语法要点

Verilog HDL 作为一种高级的硬件描述编程语言，有着类似 C 语言的风格。其中有许多语句如 if 语句、

case 语句等和 C 语言中的对应语句十分相似。如果同学们已经掌握了 C 语言的编程基础，那么学习 Verilog HDL 并不困难。我们只要对 Verilog HDL 某些语句的特殊方面着重理解，并加强上机练习就能很好地掌握它，利用它的强大功能来设计复杂的数字逻辑电路。下面我们将对 Verilog HDL 中的基本语法简单加以介绍。

1. 格式和注释

1）Verilog HDL 的书写格式是自由的。即一条语句可书写多行；一行可以写多个语句。空格（新行、制表符、空格）在文本中只起一个分离符的作用，没有特殊意义。

如 input A；input B；与

input A；

input B；

是一样的。

一般的书写规范建议是一个语句写一行，并采用空四格的 Tab 键进行缩进。

2）Verilog HDL 中的注释语句与 C 语言一致，有两种。

一种是多行注释符。以"/*"符号开始，"*/"结束，在两个符号之间的语句都是注释语句，这种注释方式可以扩展到多行。如：

/* statement1,

statement2,

……

statementn */

以上 n 个语句都是注释语句。

另一种是单行注释符。以//开头，它表示从//开始到本行结束都属于注释语句。例如：

// * * * * * * * * * * ;

2. 标识符

标识符（identifier）是用户为程序描述中的 Verilog 对象所起的名字，可以用于定义模块名、端口名、实例名等。Verilog HDL 中的标识符可以是任意一组字母、数字、$ 符号和_（下划线）符号的组合，但标识符必须以英语字母（a-z, A-Z）或者下横线符（_）起头。标识符最长可以达到 1023 个字符。

需要注意的是，Verilog HDL 的标识符是区分大小写的，即大小写不同的标识符是不同的。以下是标识符的几个例子：

Count

COUNT //与 Count 不同

R56_68

FIVE $

1）书写规范建议

以下是一些标识符书写规范的要求，可供参考。

① 用有意义的有效的名字如 Sum、CPU_addr 等。

② 用下划线区分词。

③ 采用一些前缀或后缀，如时钟采用 Clk 前缀：Clk_50, Clk_CPU；低电平采用_n 后缀：Enable_n。

④ 统一缩写，如全局复位信号 Rst。

⑤ 同一信号在不同层次保持一致性，如同一时钟信号必须在各模块保持一致。

⑥ 自定义的标识符不能与保留字同名。

⑦ 参数采用大写，如 SIZE。

2）关键词

Verilog HDL 定义了一系列保留字，叫做关键词。所有的 Verilog 关键词都是小写的，即只有小写的关键词才是保留字。例如，标识符 always（这是个关键词）与标识符 ALWAYS（非关键词）是不同的。

3）特别标识符

特别标识符是用"\"符开始，以空格符结束的标识符。它可以包含任何可打印的 ASCII 字符。但"\"符和空格并不算是标识符的一部分。

特别标识符往往是由 RTL 级源代码或电路图类型的设计输入经过综合器自动综合生成的网表结构型。如下即是一些特别标识符：

\ ~#@ sel, \bus + index, \{A,B}, .Top. \3inst . net1,//在层次模块中的标识名

3. 值集合

本小节介绍 Verilog HDL 的值和常量。

1）值

Verilog HDL 中规定了四种基本的值类型。

① 0：逻辑 0 或"假"

② 1：逻辑 1 或"真"

③ x：不定值

④ z：高阻值

注意这四种值的解释都内置于语言中。如一个为 z 的值总是意味着高阻抗，一个为 0 的值通常是指逻辑 0。而在门的输入或表达式中出现的"z"通常会当作不定值"x"处理。此外，x 值和 z 值都是不分大小写的，也就是说，值 0x1z 与值 0X1Z 相同。

Verilog HDL 中的常量是由以上这四类基本值组成的。

2）常量

Verilog HDL 中有三类常量：整型、实数型、字符串型。

① 整型

Verilog 语言中常数可以是整数或实数。

整型数可以按如下两种方式书写：

a. 简单的十进制格式

这种格式定义为带有一个可选的"+"或"-"操作符的数字序列。如：32（十进制数 32），-15（十进制数 -15）。

b. 基数格式

格式为 [size] 'base value，如：64'hff01, 8'b1101_0001, 'h83a

其中 size 表明该数用几位二进制数来表示；base 表示该数的进制，可以是二进制（b）、八进制（O）、十进制（d）或十六进制（h）；value 是基于 base 的任何合法的值，包括不定值 x 和高阻值 z。

整数可以标明位数也可以不标明位数；值 x 和 z 以及十六进制中的 a 到 f 不区分大小写。

基数格式表示的整型数通常为无符号数，这种形式的整型数的长度定义是可选的。如果没有定义一个整型数的长度，则长度为相应值中定义的位数；如上面的 'h83a 表示 12 位十六进制数。如果定义的长度比为常量指定的长度长，通常在左边填 0 补位。但是如果数最左边一位为 x 或 z，就相应地用 x 或 z 在左边补位。例如：10'b10 左边添 0 占位，相当于 0000000010；而 10'bx0x1 左边添 x 占位，相当于 x x x x x x x 0 x 1。如果长度定义得更小，那么最左边的位相应地被截断。例如：3'b1001_0011 与 3'b011 相等；5'HOFFF 与 5'H1F 相等。

② 实数型

实数型也可以用两种形式表示。

a. 十进制表示法

例如：2.0；5.678；2. //非法：小数点两侧必须有 1 位数字。

b. 科学计数法

例如：32e-4 表示 0.0032，4.1E3 表示 4100。E 大小写均可。

Verilog 语言还定义了实数如何隐式地转换为整数。实数通过四舍五入被转换为最相近的整数。例如：42.446，42.45 均转换为整数 42；-15.62 转换为整数 -16 等。

下划线符号"_"可以随意用在整数或实数中，它们就数量本身没有意义，主要是用来提高易读性；唯一的限制是下划线符号不能用作首字符。

③ 字符串型

字符串是双引号内的字符序列。Verilog 语言中，字符串常常用于表示命令内需要显示的信息。字符串不能分成多行书写，换新一行用"\n"字符，这里与 C 语言一致。

在字符串中可以用 C 语言中的各种格式控制符，如 \t，\"，\\……；也可以用 C 语言中的各种数值型式控制符（有些不同），如：%b（二进制），%o（八进制），%d（十进制），%h（十六进制），%t（时间类型），%s（字符串类型）……

用 8 位 ASCII 值表示的字符可看作是无符号整数。因此字符串是 8 位 ASCII 值的序列。为存储字符串"INTERNAL ERROR"，变量需要 8 * 14 位。

reg [1:8 * 14] Message;
…
Message = " INTERNAL ERROR"

4. 数据类型

Verilog 有三种主要的变量数据类型：Nets、Register 和 Parameter。

1) Nets（网络连线）

Nets 表示器件之间的物理连接，称为网络连线类型。驱动端信号的改变会立刻传递到输出的连线上。如图 A-1 所示，selb 的改变会自动地立刻影响或门的输出。

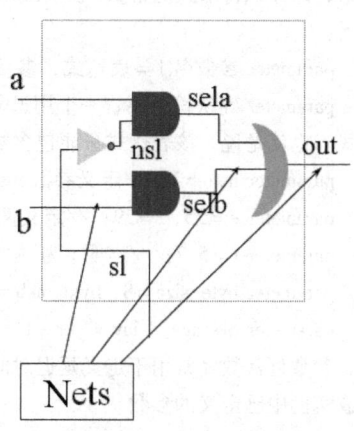

图 A-1 Nets 示意

在为不同工艺的基本元件建立库模型的时候，常常需要用不同的连线类型来与之对应，使其行为与实际器件一致。常见的连线（Nets）类型变量的种类见表 A-1。

表 A-1 连线（Nets）类型变量的种类

类型	功能
wire，tri	对应于标准的互连线（默认）
supply1，supply2	对应于电源线或接地线
wor，trior	对应于有多个驱动源的线或逻辑连接
wand，triand	对应于有多个驱动源的线与逻辑连接
trireg	对应于有电容存在能暂时存储电平的连接
tri1，tri0	对应于需要上拉或下拉的连接

如果不明确地说明连接是何种类型，应该是指 wire 类型。

2) Register（寄存器）类型变量

Register 表示抽象的储存单元，称为寄存器/变量类型。寄存器类型通常用于对存储单元的描述，如 D 触发器、ROM 等，该类型的信号当在某种触发机制下分配了一个值，在分配下一个值之时保留原值。Register 型变量常用于行为建模，产生测试的激励信号；常用行为语句结构来给寄存器类型的变量赋值。寄存器（Register）类型变量的数据类型见表 A-2。

表 A-2 寄存器（Register）类型变量的数据类型

类型	功能
reg	无符号整数变量，可以选择不同的位宽
integer	有符号整数变量，32 位宽，算术运算可产生 2 的补码
real	有符号的浮点数，双精度
time	符号整数变量，64 位宽（Verilog-XL 仿真工具用 64 位的正数来记录仿真时刻）

3）Parameter（参数）类型变量

Parameter 表示运行时的常数，称为参数类型。用 parameter 来定义一个标识符代表一个常量，称为符号常量，即标识符形式的常量。采用标识符代表一个常量能提高程序的可读性和可维护性。Parameter 的格式如下：

parameter 参数名 1 = 表达式，参数名 2 = 表达式，…，参数名 n = 表达式；

parameter 确认符后跟着一个用逗号分隔开的赋值语句表。在每一个赋值语句的右边必须是一个常数表达式。也就是说，该表达式只能包含数字或先前已定义过的参数。见下列：

parameter msb = 7；//定义参数 msb 为常量 7

parameter e = 25，f = 29；//定义两个常数参数

parameter r = 5.7；//声明 r 为一个实型参数

parameter byte_size = 8，byte_msb = byte_size-1；//用常数表达式赋值

parameter average_delay = (r+f)/2；//用常数表达式赋值

参数型常数经常用于定义延迟时间和变量宽度。在模块或实例引用时可通过参数传递改变在被引用模块或实例中已定义的参数。

可用字符串表示的任何地方，都可以用定义的参数来代替；参数是本地的，其定义只在本模块内有效。

4）选择正确的数据类型的方法

输入口（Input）可以由寄存器或连线驱动，但它本身只能驱动连线；输出口（Output）可以由寄存器或连线驱动，但它本身只能驱动连线；输入/输出口（Inout）只可以由连线驱动，但它本身只能驱动连线；如果信号变量是在过程块（Initial 块或 Always 块）中被赋值的，必须把它声明为寄存器类型变量。

5）选择数据类型时常犯的错误

在过程块中对变量赋值时，忘了把它定义为寄存器类型（Reg）或已把它定义为连线类型了（Wire）；把实例的输出连接出去时，把它定义为寄存器类型了；把模块的输入信号定义为寄存器类型了。

5. 运算符和表达式

Verilog HDL 的运算符范围很广，种类很多。不同运算符所带的操作数也是不同的，按其所带操作数的个数可以将运算符分为三种：

1）单目运算符（Rnary Operator）：可以带一个操作数，操作数放在运算符的右边。

如：clock = ~ clock；// ~ 是一个单目取反运算符，clock 是操作数。

2）二目运算符（Binary Operator）：可以带二个操作数，操作数放在运算符的两边。

如：c = a | b；//"|"是一个二目按位或运算符，a 和 b 是操作数。

3）三目运算符（Ternary Operator）：可以带三个操作数，这三个操作数用三目运算符分隔开。

如：r = s？t：u；//"?："是一个三目条件运算符，s、t、u 是操作数。

更常用的运算符分类方法是按功能分。按功能可以将运算符分为以下九大类：

1）赋值运算符（＝，＜＝）

赋值运算符是将值赋给某变量或表达式，有两种：

① ＝：阻塞（Blocking）赋值方式，如 b = a；

该赋值语句执行完后才能做下一句的操作；b 的值在赋值语句执行完后立刻就被赋成新值 a；硬件没有

对应的电路，因而综合结果未知。

② <=：非阻塞（Non_Blocking）赋值方式，如 b <= a；

该方式是块内的赋值语句同时赋值；b 的值被赋成新值 a 的操作，是与块内其他赋值语句同时完成的；建议在可综合风格的模块中使用非阻塞赋值。

2）算术运算符（+，-，×，/,%）

算术运算符又称为二进制运算符，常用的算术运算符主要有下面几种：

① +：加法运算符或正值运算符。如 rega + regb，+3。

② -：减法运算符或负值运算符。如 rega - 3，-3。

③ ×：乘法运算符，二目运算符，如 rega * 3。

④ /：除法运算符，如 5/3。

⑤ %：模运算符，或称为求余数运算符，要求 % 两侧均为整型数据。

在进行整数除法运算时，结果值要略去小数部分，只取整数部分；而进行取模运算时，结果值的符号位采用模运算式里第一个操作数的符号位。见表 A-3。

表 A-3 取模运算结果及说明

模运算表达式	结果	说明
10%3	1	余数为 1
11%3	2	余数为 2
12%3	0	余数为 0 即无余数
-10%3	-1	结果取第一个操作数的符号位，所以余数为 -1
11%3	2	结果取第一个操作数的符号位，所以余数为 2

在进行算术运算操作时，如果某一个操作数是不定值 x，则整个结果也为不定值 x。

算术表达式结果的长度由最长的操作数决定。在赋值语句下，算术操作结果的长度由操作符左端目标长度决定。如下例：

reg[3:0]Arc, Bar, Crt;

reg[5:0]Frx;

……

Arc = Bar + Crt;

Frx = Bar + Crt;

第一个加的结果长度由 Bar、Crt 和 Arc 的长度决定，长度为 4 位；第二个加法操作的长度同样由 Frx 的长度决定（Frx、Bat 和 Crt 中的最长长度），长度为 6 位。在第一个赋值中，加法操作的溢出部分被丢弃；而在第二个赋值中，任何溢出的位存储在结果位 Frx[4] 中。

在较大的表达式中，中间结果的长度如何确定？在 Verilog HDL 中定义了如下规则：表达式中的所有中间结果应取最大操作数的长度（赋值时，此规则也包括左端目标）。在如下代码中：

wire[4:1]Box, Drt;

wire[5:1]Cfg;

wire[6:1]Peg;

wire[8:1]Adt;

…

assign Adt = (Box + Cfg) + (Drt + Peg);

表达式右端的操作数最长为 6，但是将左端包含在内时，最大长度为 8。所以所有的加操作使用 8 位进行。例如：Box 和 Cfg 相加的结果长度为 8 位。

3）位运算符（~，|，^，&，^~）

Verilog HDL 作为一种硬件描述语言，是针对硬件电路而言的。在硬件电路中信号进行与或非运算时，反映在 Verilog HDL 中就是相应的操作数的位运算。位运算符中除了 ~（取反）是单目运算符以外，均为二目运算符。这些二目运算符要求对两个操作数的相应位进行运算操作。

Verilog HDL 提供了以下五种位运算符：

① ~//取反：用来对一个操作数进行按位取反运算。

如：rega =′b1010；//rega 的初值为′b1010

  rega = ~rega；//rega 的值进行取反运算后变为′b0101

② &//按位与：将两个操作数的相应位进行与运算。

③ |//按位或：将两个操作数的相应位进行或运算。

④ ^//按位异或：也称之为 XOR 运算符，是将两个操作数的相应位进行异或运算。

⑤ ^~//按位同或（异或非）：是将两个操作数的相应位先进行异或运算再进行非运算。

两个长度不同的数据进行位运算时，系统会自动的将两者按右端对齐，位数少的操作数会在相应的高位用 0 填满，以使两个操作数按位进行操作。例如：′b0110^′b10000 与′b00110^′b10000 的操作相同，结果均为′b10110。

4）逻辑运算符（&&，||，!）

在 Verilog HDL 语言中存在三种逻辑运算符：

① && 逻辑与，二目运算符。

② || 逻辑或，二目运算符。

③ ! 逻辑非，单目运算符。

它们的用法为：（表达式1）逻辑运算符（表达式2）…

这些运算符在逻辑值 0 或 1 上操作，逻辑运算的结果为 0 或 1。例如，假定：

Crd =′b0；//0 为假

Dgs =′b1；//1 为真

那么：

Crd&&Dgs 结果为 0（假）

Crd || Dgs 结果为 1（真）

! Dgs 结果为 0（假）

逻辑运算符中"&&"和"||"的优先级别低于关系运算符，"!"高于算术运算符。见下例：

(a＞b)&&(x＞y)可写成 a＞b&&x＞y

(a = = b) || (x = = y)可写成 a = = b || x = = y

(! a) || (a＞b)可写成! a || a＞b

为了提高程序的可读性，明确表达各运算符间的优先关系，建议使用括号。

5）关系运算符（＞，＜，＞ =，＜ =）

关系运算符有以下几种：

① ＞：大于

② ＜：小于

③ ＞ =：不小于，大于或等于

④ ＜ =：不大于，小于或等于

⑤ = =：逻辑相等

⑥ ! =：逻辑不等

在进行关系运算时，如果声明的关系是假的（flase），则返回值是 0，如果声明的关系是真的（true），则返回值是 1，如果某个操作数的值不定，则关系是模糊的，返回值是不定值。

如果操作数长度不同，长度较短的操作数在最重要的位方向（左方）添 0 补齐。例如：
'b1000 > = 'b01110 等价于 'b01000 > = 'b01110，结果为假 (0)。

所有的关系运算符有着相同的优先级别。关系运算符的优先级别低于算术运算符的优先级别。如：a < size − 1 等同于 a < (size − 1)；而 size − (1 < a) 不等同于 size − 1 < a。

从上面的例子可以看出表达式 size − (1 < a) 进行运算时，关系表达式先被运算，然后返回结果值 0 或 1 被 size 减去；而当表达式 size − 1 < a 进行运算时，size 先被减去 1，然后再同 a 相比。

6) 移位运算符 (<<, >>)

在 Verilog HDL 中有两种移位运算符：
① << ：左移位运算符
② >> ：右移位运算符

其使用方法如下：
a >> n 或 a << n

a 代表要进行移位的操作数，n 代表要移几位。这两种移位运算都用 0 来填补移出的空位。举例如下：
module shift；
reg[3:0]start, result；
initial
begin
start = 1； //start 在初始时刻设为值 0001
result = (start << 2)；
//移位后，start 的值 0100，然后赋给 result。
end
endmodule

从上面的例子可以看出，start 在移过两位以后，用 0 来填补空出的位。

进行移位运算时应注意移位前后变量的位数。例：
4'b1001 << 1 = 5'b10010； 4'b1001 << 2 = 6'b100100；
1 << 6 = 32'h1000000； 4'b1001 >> 1 = 4'b0100； 4'b1001 >> 4 = 4'b0000；

7) 拼接运算符 ({ })

在 Verilog HDL 语言有一个特殊的运算符：位拼接运算符 { }。用这个运算符可以把两个或多个信号的某些位拼接起来进行运算操作。其使用方法如下：
{expr1, expr2, ..., exprN}

即把某些信号的某些位详细地列出来，中间用逗号分开，最后用大括号括起来表示一个整体信号。见下例：
{a,b[3:0],w,3'b101}
也可以写成为
{a,b[3],b[2],b[1],b[0],w,1'b1,1'b0,1'b1}

在位拼接表达式中不允许存在没有指明位数的信号。这是因为在计算拼接信号的位宽大小时必须要知道其中每个信号的位宽。

位拼接还可以用重复法来简化表达式。见下例：
{4 {w}} //这等同于 {w, w, w, w}
位拼接还可以用嵌套的方式来表达。见下例：
{b, {3 {a, b}}} //这等同于 {b, a, b, a, b, a, b}
用于表示重复的表达式如上例中的 4 和 3，必须是常数表达式。

8) 条件运算符 (?:)

条件操作符根据条件表达式的值选择表达式，形式如下：

cond_expr? expr1：expr2

如果 cond_expr 为真（即值为1），选择 expr1；如果 cond_expr 为假（值为0），选择 expr2。如果cond_expr 为 x 或 z，结果将是按以下逻辑 expr1 和 expr2 按位操作的值：0 与 0 得 0，1 与 1 得 1，其余情况为 x 。

如下所示：

wire[2:0]Student = Marks > 18? Grade_A：Grade_C；

计算表达式 Marks > 18；如果真，Grade_A 赋值为 Student；如果 Marks < = 18，Grade_C 赋值为 Student。

9）其他

6. 系统任务和函数

以 $ 字符开始的标识符表示系统任务或系统函数。

任务提供了一种封装行为的机制，这种机制可在设计的不同部分被调用。任务可以返回 0 个或多个值；函数除只能返回一个值外与任务相同。此外，函数在 0 时刻执行，即不允许延迟，而任务可以带有延迟。

常用的系统任务和函数有下面几种：

$ time   //找到当前的仿真时间
$ display，$ monitor //显示和监视信号值的变化
$ stop   //暂停仿真
$ finish   //结束仿真

1）$ time//该系统任务返回当前的模拟时间。

2）$ display 会自动在字符串的结尾处插入一个换行符，因此如果参数列表为空，则 display 的效果是现实光标移动到下一行。例：$ display (" Hi, you have reached LT today")；/* display 系统任务在新的一行中显示。*/

3）监视信息 $ monitor（p1，p2，p3，…，pm）；

系统函数 $ monitor 对其参数列表中的变量值或者信号值进行不间断的监视，当其中任何一个发生变化的时候，显示所有参数的数值。$ monitor 只需调用一次即可在整个仿真过程中生效。例：initial $ monitor ($ time,, "a = % b, b = % b", a, b)；/* 每当 a 或 b 值变化时该系统任务都显示当前的仿真时刻并分别用二进制和十六进制显示信号 a 和 b 的值 */。

7. 编译指令

编译引导语句用主键盘左上角小写键 "`" 起头，`resetall 编译引导语句把所有设置的编译引导恢复到默认状态。

以`（反引号）开始的某些标识符是编译引导语句（编译指令），用于指导仿真编译器在编译时采取一些特殊处理。在 Verilog 语言编译时，编译引导语句一直保持有效（编译过程可跨越多个文件），直到遇到其他的不同编译程序指令。完整的标准编译引导语句如下：

`define, `undef

`ifdef,`else,`endif

`default_nettype

`include

`resetall

`timescale

`unconnected_drive, `nounconnected_drive

`celldefine, `endcelldefine

由于篇幅所限，各编译指令的具体功能请大家自行查阅相关资料。

语法掌握贵在精，不在多。30% 的基本 HDL 就可以完成 95% 以上的电路设计，很多生僻的语句并不能被所有的综合软件所支持，在程序移植或者更换软件平台时，容易产生兼容性问题，也不利于其他人

阅读和修改。建议多用心钻研常用语句，理解这些语句的硬件含义，这比多掌握几个新语法要有用得多。

A.3 简单的 Verilog HDL 模块

一个复杂电路的完整 Verilog HDL 模型是由若干个 Verilog HDL 模块构成的，每一个模块又可以由若干个子模块构成（模块是可以进行层次嵌套的）。模块在概念上可等同一个器件就如我们调用通用器件（与门、三态门等）或通用宏单元（计数器、ALU、CPU）等。因此，一个模块可在另一个模块中调用。通过模块，可以将大型的数字电路设计分割成不同的小模块来实现特定的功能，最后通过顶层模块调用子模块来实现整体功能。

所以，模块（Module）是 Verilog 的基本描述单位，用于描述某个设计的功能或结构及与其他模块通信的外部端口。一个电路设计可由多个模块组合而成，因此一个模块的设计只是一个系统设计中的某个层次设计，模块设计可采用多种建模方式。

1. 模块的结构及语法

Verilog 模块由两部分组成：端口信息和内部功能。每个模块要进行端口定义，说明输入输出端口，然后对模块的功能进行行为逻辑描述。对测试模块，可以没有输入输出端口。

1）Verilog HDL 模块的结构

Verilog 模块的结构由在 module 和 endmodule 关键词之间的四个主要部分组成。

- 端口信息：   module block1(a,b,c,d);
- 输入/输出说明：   input   a,b,c;
                    output d;
- 内部信号：   wire x;
- 功能定义：   assign   d = a|x;
                    assign   x = (b & ~c);
                    endmodule

端口信息具体内容：如上例，其中 module 是模块的保留字，block1 是模块的名字，相当于器件名。括号内是该模块的端口声明，定义了该模块的引脚名，是该模块与其他模块通信的外部接口，相当于器件的 pin。

模块的内容包括 I/O 说明、内部信号、功能定义语句或调用模块等的声明语句。

I/O 说明语句：其中的 input、output 是保留字，定义了引脚信号的流向。

逻辑功能描述部分用来产生各种逻辑（主要是组合逻辑和时序逻辑，可用多种方法进行描述），还可用来实例化一个器件，该器件可以是厂家的器件库也可以是我们自己用 HDL 设计的模块（相当于在原理图输入时调用一个库元件）。在逻辑功能描述中，主要用到 assign 和 always 两个语句。

Verilog HDL 程序的书写格式自由，一行可以写几个语句，一个语句也可以分多行写；除了 endmodule 语句外，每个语句和数据定义的最后必须有分号；可以用/*……*/和//…对 Verilog HDL 程序的任何部分作注释。一个好的、有使用价值的源程序都应当加上必要的注释，以增强程序的可读性和可维护性。

2）Verilog HDL 模块中的逻辑表示

在 Verilog 模块中有三种方法可以生成逻辑电路。

① 用 assign 语句

assign   cs =（A0 &   ~a1 &   ~a2）;

这种方法的句法很简单，只需写一个"assign"，后面再加一个方程式即可。例子中的方程式描述了一个三输入与门，其中两个输入端以非的形式输入。

② 用元件的实例调用

and2   and_inst（q, a, b）;

采用实例元件的方法如同在电路图输入方式下调入库元件一样。键入元件的名字和相连的引脚即可，表示在设计中用到一个跟与门（and）一样的名为 and_inst 的与门，其输入端为 a，b，输出为 q。要求每个实例元件的名字必须是唯一的，以避免与其他调用与门（and）的实例混淆。

③ 用 always 模块

```
always @（posedge clk or posedge clr）
begin
if(clr) q < = 0;
else if(en) q < = d;
end
```

采用"assign"语句是描述组合逻辑电路最常用的方法之一，而"always"块既可用于描述组合逻辑电路也可用于描述时序逻辑电路。上面的例子用"always"块生成了一个带有异步清零端的 D 触发器。"always"块可用很多种描述手段来表达逻辑，例如上例中就用了 if... else 语句来表达逻辑关系。如按一定的风格来编写"always"块，可以通过综合工具把源代码自动综合成用门级结构表示的组合或时序逻辑电路。

④ 注意：并行和顺序逻辑关系的表示

如果使用 Verilog 模块实现一定的功能，首先应该清楚哪些是同时发生的，哪些是顺序发生的。上面三个例子分别采用了"assign"语句、实例元件和"always"块。这三个例子描述的逻辑功能是同时执行的。也就是说，如果把这三项写到一个 Verilog 模块文件中去，它们的次序不会影响逻辑实现的功能。这三项是同时执行的，也就是并发的。

然而，在"always"模块内，逻辑是按照指定的顺序执行的。"always"块中的语句称为"顺序语句"，因为它们是顺序执行的。请注意，两个或更多的"always"模块也是同时执行的，但是模块内部的语句是顺序执行的。看一下"always"内的语句，你就会明白它是如何实现功能的。if... else... if 必须顺序执行，否则其功能就没有任何意义。如果 else 语句在 if 语句之前执行，功能就会不符合要求。为了能实现上述描述的功能，"always"模块内部的语句将按照书写的顺序执行。

如果某模块中的逻辑功能由下面三个语句块组成：

```
assign   cs =（a0 & ~ a1 & ~ a2）;         // - - - - - 1
and2   and_inst（qout, a, b）;             // - - - - - 2
always @（posedge clk or posedge clr）    // - - - - - 3
begin if（clr）  q < = 0; else if（en）  q < = d;
end
```

则三条语句是并行的，它们产生独立的逻辑电路；而在 always 块中，begin 与 end 之间是顺序执行的。

3）Verilog 模块中的信号

Verilog 模块中只有两种主要的信号类型。

① 寄存器类型：reg

在 always 块中被赋值的信号，往往代表触发器，但不一定是触发器。

② 连线类型：wire

用 assign 关键词指定的组合逻辑的信号或连线。

Verilog 模块中的信号要点

需要注意的是：寄存器（Reg）类型不一定是触发器，它只是在 always 块中被赋值的信号。

4）模块语法

① 一个模块的基本语法如下：

```
module module_name（port1, port2, ......）;
//Declarations:
input, output, inout,
reg, wire, parameter,
```

function, task, …
//Ｓｔａｔｅｍｅｎｔｓ:
initial statement
Always statement
Module instantiation
Gate instantiation
Continuous assignment
endmodule

模块的结构需按上面的顺序进行，声明区用来对信号方向、信号数据类型、函数、任务、参数等进行描述。语句区用来对功能进行描述，如：器件调用（Module Instantiation）等。

② 语法书写建议：

一个模块用一个文件，模块名与文件名要同名；一行一句语句；信号方向按输入、输出、双向顺序描述；设计模块时应尽量考虑采用参数化，提高设计的重用。

2. 模块的测试

为了检查所写电路模块功能是否正确，我们需要对模块进行测试。即需要有测试激励信号输入到被测模块；需要记录被测模块的输出信号；需要把用功能和行为描述的 Verilog 模块转换为门级电路互连的电路结构（综合）；需要对已经转换为门级电路结构的逻辑进行测试（门级电路仿真）；需要对布局布线后的电路结构进行测试（布局布线后仿真）。

1）测试模块常见的形式

```
module t;
reg…;                                              //被测模块输入/输出变量类型定义
wire…;                                             //被测模块输入/输出变量类型定义
initial begin…; …; …; end …                       //产生测试信号
always #delay  begin…; end  … …                    //产生测试信号
Testedmd m(.in1(ina), .in2(inb), .out1(outa), .out2(outb) );  //被测模块的实例引用
initial begin ….; ….;….  end                      //记录输出和响应
endmodule
```

2）测试模块中常用的过程块

测试模块中常用的过程块如图 A-2 所示。

所有的过程块都在 0 时刻同时启动，它们是并行的，在模块中不分前后。initial 块只执行一次；always 块只要符合触发条件就可以循环执行。

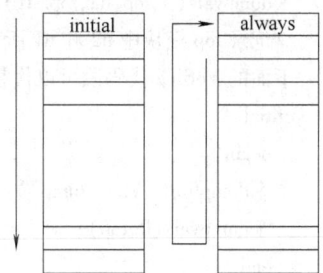

图 A-2 测试模块中常用的过程块

3）激励信号的描述

```
module t;
reg a,b, sel;
wire out;
//引用多路器实例
mux2_m (out, a, b, sel);
//加入激励信号
initial begin    a = 0; b = 1; sel = 0;
                 #10 b = 0;
                 #10 b = 1; sel = 1;
                 #10 a = 1;
```

```
            #10 $ stop;
    end
```

4) 观察被测模块的响应

在 initial 块中，用系统任务 $ time 和 $ monitor。

① $ time：返回当前的仿真时刻。

② $ monitor：只要在其变量列表中有某一个或某几个变量值发生变化，便在仿真单位时间结束时显示其变量列表中所有变量的值。

例：initial
　　　 begin
　　　　　 $ monitor（$ time,,"out = % b a = % b sel = % b", out,a,b,sel）;
　　　 end

5) 把被测模块的输出变化记录到数据库文件中

文件的记录格式为 VCD，大多数的波形显示工具都能读取该格式。可用以下七个系统任务来实现。

```
$ dumpfile("file.dump");              //打开记录数据变化的数据文件
$ dumpvars();                         //选择需要记录的变量
$ dumpflush;                          //把记录在数据文件中的资料转送到硬盘保存
$ dumpoff;                            //停止记录数据变化
$ dumpon;                             //重新开始记录数据变化
$ dumplimit( <file_size> );           //规定数据文件的大小（字节）
$ dumpall;                            //记录所有指定信号的变化值到数据文件中
```

6) 把被测模块的响应变化记录到数据库文件中

举例说明：

```
$ dumpvars;                           //记录各层次模块中所有信号的变化
$ dumpvars(1,top);                    //只记录模块 top 中所有信号的变化
$ dumpvars(2,top.u1);                 //记录 top 模块中实例 u1 和它以下一层子模块所有信
                                      //  号的变化
$ dumpvars(0,top.u2,top.u1.u13.q);
```
//记录 top 模块中实例 u2 和它本层所有信号的变化，还有 top.u1.u13.q 信号的变化。
```
$ dumpvars(3,top.u2,top.u1);
```
//记录 top 模块中 u2 和 u1 所有信号的变化（包括其两层以下子模块的信号变化）。

下面的 Verilog 代码段可以代替测试文件中的系统任务 $ monitor。

```
initial
  begin
   $ dumpfile("Vlog.dump");
   $ dumpvars(0,top);
  end
```

3. 模块设计举例

下面是几个简单的 Verilog HDL 模块程序设计举例。

1) 加法器

```
module addr(a,b,cin,cout,sum);
input[2:0] a;
input[2:0] b;
input cin;
```

output cout;

output [2:0]sum;

assign {cout,sum} = a + b + cin;

endmodule

该例通过连续的赋值语句描述了一个名为 adder 的三位加法器。可以根据两个三位数 a、b 和进位输入（cin）计算出和（sum）和进位输出（cout）。从例子中可以看出整个 Verilog HDL 程序是嵌套在 module 和 endmodule 声明语句里的。

2）比较器

module compare(equal,a,b);

input[1:0]a,b;//声明输入信号；

output equare;//声明输出信号；

assign equare = (a = =b)? 1:0;

/*如果 a = b,输出为 1,否则输出 0；*/

endmodule

该程序通过连续赋值语句描述了一个名为 compare 的比较器，对两位数 a、b 进行比较，如 a 与 b 相等，则输出 equal 为高电平，否则为低电平。注意，其中的/* …. */ 和 // … 表示注释部分。注释只是为了方便设计者读懂代码，对编译并不起作用。

3）三态驱动器

module trist1(out,in,enable);

output out;

input in,enable;

mytri tri_inst (out, in, enable);   //调用由 mytri 模块定义的实例元件 tri_inst

endmodule

module mytir (out, in, enable);

output out;

input in, enable;

assign out = enable? in：'bz;

endmodule

这个程序例子通过另一种方法描述了一个三态门。在这个例子中存在着两个模块。模块 trist1 调用由模块 mytri 定义的实例元件 tri_inst。模块 trist1 是顶层模块。模块 mytri 则被称为子模块。

4. Verilog HDL 的建模

在数字电路设计中，数字电路可简单归纳为两种要素：线和器件。线是器件引脚之间的物理连线；器件可简单归纳为组合逻辑器件（如与或非门等）和时序逻辑器件（如寄存器、锁存器、RAM 等）。一个数字系统（硬件）就是多个器件通过一定的连线关系组合在一块的。因此，Verilog HDL 的建模实际上就是如何使用 HDL 对数字电路的两种基本要素的特性及相互之间的关系进行描述的过程。

在 HDL 的建模中，主要有结构化描述方式、数据流描述方式和行为描述方式三种建模方式，下面分别举例说明三者之间的区别。

1）结构化描述方式

结构化的建模方式就是通过对电路结构的描述来建模，即通过对器件的调用（HDL 概念称为例化），并使用线网来连接各器件的描述方式。这里的器件包括 Verilog HDL 的内置门，如与门 and，异或门 xor 等，也可以是用户的一个设计。结构化的描述方式反映了一个设计的层次结构。

例 A-1　设计一个一位全加器，其结构图如图 A-3 所示。

代码：

```
module FA_struct (A, B, Cin, Sum, Cout);
input A;
input B;
input Cin;
output Sum;
output Cout;
wire S1, T1, T2, T3;
xor x1 (S1, A, B);
xor x2 (Sum, S1, Cin);
and A1 (T3, A, B);
and A2 (T2, B, Cin);
and A3 (T1, A, Cin);
or O1 (Cout, T1, T2, T3);
endmodule
```

图 A-3　一位全加器的结构图

该实例显示了一位全加器的结构：由两个异或门、三个与门和一个或门构成。其中 S1、T1、T2、T3 是门与门之间的连线；代码采用了纯结构的建模方式，调用了 Verilog HDL 内置的门器件 xor、and、or 来搭建这个全加器。

例化语句 xor x1 (S1, A, B) 的具体说明：

xor 表明调用一个内置的异或门，器件名称 xor，代码实例化名 x1（类似原理图输入方式）；括号内的 S1、A、B 表明该器件引脚的实际连接线（信号）的名称，其中 A、B 是输入，S1 是输出。

其他语句类似。

例 A-2　设计一个两位的全加器

两位的全加器可通过调用两个一位的全加器来实现。该设计的设计层次示意图和结构图如图 A-4 所示：

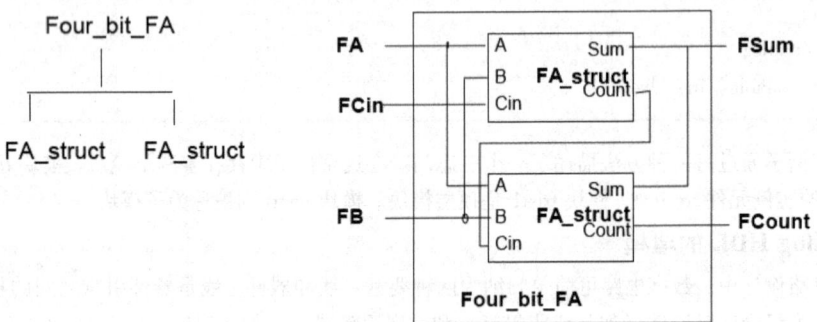

图 A-4　两位全加器的设计层次和结构示意图

代码：
```
module Four_bit_FA (FA, FB, FCin, FSum, FCout);
parameter SIZE = 2;
input [SIZE：1] FA;
input [SIZE：1] FB;
input FCin;
output [SIZE：1] FSum;
output FCout;
```

```
     wire FTemp;
     FA_struct FA1 (
     .A (FA [1]),
     .B (FB [1]),
     .Cin (FCin),
     .Sum (FSum [1]),
     .Cout (Ftemp)
     );
     FA_struct FA2 (
     .A (FA [2]),
     .B (FB [2]),
     .Cin (FTemp),
     .Sum (FSum [2]),
     .Cout (FCount)
     );
     endmodule
```

该实例用结构化建模方式进行了一个两位全加器的设计。顶层模块 Four_bit_FA 调用了两个一位的全加器 FA_struct。在这里，以前的设计模块 FA_struct 对顶层而言是一个现成的器件，顶层模块只需进行例化就可以了。

注意在例化中，端口映射（引脚的连线）采用名字关联，如 .A (FA [2])，其中 .A 表示调用器件的引脚 A，括号中的信号表示接到该引脚 A 的电路中的具体信号。

wire 保留字表明信号 Ftemp 是属线网类型。

2）数据流描述方式

数据流的建模方式就是通过对数据流在设计中的具体行为的描述来建模的。最基本的机制就是用连续赋值语句。在连续赋值语句中，某个值被赋给某个线网变量（信号），语法如下：assign[delay]net_name = expression;

如：assign #2 A = B;

在数据流描述方式中，还必须借助于 HDL 提供的一些运算符，如按位逻辑运算符（:）逻辑与（&），逻辑或（|）等。

还是刚才例 A-1 中图 A-3 所示的一位全加器，采用数据流描述方式可以建模如下：

```
`timescale 1ns/100ps
module FA_flow (A, B, Cin, Sum, Count)
input A, B, Cin;
output Sum, Count;
wire S1, T1, T2, T3;
assign #2 S1 = A^B;
assign #2 Sum = S1^Cin;
assign #2 T3 = A&B;
assign #2 T1 = A&Cin;
assign #2 T2 = B&Cin ;
endmodule
```

注意在各 assign 语句之间，是并行执行的，即各语句的执行与语句之间的顺序无关。如上，当 A 有个变化时，S1、T3、T1 将同时变化，S1 的变化又会造成 Sum 的变化。

3) 行为描述方式

行为描述方式的建模是指采用对信号行为级的描述（不是结构级的描述）的方法来建模。在表示方面，行为描述建模方式类似数据流的建模方式，但一般是把用 initial 块或 always 块语句描述的建模方式归为行为建模方式。行为建模方式通常需要借助一些行为级的运算符如加法运算符（+）、减法运算符（-）等。

下面还是以刚才例 A-1 中的一位全加器为例，采用行为建模方式实现如下：

① 方法一

```
module FA_behav1(A,B,Cin,Sum,Cout);
input A,B,Cin;
output Sum,Cout;
reg Sum,Cout;
reg T1,T2,T3;
always@(A or B or Cin)
begin
Sum = (A^B)^Cin;
T1 = A&Cin;
T2 = B&Cin;
T3 = A&B;
Cout = (T1|T2)|T3;
end
endmodule
```

理解上述代码要先建立以下概念：只有寄存器类型的信号才可以在 always 和 initial 语句中进行赋值，类型定义通过 reg 语句实现；always 语句是一直重复执行，由敏感表（always 语句括号内的变量）中的变量触发；always 语句从 0 时刻开始；在 begin 和 end 之间的语句是顺序执行，属于串行语句。

② 方法二

```
module FA_behav2(A,B,Cin,Sum,Cout);
input A,B,Cin;
output Sum,Cout;
reg Sum,Cout;
always@(A or B or Cin)
begin
{Cout,Sum} = A + B + Cin;
end
endmodule
```

在方法二中，我们采用了更加高级（更趋于行为级）的描述方式，即直接采用"+"来描述加法。{Cout, Sum} 表示对位数的扩展，因为两个 1 bit 相加，和有两位，低位放在 Sum 变量中，进位放在 Cout 中。

在实际的设计中，往往是多种设计模型的混合。通常我们对顶层设计，采用结构描述方式；对底层模块，可采用数据流、行为级或两者的结合。例如上面的例 A-2 两位全加器的设计，对顶层模块（Four_bit_FA）采用结构描述方式对底层进行例化，而底层模块（FA）的实现则可采用结构描述、数据流描述或行为级描述等不同方法。

A.4 Verilog HDL 的开发流程

用 Verilog HDL 开发 PLD/FPGA 的完整流程大致为：

1. 文本编辑

选用合适的 EDA 仿真工具，选用合适的文本编辑器，逐个编写可综合 HDL 模块；也可以用专用的 HDL 编辑环境。通常 Verilog 文件保存为 *.v 文件。

2. 功能仿真

将文件调入 HDL 仿真软件中，先逐个编写 HDL 测试模块，逐个做 Verilog HDL 电路逻辑仿真；再编写 Verilog HDL 总测试模块，做系统电路逻辑总仿真；检查逻辑功能是否正确（也叫前仿真，对简单的设计可以跳过这一步，只在布线完成以后，进行时序仿真）。

3. 逻辑综合

将源文件调入逻辑综合软件进行综合，即把语言综合成最简的布尔表达式和信号的连接关系。逻辑综合软件会生成 *.edf（edif）的 EDA 工业标准文件。

4. 布局布线

将 *.edf 文件调入 PLD 厂家提供的软件中进行布线，即把设计好的逻辑安放到 PLD/FPGA 内。

5. 时序仿真

需要利用在布局布线中获得的精确参数，用仿真软件验证电路的时序；也叫后仿真。

6. 编程下载

确认仿真无误后，将文件下载到芯片中。

以上的介绍仅为入门级，为了进行更多的设计，请同学们在入门之后继续看一些书，主要了解一下常用的编译指令 define、include，了解任务 task 的使用方法和状态机的设计等。

学好 HDL 的关键是充分理解 HDL 语句和硬件电路的关系。编写 HDL，就是在描述一个电路，我们写完一段程序以后，应当对生成的电路有一些大体上的了解，而不能用纯软件的设计思路来编写硬件描述语言，应该用硬件电路的设计思想来编写 HDL。要做到这一点，需要我们多实践，多思考，多总结。

附录 B MAX + plus II 软件使用简介

MAX + plus II 可编程逻辑开发软件是 Altera 公司旗下的数字系统设计软件，它集工程建立，器件调用，图形输入，工程编译，检验仿真与编程下载于一体。设计者不需要精通器件内部的复杂结构，可以用自己熟悉的设计工具（如原理图或硬件描述语言）建立设计，而软件自动将其转换成最终所需的格式。其易于使用，设计速度快，人机界面友善，特别适合初学者使用。

完全进入 MAX + plus II 环境后，将出现如图 B-1 所示界面。

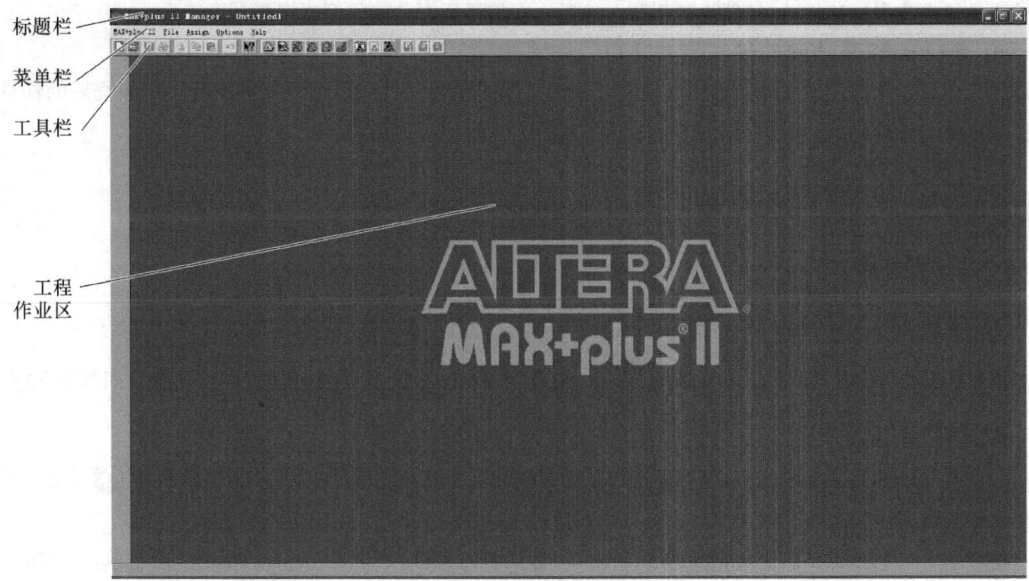

图 B-1 MAX + plus II 开发软件界面

工具栏各按钮的功能如图 B-2 所示。这些按钮状态会根据工程开发进度和工程作业区的内容不同而发生改变，有时会出现不可用状态（灰色）。

▢ 新建一个MAX+plus Ⅱ可支持的文件，▢ 打开一个已经存在的MAX+plus Ⅱ可支持的文件，▢ 保存一个已经打开的MAX+plus Ⅱ可支持的文件，▢ 打印一个已经打开的MAX+plus Ⅱ可支持的文件，▢ 剪切一块选定的区域放在剪贴板中，▢ 复制一块选定的区域放在剪贴板中，▢ 把剪贴板中的内容粘贴到指定位置，▢ 撤销上一步的操作，▢ 对指定的对象提供联机帮助，▢ 打开层次显示窗口，▢ 打开引脚分配窗口，▢ 打开编译器窗口，▢ 打开仿真器窗口，▢ 打开时序分析器窗口，▢ 打开编程器窗口，▢ 设置当前工程名称，▢ 以当前文件名称修改工程名称，▢ 打开顶层设计文件，▢ 保存当前工程并检查，▢ 保存当前工程并启动编译器，▢ 保存当前工程并启动仿真器

图 B-2　工具栏各按钮的功能

使用 MAX + plus Ⅱ 开发数字电路/系统的过程可以分为以下五步：

1. 工程创建

设置工程的存放位置和名称，设置工程的目标器件。

2. 逻辑设计输入及工程编译

通过图形输入或文本输入的方式将逻辑设计输入工程。其中图形输入法直观、易于学习掌握、便于电路调整，但效率低。文本输入法则设计灵活、功能性强，易于实现复杂的逻辑设计。通过编译完成器件的选择及适配，逻辑的综合及器件的装入，以及延时信息的提取。其目的是检查逻辑设计输入是否有错，并生成可以进行仿真、定时分析及下载到可编程器件的相关文件，如 *.cnf、*.rpt、*.snf、*.pof、*.sof 等。

3. 激励设计输入及工程仿真

通过波形输入或文本输入的方式提供逻辑设计的激励信号。其中波形输入法最适合于实现简单的时序和重复的函数。通过仿真来验证一个工程的逻辑功能是否达到设计要求，仿真要求在把工程编程到器件之前进行全面检测，以确保它在各种可能的条件下有正确的响应。

4. 逻辑资源分配及二次编译

设计人员根据硬件设备的结构为工程做器件资源的分配，把逻辑分配给器件引脚和逻辑单元，也就是把输入、输出节点（Nodes）给器件的引脚。然后二次编译通过，确保逻辑资源分配正常。

5. 器件编程及功能验证

用后仿真确认的配置文件经编程电缆配置 PLD，即用编程文件对可编程器件编程。将编程后的器件加入实际激励，进行测试，以检查是否完成预定功能。

以上各步如果出现错误，可随时进行设计修改，重复上述过程直到正确为止。

本附录结合实验 2.2.1 介绍 MAX + plus Ⅱ 的具体使用方法。

B.1　工程创建

1. 启动 MAX + plus Ⅱ 开发软件

用鼠标双击桌面上的快捷方式图标 ▢，则启动 MAX + plus Ⅱ 开发软件，启动完全后如图 B-3 所示。

2. 创建新工程

如图 B-4 所示用鼠标单击菜单 "File \ Project \ Name... Ctrl + J" 命令或者单击工具按钮 ▢，则打开创建新工程的对话框，如图 B-5 所示。

按照图 B-6 所示为该新工程指定盘符 Drives、目录 Directories 和名称 Project Name，然后单击 "OK" 按钮，就创建了一个新工程。创建了工程后的 MAX + plus Ⅱ 开发软件的界面如图 B-7 所示。

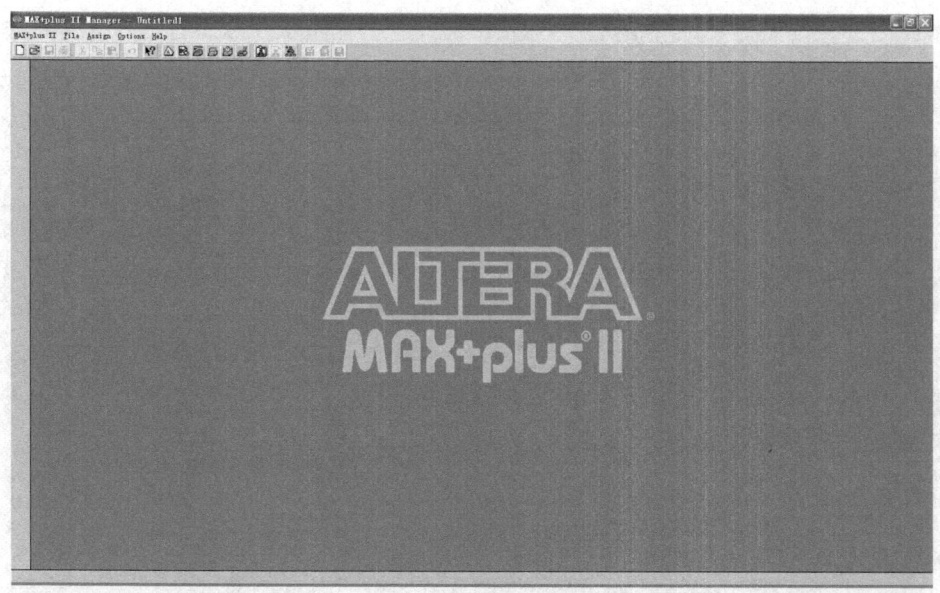

图 B-3　MAX+plus II 开发软件启动完全后的界面

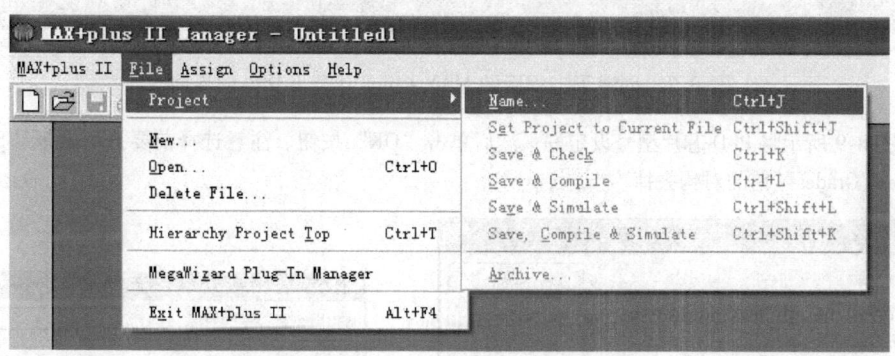

图 B-4　执行创建新工程的命令菜单

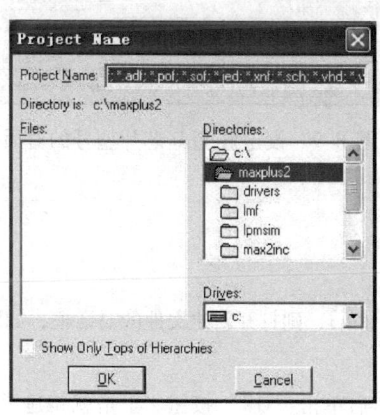

图 B-5　创建新工程的对话框

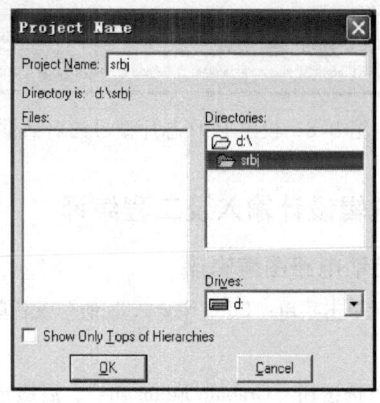

图 B-6　指定了盘符、目录和名称的对话框

可以看到，在 MAX+plus II 开发软件的标题栏出现了该工程的路径和名称。

3. 设定 PLD 芯片型号

用鼠标单击菜单"Assign\Device..."命令，则打开设定 PLD 芯片型号的对话框，如图 B-8 所示。

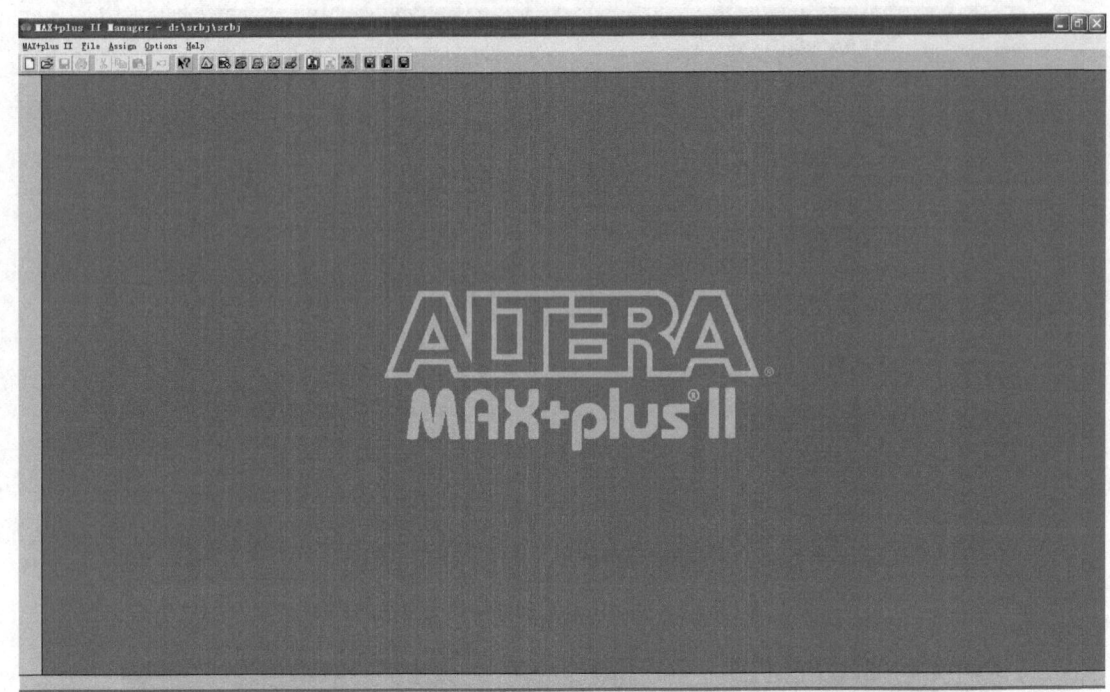

图 B-7 创建了工程后的 MAX+plus II 开发软件的界面

按照图 B-9 所示将 PLD 芯片型号设定好，然后单击"OK"按钮。注意选择前要把可选框"Show Only Fastest Speed Grades"前的对钩去掉。

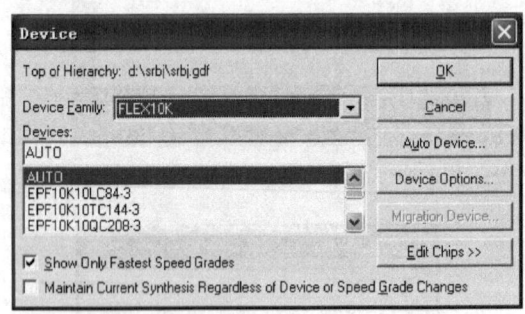

图 B-8 设定 PLD 芯片型号的对话框

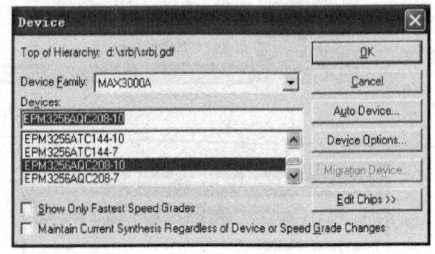

图 B-9 设定好 PLD 芯片型号的对话框

B.2 逻辑设计输入及工程编译

1. 启动电路图编辑器

用鼠标单击菜单"File\New…"命令或者单击新建工具按钮 ![]，则打开新建文件的对话框，如图 B-10 所示。

选中单选按钮"Graphic Editor file"，后缀选择".gdf"，然后单击"OK"按钮。于是就新建了一个空的电路图文件，如图 B-11 所示。

2. 元器件的添加与摆放（电路图布局）

双击电路图文件的空白处，打开添加元器件模型的对话框，如图 B-12 所示。

双击"c:\maxplus2\max2lib\prim"元器件模型库，按照图 B-13 所示在模型文件中找到所需要的元

附 录 151

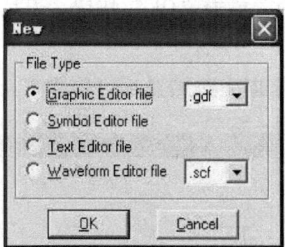

图 B-10 新建电路图文件的对话框

图 B-11 新建了一个空的电路图文件后的界面

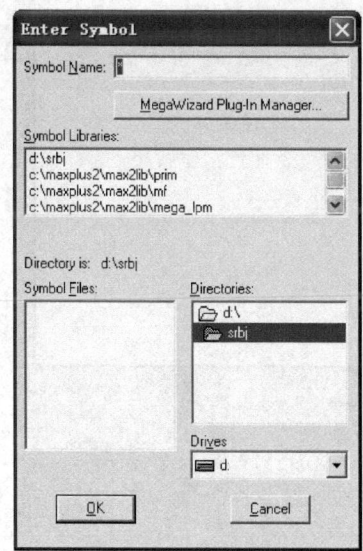

图 B-12 添加元器件模型的对话框

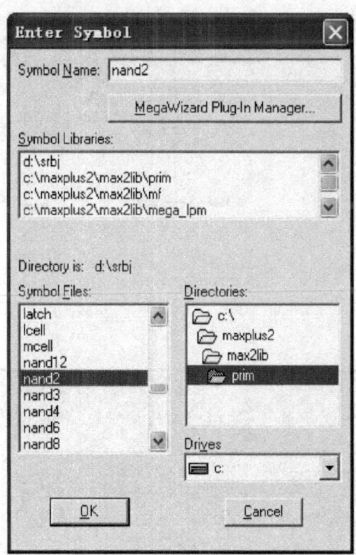

图 B-13 选中元器件模型的对话框

器件名称（2输入与非门nand2）并选中，单击"OK"按钮。于是在电路图文件中就添加了一个元器件，如图B-14所示。

图B-14　添加了一个元器件的电路图文件

按照相同的操作方法和步骤，把电路逻辑图中所需要的其余元器件（3输入与非门nand3、输入端口input、输出端口output）一一添加到电路图文件中并摆放合理，如图B-15所示。

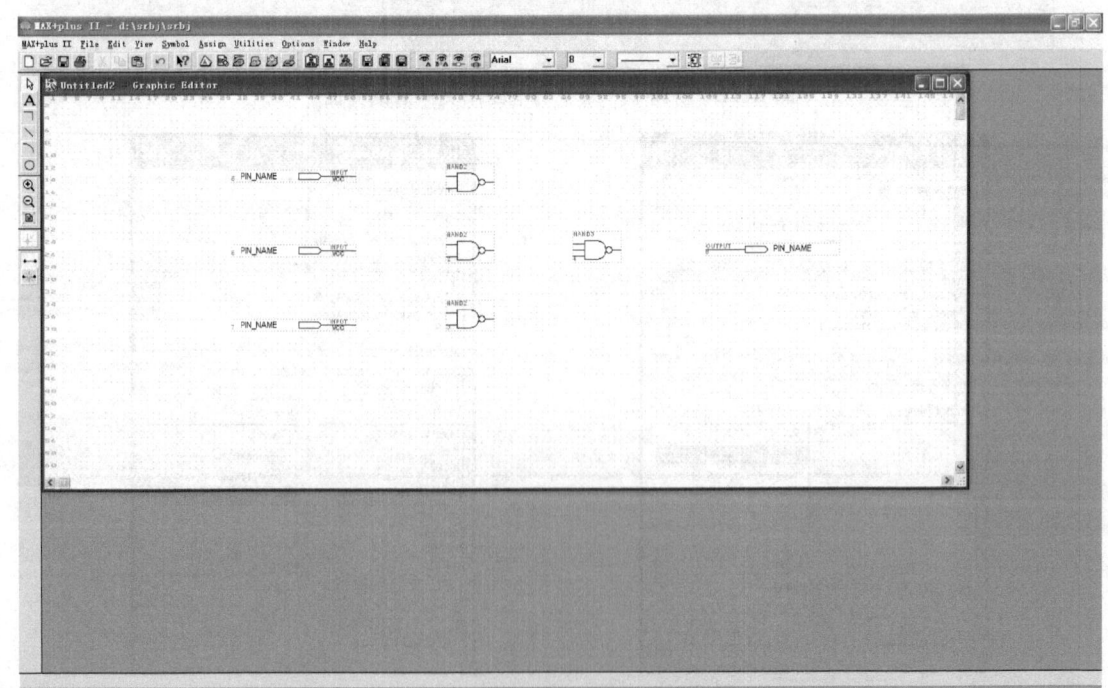

图B-15　添加完所有元器件并摆放合理后的电路图文件

3. 元器件之间的连线（电路图布线）

将鼠标移到某一元器件的连接点，待鼠标形状变成"十字形"后按下左键并拖动到此连线与下一元器件的连接点松开即可连好一条导线，如图 B-16 所示。

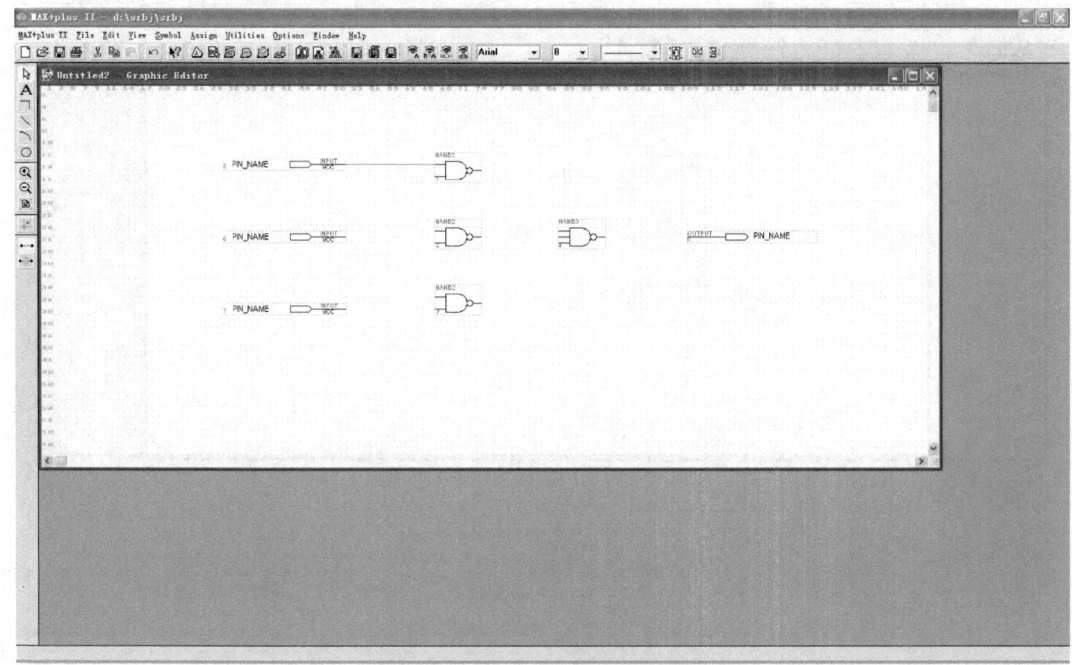

图 B-16　连好一条导线后的电路图

按照相同的操作方法和步骤，把电路逻辑图中所需要的其余导线添加到电路图文件中并摆放合理，如图 B-17 所示。

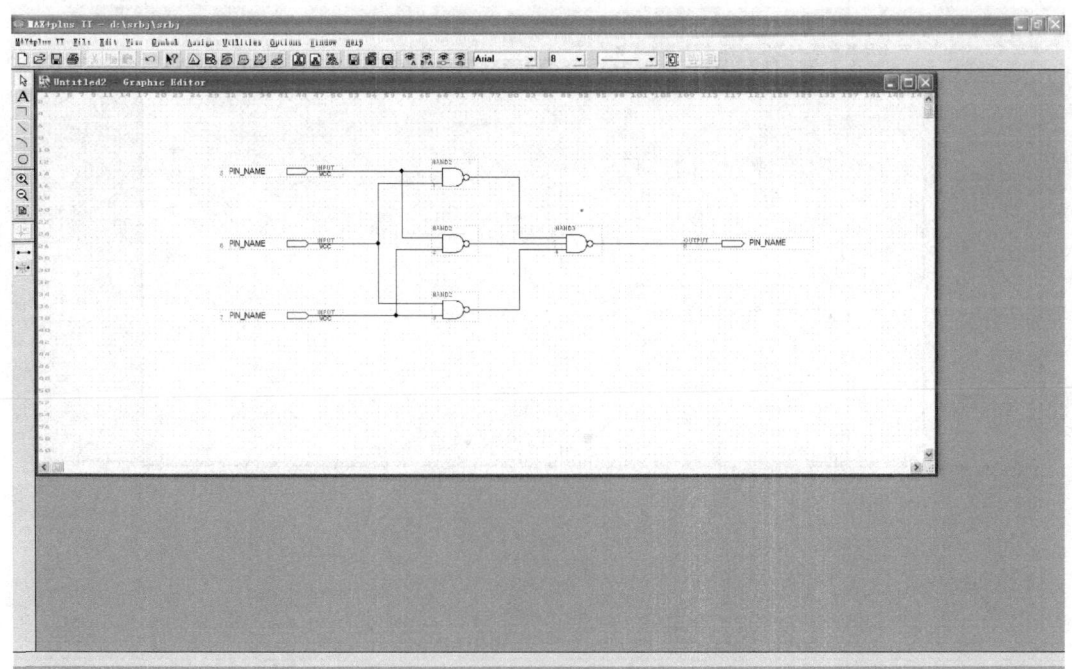

图 B-17　添加完所有导线并摆放合理后的电路图文件

4. 对输入端口和输出端口命名

双击第一输入端口元器件上的"PIN_NAME"名称，待其变黑被选中后将其改为提前定义好的信号名称"A"，如图 B-18 所示。

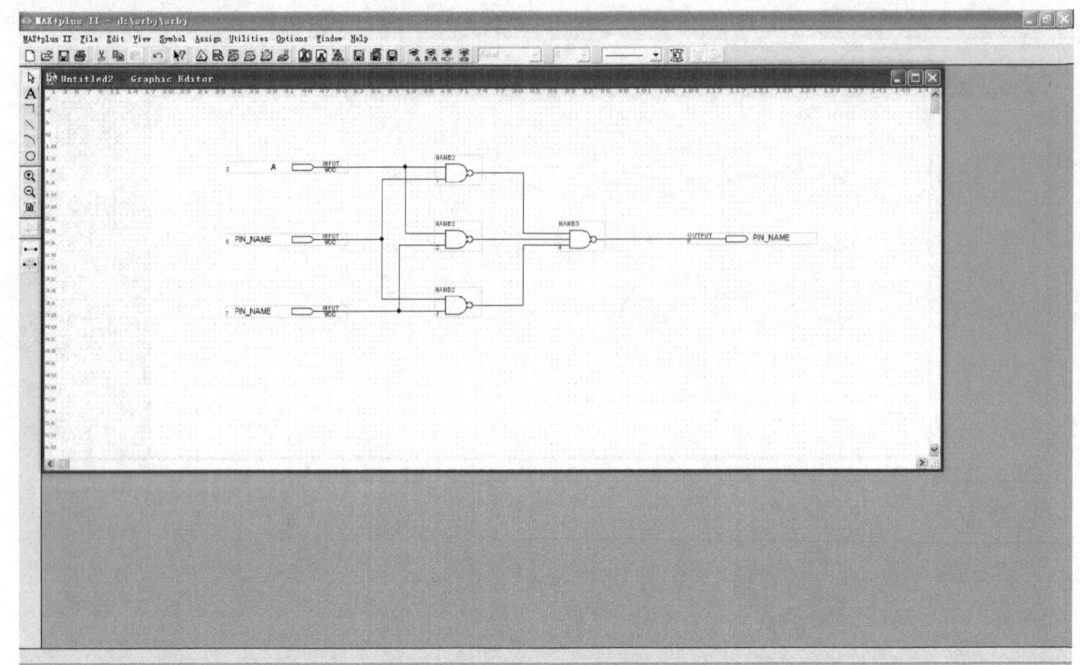

图 B-18　修改一个输入端口名称后的电路图文件

按照相同的操作方法和步骤，把电路逻辑图中其余输入端口和输出端口的名称按照定义修改完毕，如图 B-19 所示。

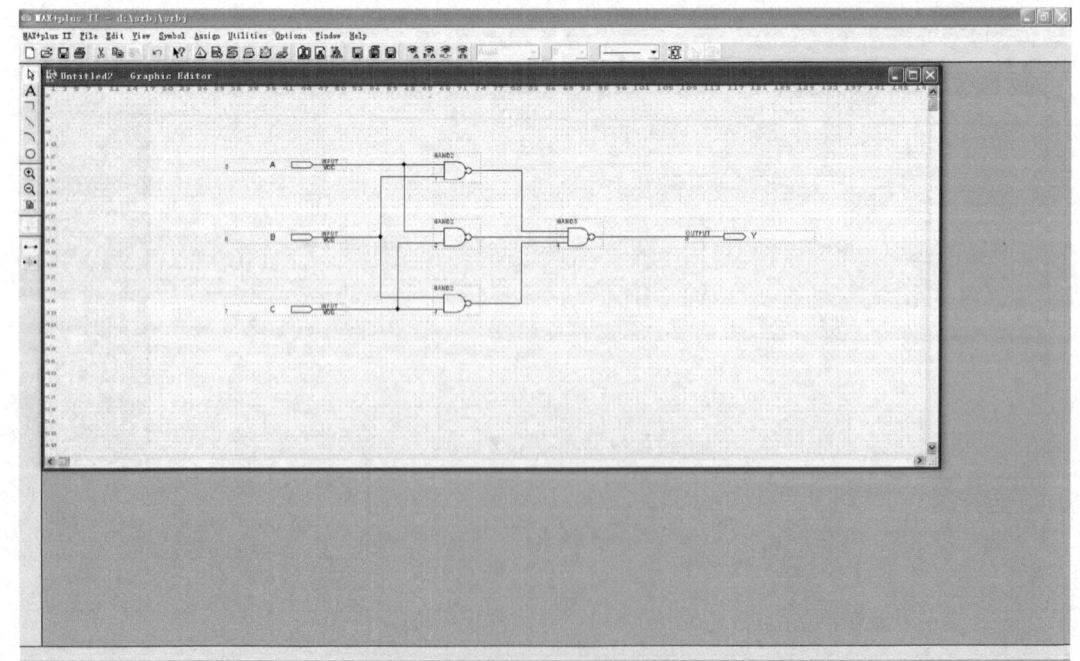

图 B-19　修改完所有输入端口和输出端口的名称后的电路图文件

5. 保存电路图、编译工程

单击编译工具按钮 ![icon]，则首先打开一个保存文件的对话框，如图 B-20 所示。

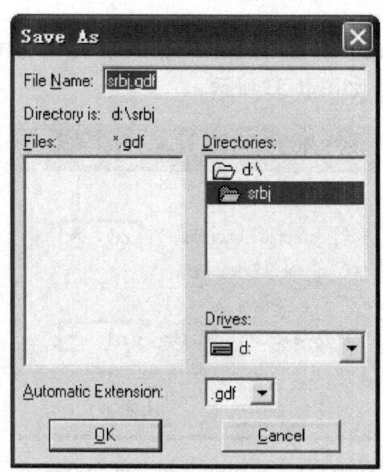

图 B-20　保存文件的对话框

直接单击"OK"按钮，于是开发软件以"srbj.gdf"的文件保存了电路图，然后启动编译程序编译所设计工程。如无错误则出现如图 B-21 所示对话框。

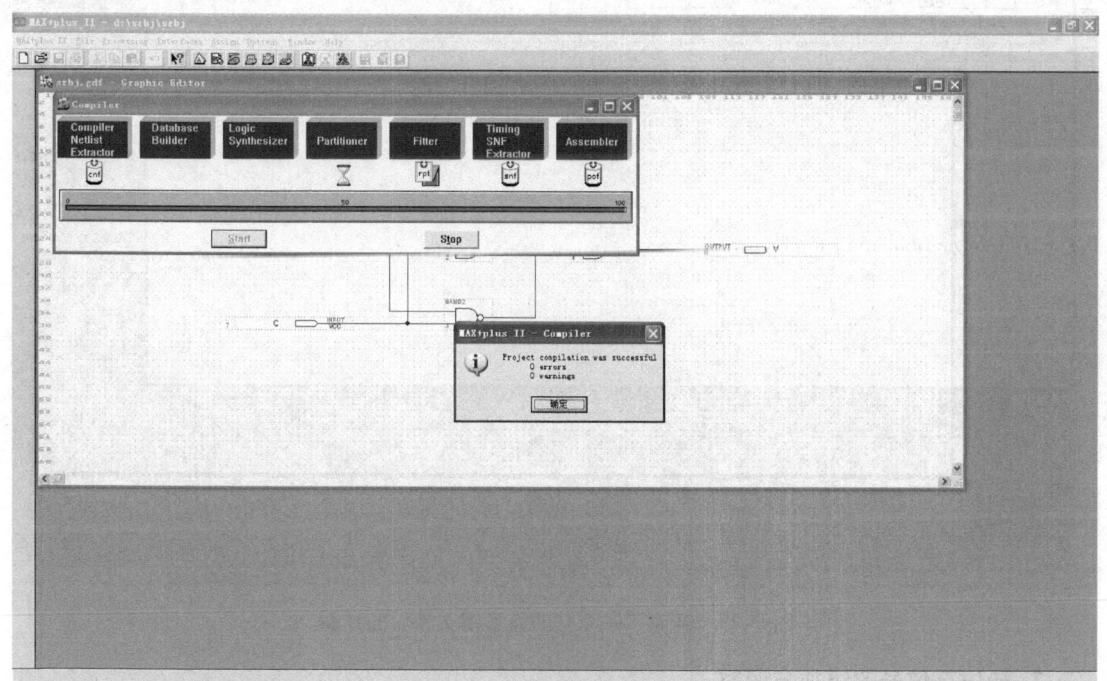

图 B-21　对工程编译后的软件界面

单击"确定"按钮即可。

B.3　激励设计输入及工程仿真

通过编译后就可以进行电路功能的仿真，具体做法如下：

1. 启动波形图编辑器

用鼠标单击菜单"File\New..."命令或者单击新建工具按钮 ▯，则再次打开如图 B-10 所示新建文件的对话框。

按照如图 B-22 所示选中单选按钮"Waveform Editor file"，后缀选择".scf"，然后单击"OK"按钮。于是就新建了一个空的波形图文件，如图 B-23 所示。

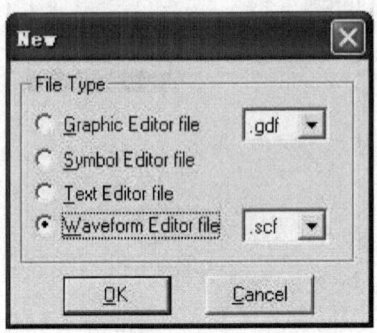

图 B-22　新建波形图文件的对话框

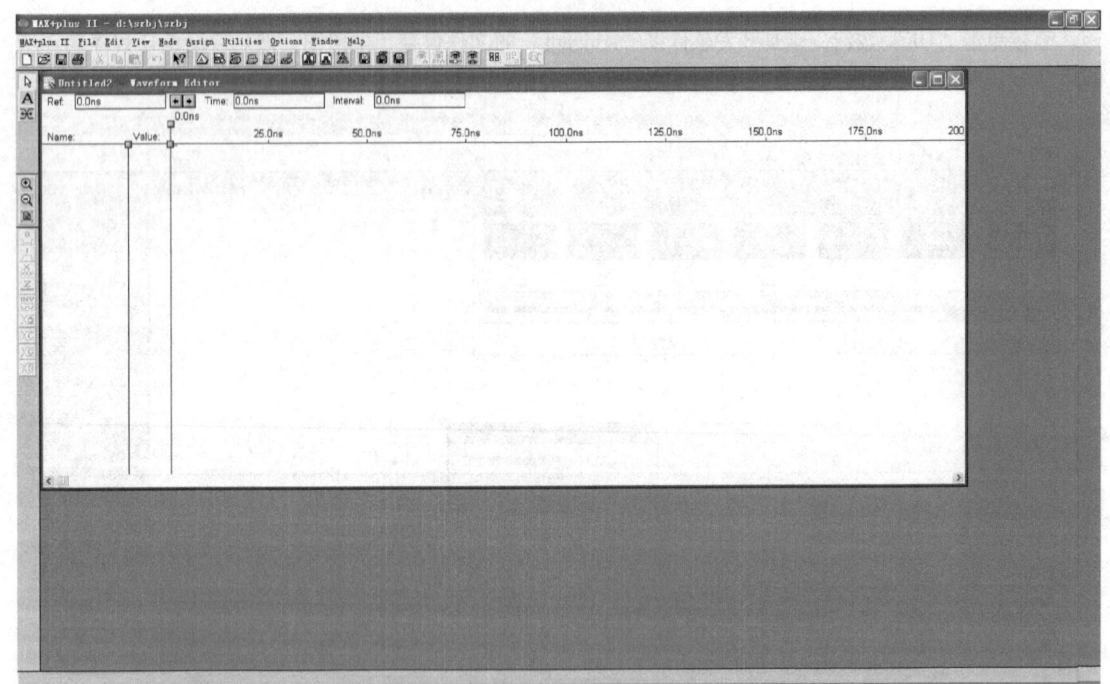

图 B-23　新建了一个空的波形图文件后的界面

2. 待仿真信号的添加与调整

如图 B-24 所示用鼠标单击菜单"Node\Enter Nodes from SNF..."命令，则打开添加仿真信号节点的对话框，如图 B-25 所示。

单击对话框上的"List"按钮，则在对话框的左侧显示出所有可用的信号节点或组的名称，如图 B-26 所示。

在左侧选择将要仿真的信号名称，单击"=>"按钮将其添加到右侧的区域中，按照图 B-27 所示将此对话框设置完全。

单击"OK"按钮，仿真波形图文件如图 B-28 所示。

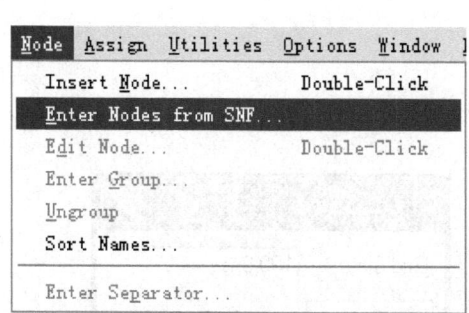

图 B-24　执行添加仿真信号节点的命令菜单

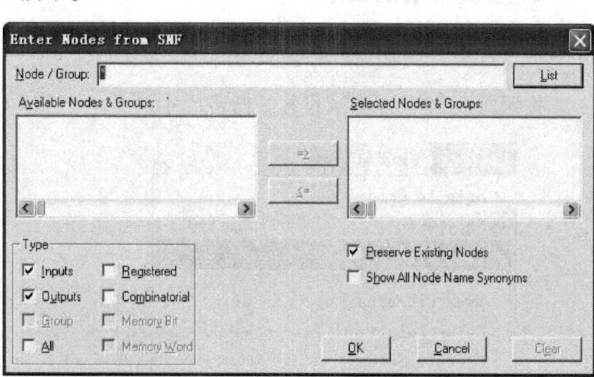

图 B-25　添加仿真信号节点的对话框

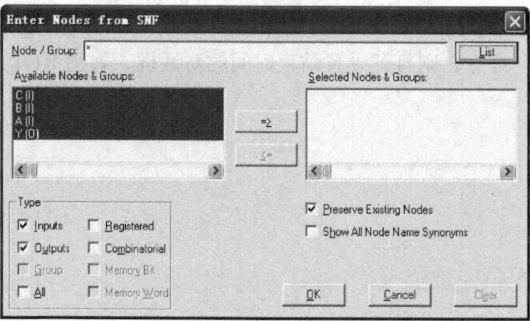

图 B-26　显示出所有可用的信号节点或组的名称

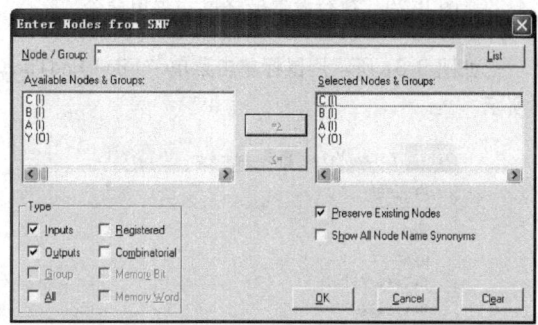

图 B-27　设置完全后的添加仿真信号对话框

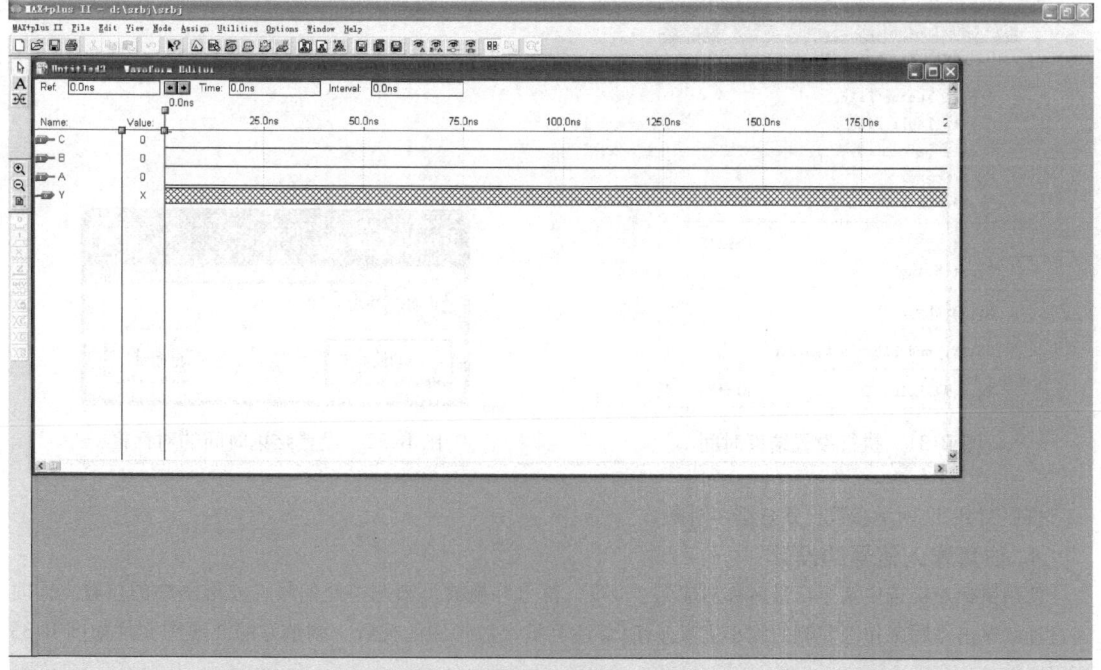

图 B-28　添加完仿真信号后的仿真波形图文件

3. 仿真环境的设置

如图 B-29 所示用鼠标单击菜单"Options\Grid Size…"命令，则打开设置栅格尺寸的对话框，如图 B-30 所示。

按照图 B-30 所示参数设置好栅格尺寸。

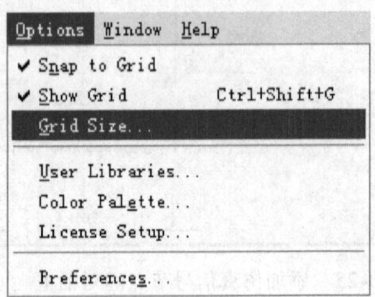

图 B-29　执行设置栅格尺寸菜单命令

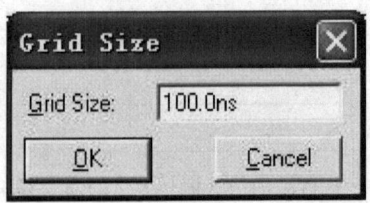

图 B-30　设置栅格尺寸的对话框

如图 B-31 所示用鼠标单击菜单"File\EndTime…"命令，则打开设置结束时间的对话框，如图 B-32 所示。

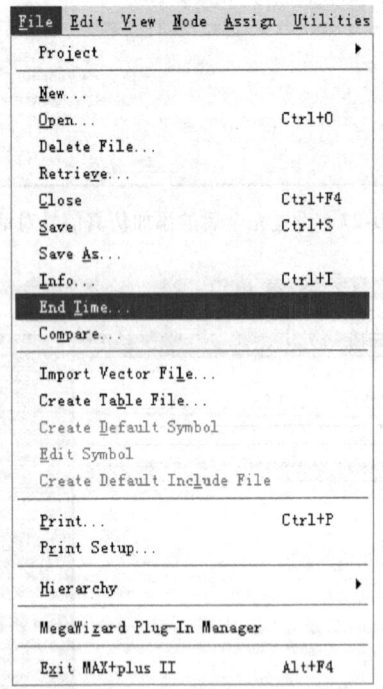

图 B-31　执行设置结束时间

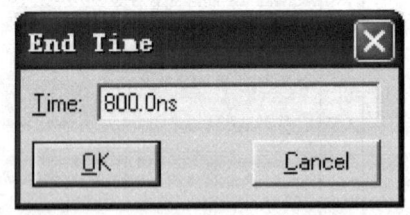

图 B-32　设置结束时间的对话框

按照图 B-32 所示参数设置好结束时间。

4. 仿真输入信号的设计

使用鼠标左键选中某个信号名称对应的"I/O"符号并拖放可来调整此信号在波形图中的位置。同时通过连续单击工程工作区左侧的缩小工具按钮 🔍 还可扩大波形图的视野。调整好的波形图文件如图 B-33 所示。

接下来要设计仿真输入信号，方法如下：

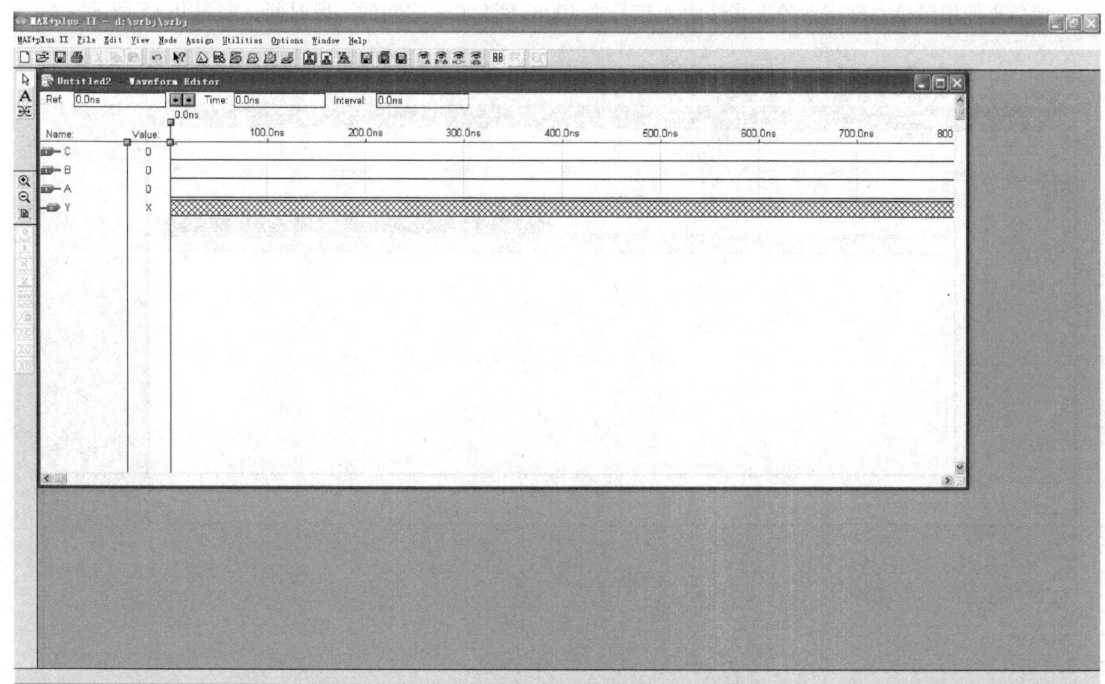

图 B-33 调整好的波形图文件界面

使用鼠标左键拖动的方式选中 A 信号在 0ns 到 400ns 之间的一段时间，如图 B-34 所示。

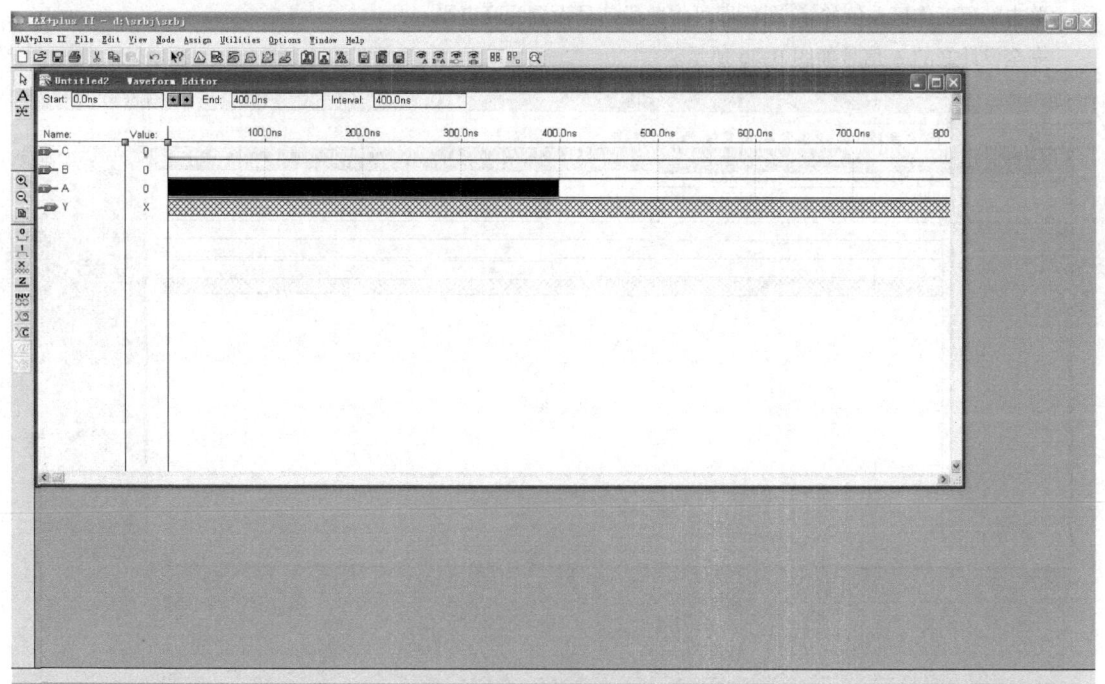

图 B-34 选中 A 信号在 0ns 到 400ns 之间的一段时间

单击工程工作区左侧的 图标即可将此段信号设置为低电平。

然后再使用鼠标左键拖动的方式选中 A 信号在 400ns 到 800ns 之间的一段时间，如图 B-35 所示。

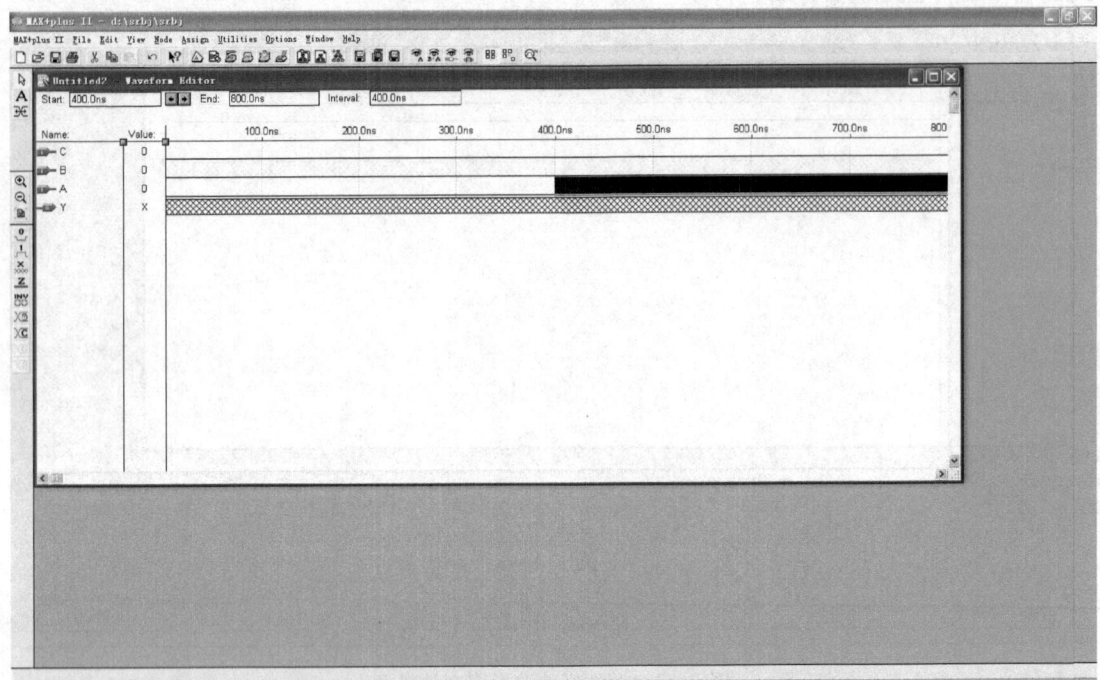

图 B-35　选中 A 信号在 400ns 到 800ns 之间的一段时间

单击工程工作区左侧的 图标即可将此段信号设置为高电平。

完全设计好的 A 信号如图 B-36 所示。

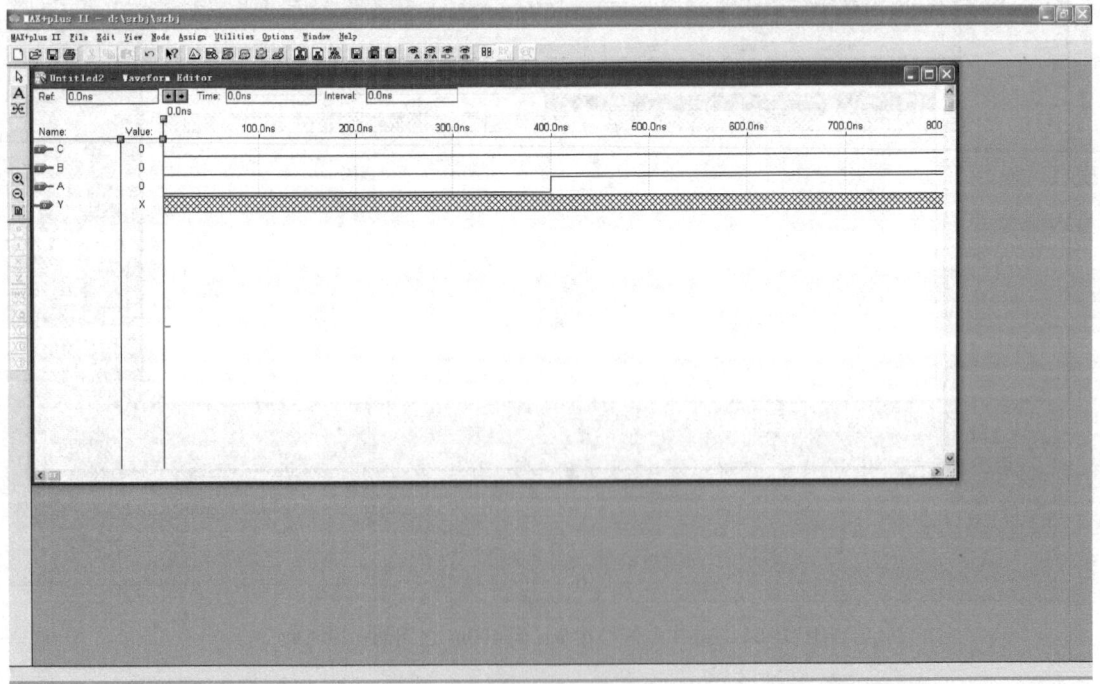

图 B-36　完全设计好的 A 信号

按照相同的设计方法，按照图 B-37 所示将 B 和 C 信号设计完全。

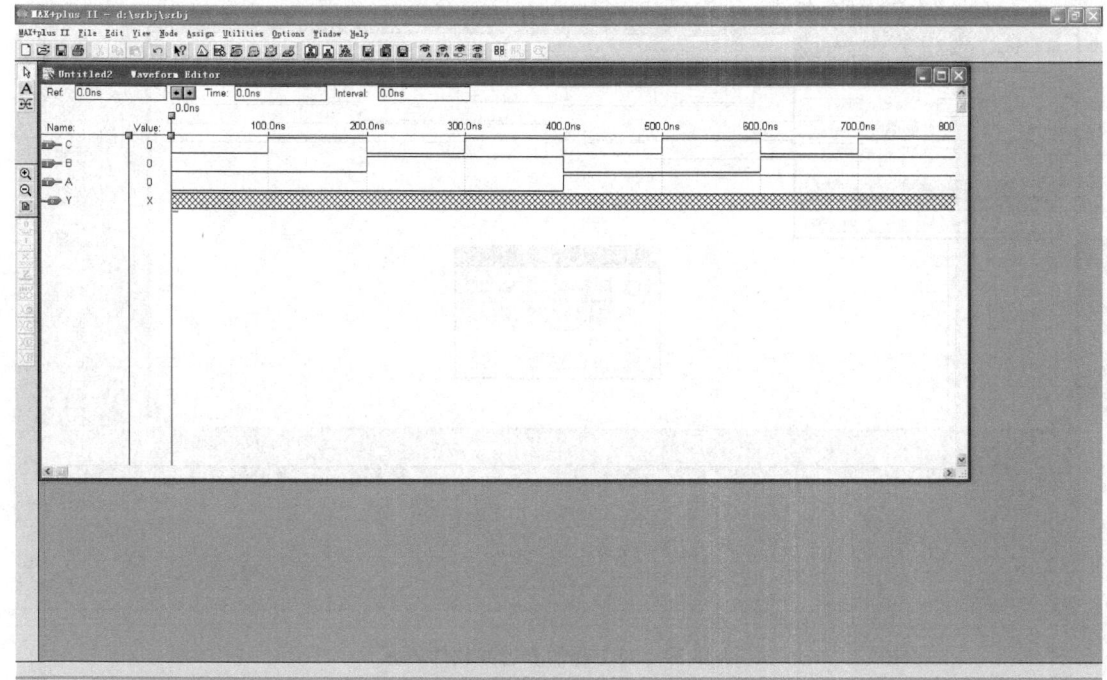

图 B-37　输入信号设计完全后的界面

5. 保存波形图、仿真工程

单击仿真工具按钮 ![icon]，则首先打开一个保存文件的对话框，如图 B-38 所示。

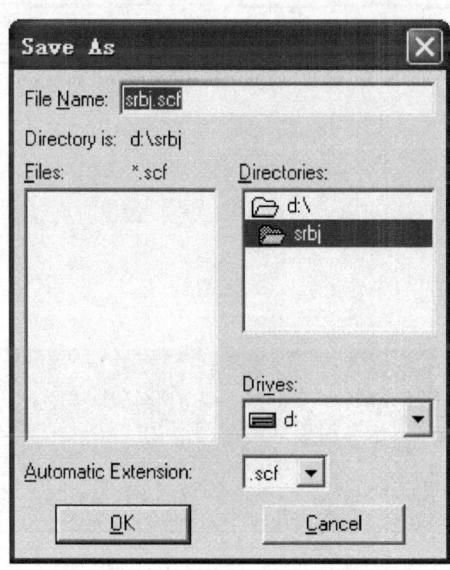

图 B-38　保存文件的对话框

直接单击"OK"按钮，于是开发软件以"srbj.scf"的文件保存了波形图，然后启动仿真程序仿真所设计工程。如无错误则出现如图 B-39 所示对话框。

单击"确定"按钮出现如图 B-40 所示对话框。

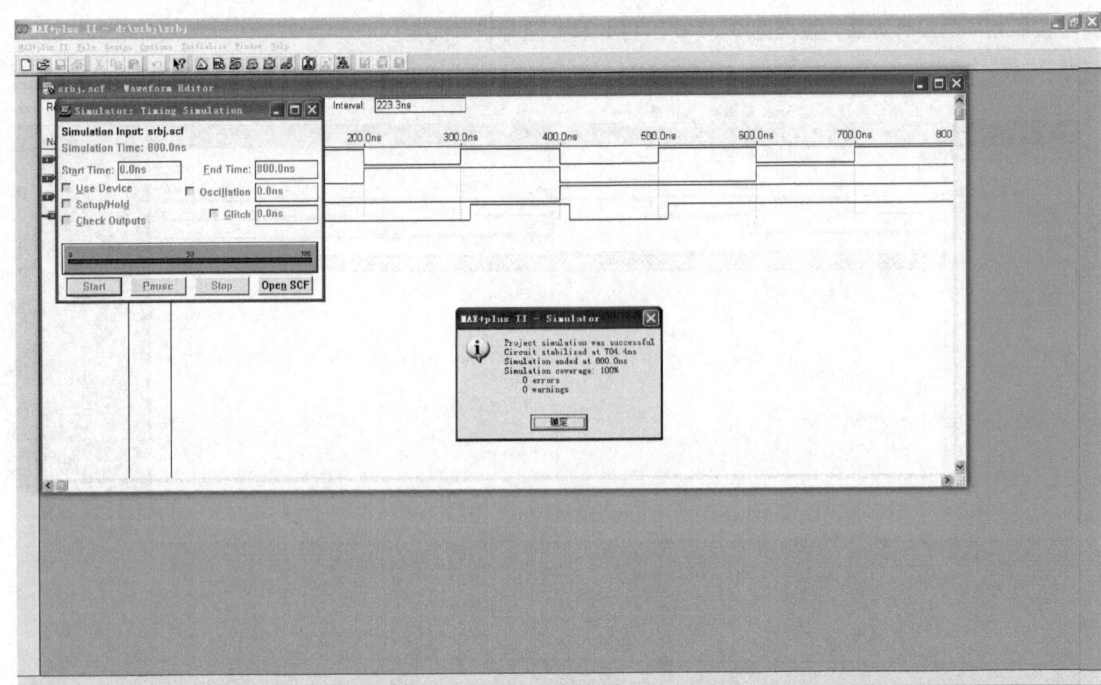

图 B-39 对工程仿真后的软件界面

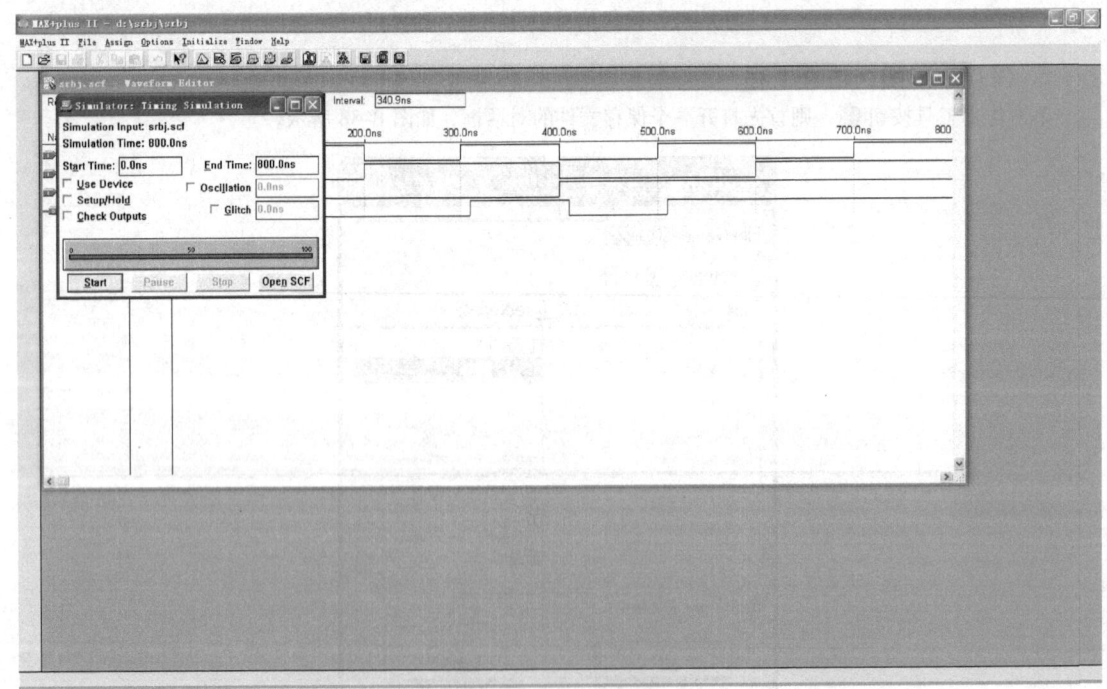

图 B-40 仿真程序界面

单击"Open SCF"按钮就可看到如图 B-41 所示的仿真波形图。

通过仿真波形图可以看出输入信号与输出信号之间的逻辑关系,此时应和之前设计电路时的真值表进行核对。如果有问题,应及时检查录入的逻辑图是否正确。修改之后需要重新编译和仿真,直到没有问题才可继续往下进行。

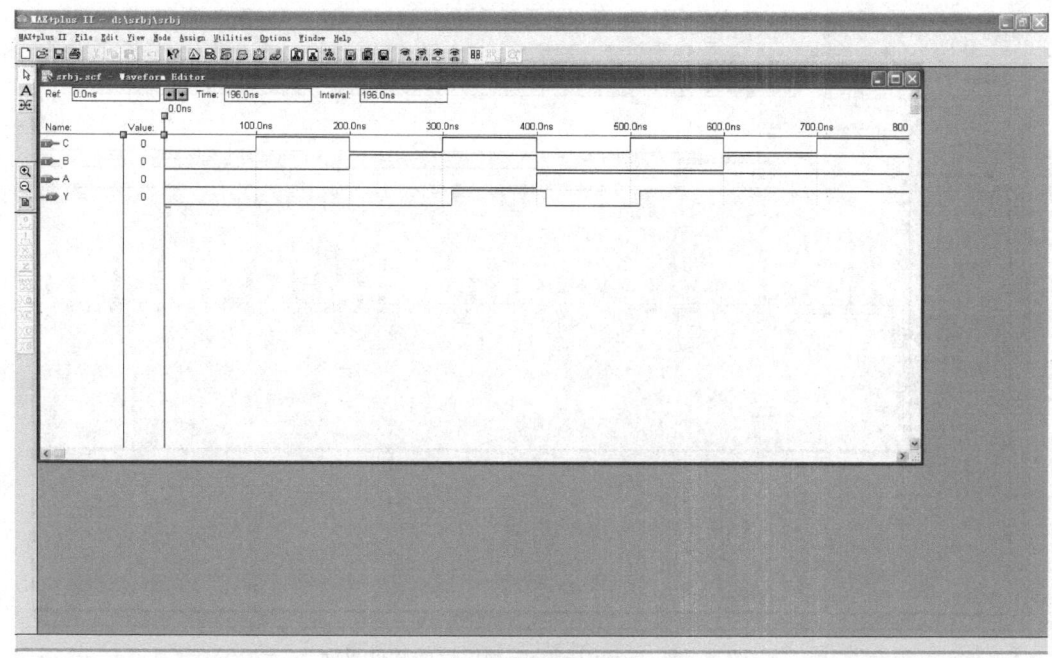

图 B-41 仿真后得到的仿真波形图

B.4 逻辑资源分配及二次编译

为了设计电路最终能够在实验箱上进行实现，需要首先确定设计电路在实验箱上所使用的输入、输出模块以及其接口对应的主芯片引脚号。

1. 启动引脚分配程序

单击引脚分配工具按钮 ，则启动引脚分配程序如图 B-42 所示。

在"Unassigned Nodes & Pins"区域可以看到此设计电路所有未分配过引脚的输入、输出信号名称。若在"Unassigned Nodes & Pins"选项框中没有信号名称，则可单击窗口左侧由上自下的第四个图标 ，将出现还未分配的输入/输出信号名称。接下来便可以对输入、输出引脚进行分配。

2. 分配输入、输出引脚

在本实验中，我们将使用"拨挡开关模块"中的开关 SW1 提供信号 A，开关 SW2 提供信号 B，开关 SW3 提供信号 C；同时，使用"LED 显示模块"中的 D1 灯观测信号 Y。通过查找实验室提供的主芯片与周围资源 I/O 接口对照表，可以得到各外设接口对应的主芯片引脚号。本实验所需各信号对应的外设以及主芯片引脚号的关系表见表 B-1。

表 B-1 各信号对应的外设以及主芯片引脚号的关系表

信号名称	使用外设	主芯片引脚号
A	SW1	29
B	SW2	31
C	SW3	33
Y	D1	16

首先把信号 A 分配到主芯片的 29 号引脚，具体方法如下：
① 通过使用主芯片显示区域的滚动条把主芯片的 29 号引脚显示出来，如图 B-43 所示。
② 把鼠标移至"Unassigned Nodes & Pins"区域单击信号 A 将其选中，如图 B-44 所示。

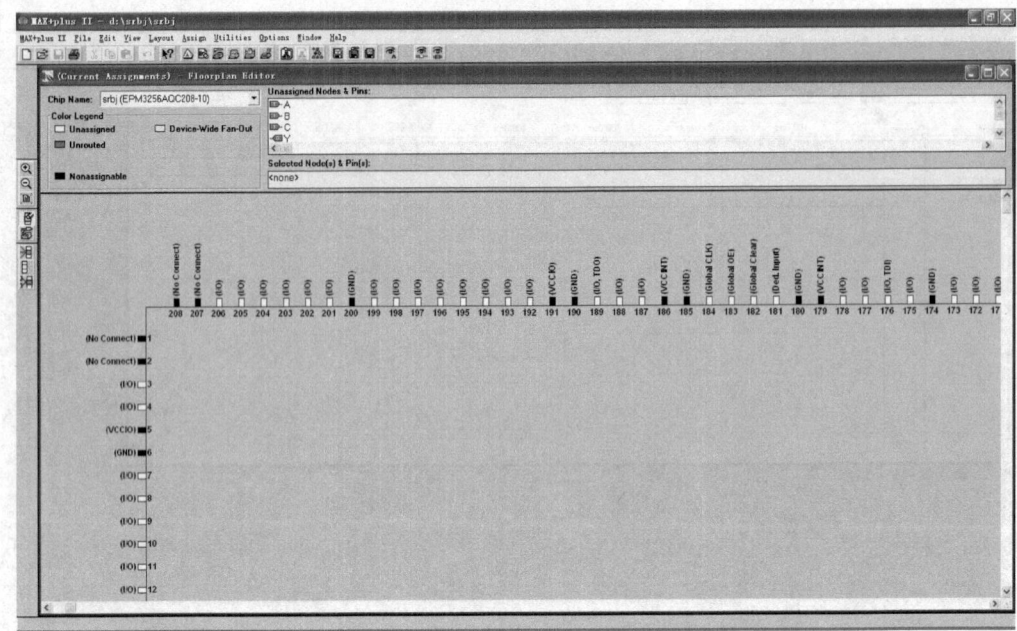

图 B-42　启动引脚分配程序后的软件界面

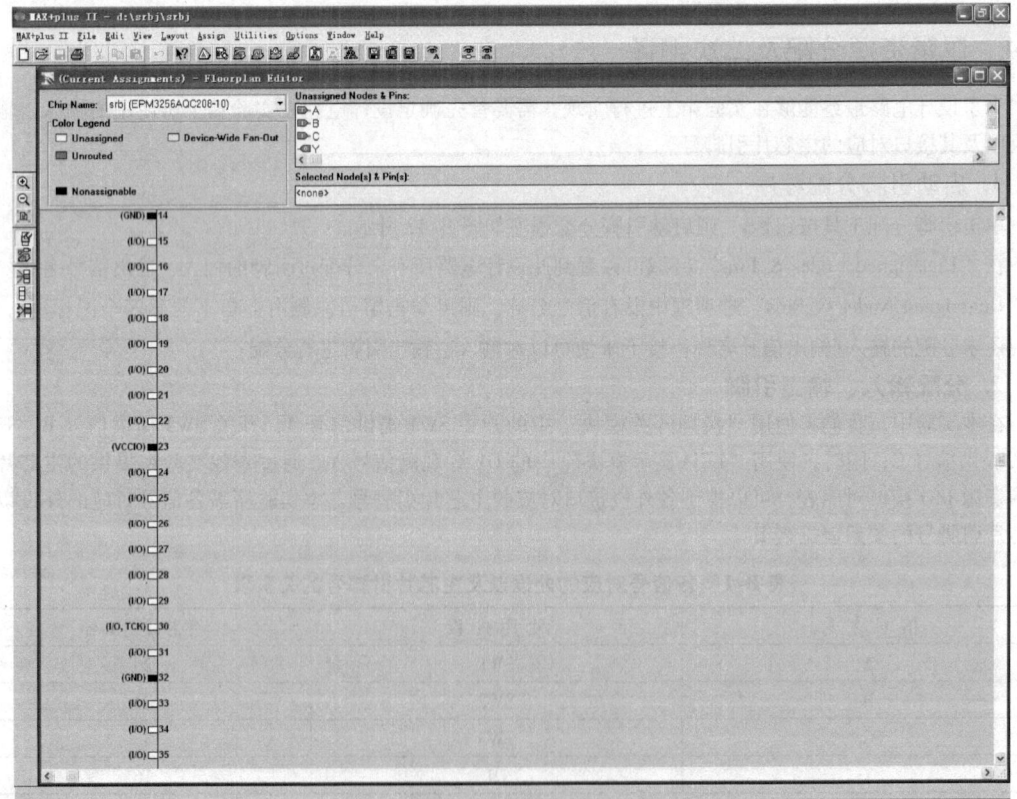

图 B-43　主芯片的 29 号引脚显示出来后的软件界面

③ 在信号 A 旁边的 I 图标上按下鼠标左键并拖动信号到主芯片的 29 号引脚对应的白色方框上松开鼠标，信号 A 即被分配到 29 号引脚。分配好的效果如图 B-45 所示。接下来依次把其余的输入、输出信号按

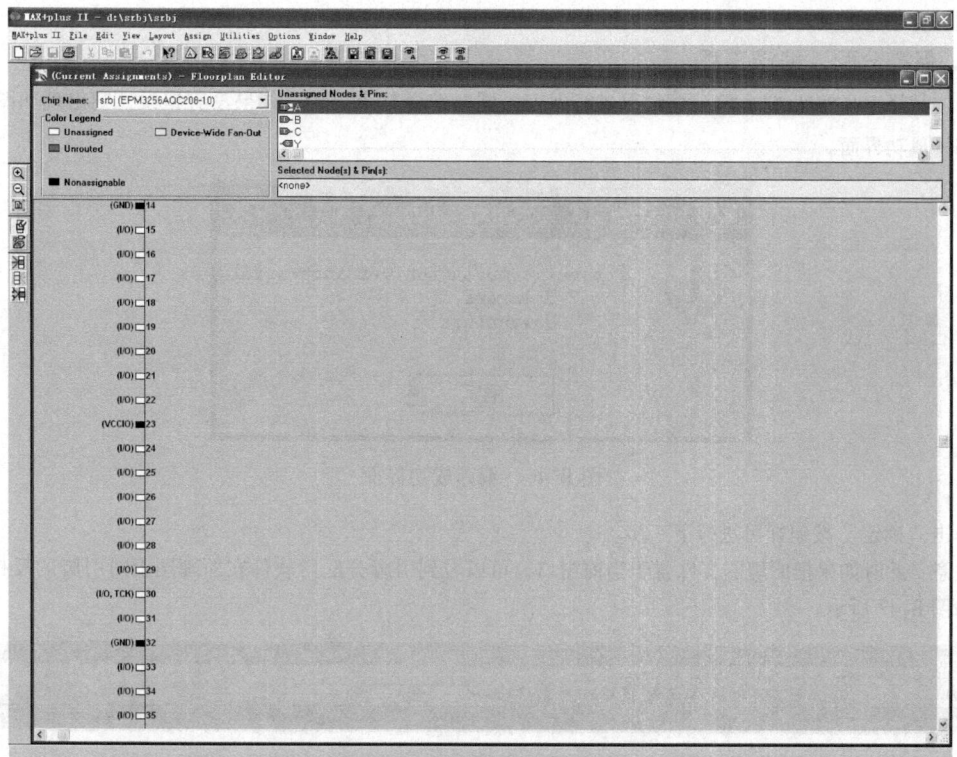

图 B-44 选中信号后的软件界面

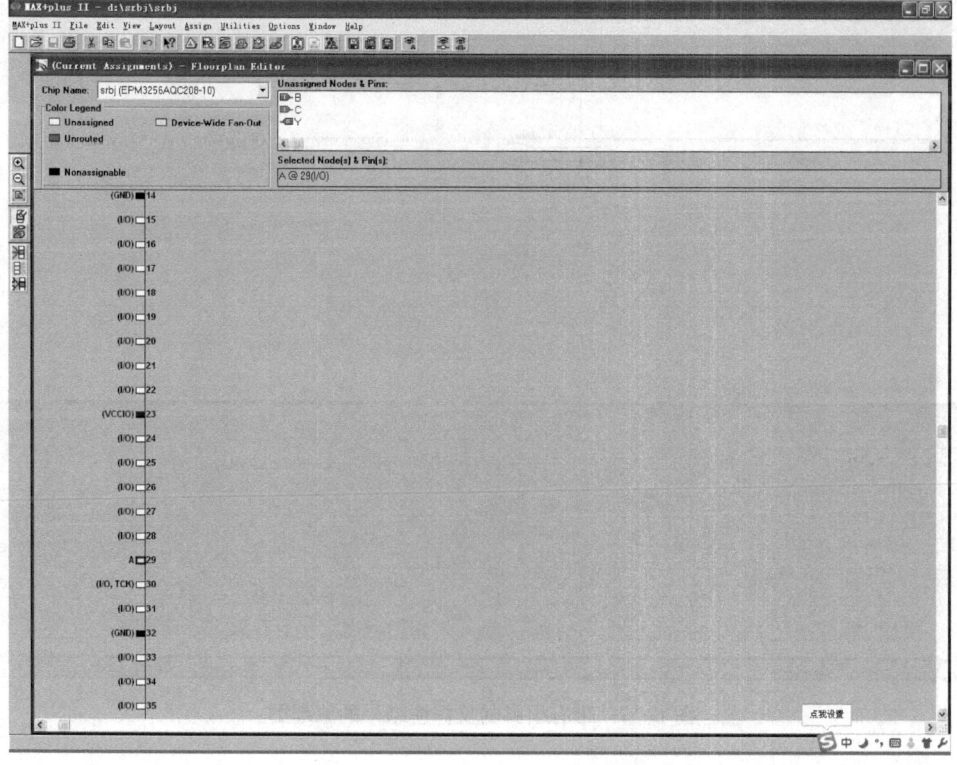

图 B-45 信号 A 分配好后的软件界面

照相同的方法分配到对应的主芯片引脚上。

3. 保存分配、编译工程

单击编译工具按钮 ![图标]，将分配结果进行保存，同时编译整个工程。如果没有错误，则出现如图 B-46 所示编译成功界面。

图 B-46　编译成功界面

单击"确定"按钮即可进行下一步。

注意：此时如果把原理图文件置于当前窗口，可以看到引脚分配后软件在原理图上对引脚的反标注结果，如图 B-47 所示。

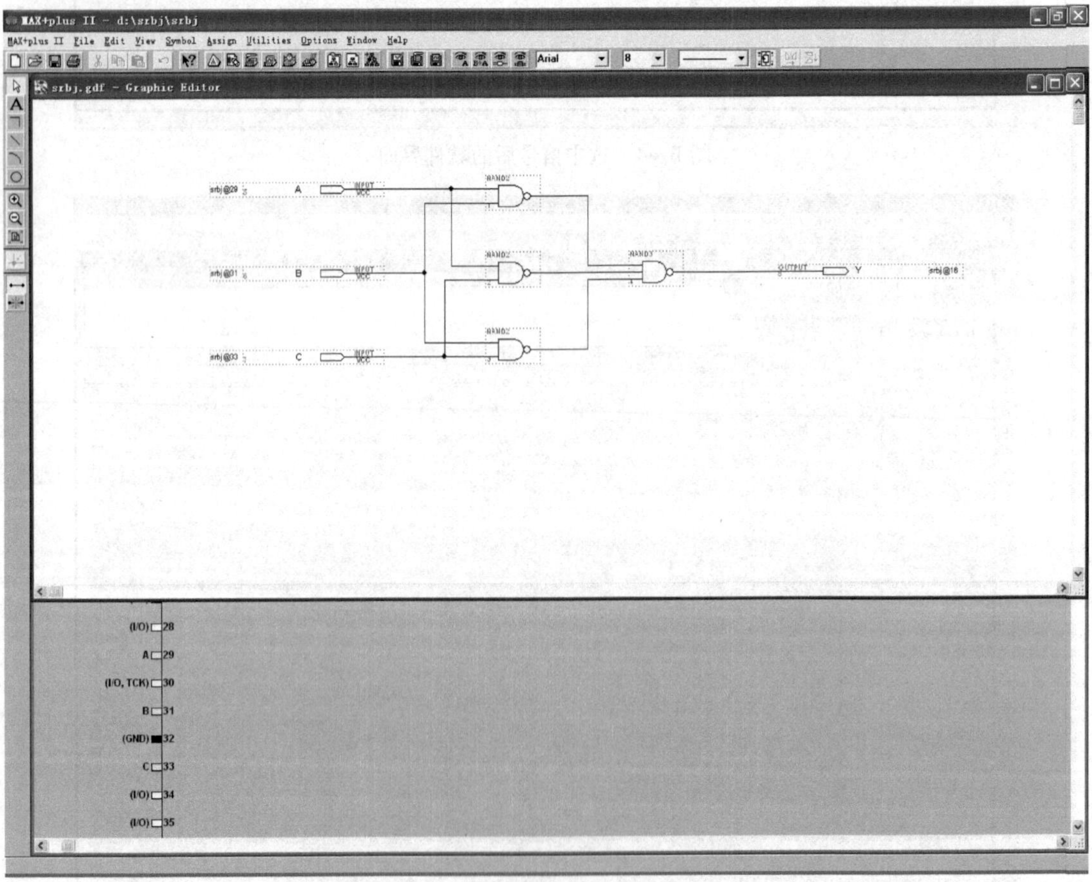

图 B-47　带有引脚的反标注结果的原理图

B.5 器件编程及功能验证

1. 启动下载程序

单击下载工具按钮 ![btn]，则启动下载程序如图 B-48 所示。

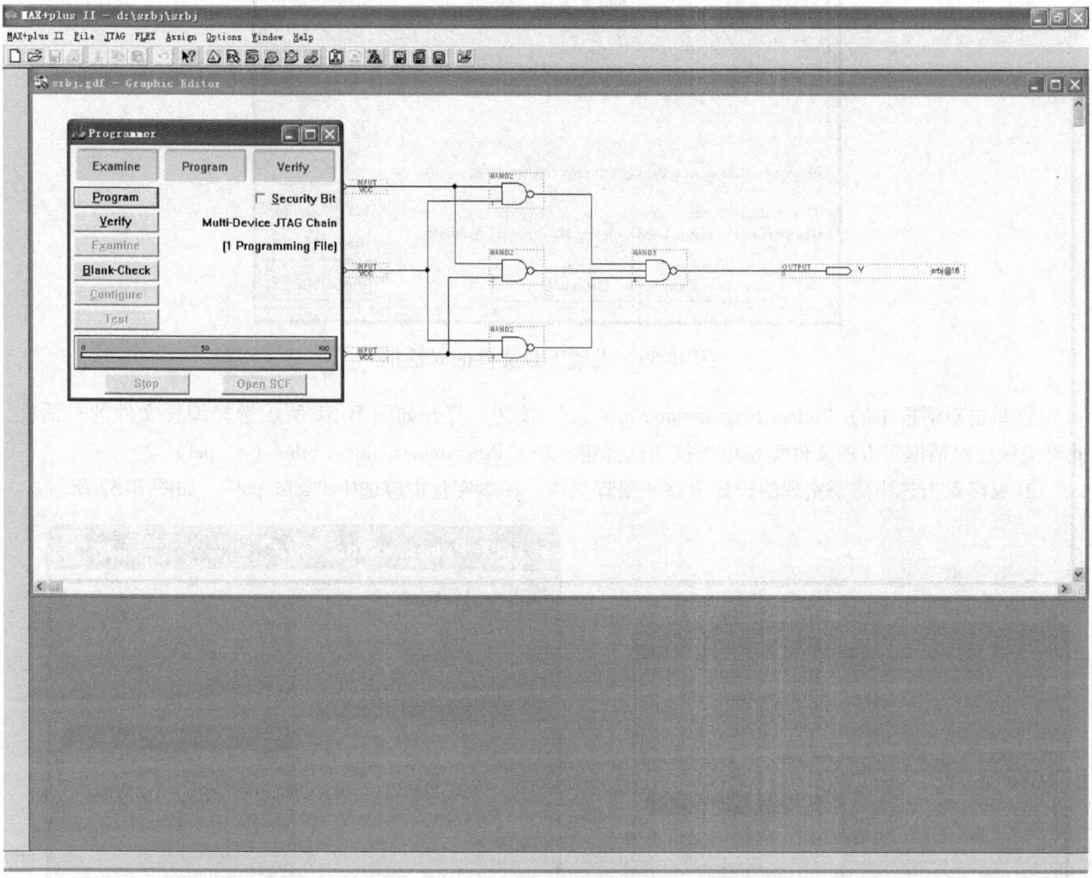

图 B-48 启动下载程序后的软件界面

2. 设定下载文件

如图 B-49 所示用鼠标单击菜单 "JTAG \ Multi – Device JTAG Chain Setup…" 命令，则打开设置下载文件的对话框，如图 B-50 所示。

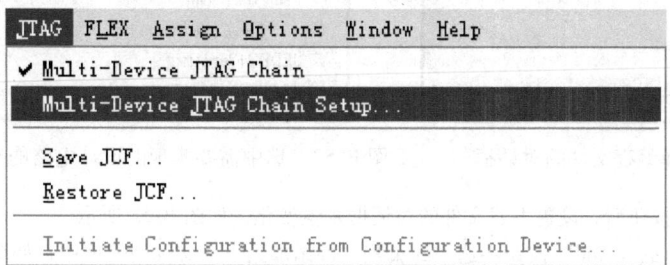

图 B-49 执行设置下载文件菜单命令

在此对话框中需要设置将要在实验箱上进行实现的设计电路所对应的编程文件，方法如下：

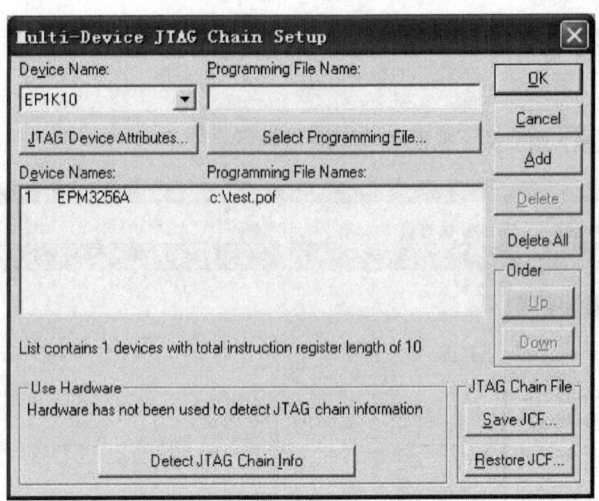

图 B-50 设置下载文件的对话框

① 单击对话框中的"Select Programming File..."按钮,打开如图 B-51 所示选择编程文件的对话框。此时应保证对话框下方的文件类型单选按钮选择第一项"Programmer Object Files(∗.pof)"。

② 鼠标单击选中需要实现的设计电路的编程文件,在本实验中应选中"srbj.pof",如图 B-52 所示。

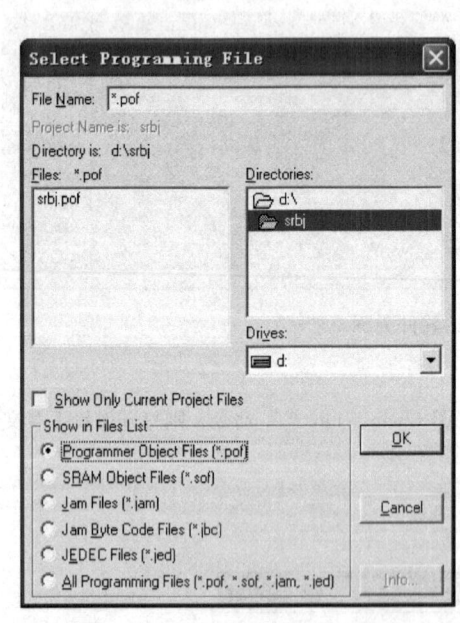

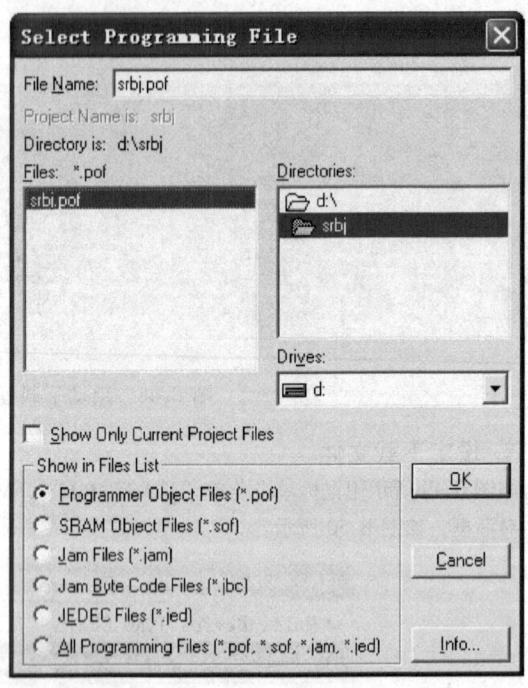

图 B-51 选择编程文件的对话框　　图 B-52 选中需要实现的设计电路的编程文件后的对话框

③ 单击"OK"按钮后,设置下载文件的对话框发生变化,如图 B-53 所示。

④ 单击对话框上的"Add"按钮将选中的编程文件添加到下载文件列表框中,如图 B-54 所示。

⑤ 由于下载程序只允许每次下载一个编程文件,因此需要把以前遗留的编程文件信息从列表框中删除。鼠标单击选中不需要的编程文件,然后单击对话框上的"Delete"按钮即可将其删除,结果如图 B-55 所示。

附　录

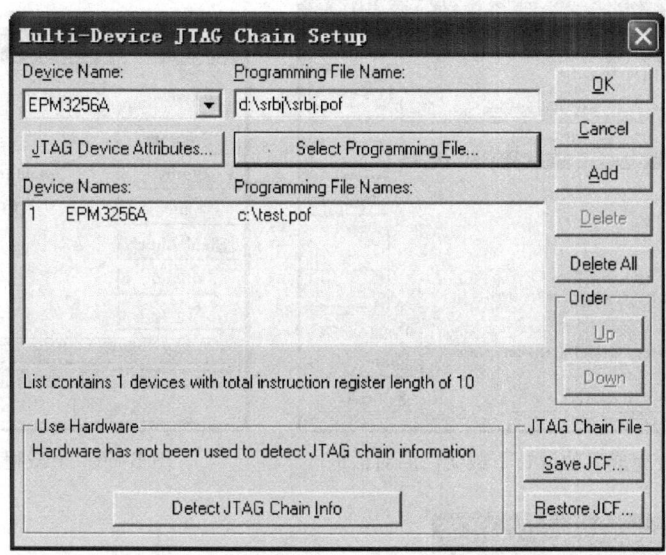

图 B-53　选择编程文件后的设置下载文件的对话框

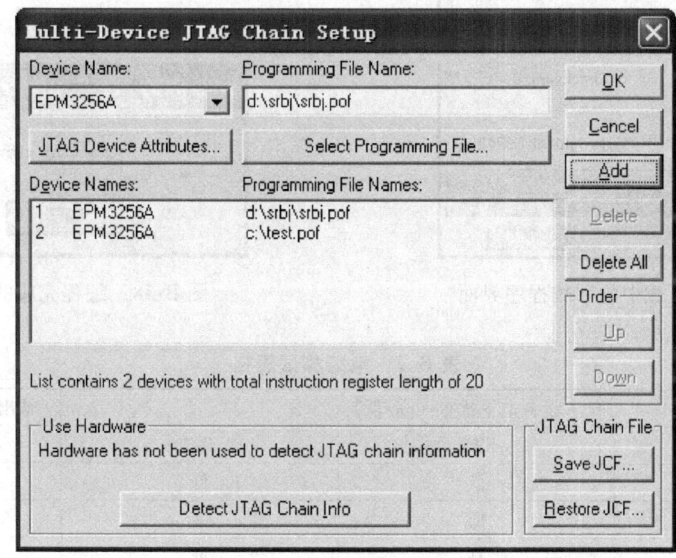

图 B-54　添加编程文件后的设置下载文件的对话框

⑥ 至此，设置已经完成，单击"OK"按钮即可。重新出现如图 B-48 所示的下载程序界面。

3. 下载实现

注意：此时应打开实验箱电源开关，并且保证数据线已经连接正常。

单击如图 B-56 所示下载程序上的"Program"按钮，可以看到程序上的进度条在运行如图 B-57 所示。

最后出现如图 B-58 所示编程完成的对话框，表示下载已经成功，单击"确定"按钮即可。

此时，实验箱上的主芯片已经通过编程实现了所设计电路的功能，接下来通过实际测试来验证电路功能。

4. 电路测试

按照表 B-2 所示电路测试表格，改变开关 SW1、SW2 和 SW3 的各种电平高低状态，观察并记录 D1 灯的亮灭情况。

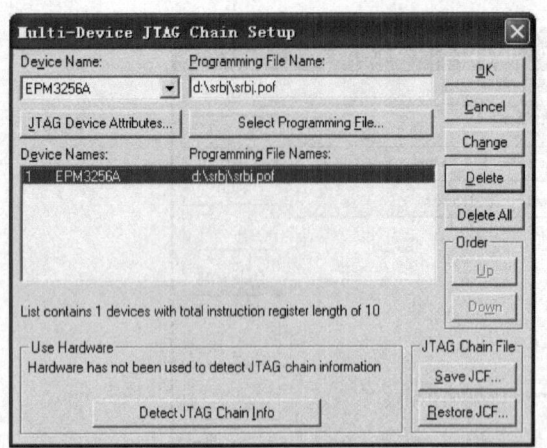
图 B-55 设置完成后的设置下载文件的对话框

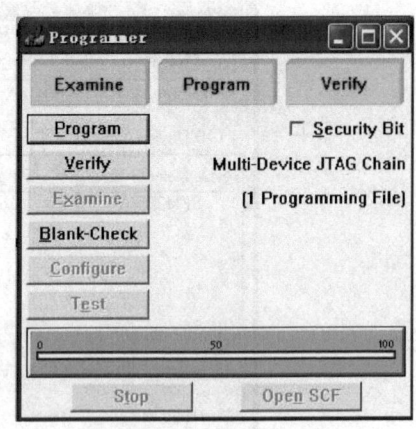
图 B-56 下载程序界面

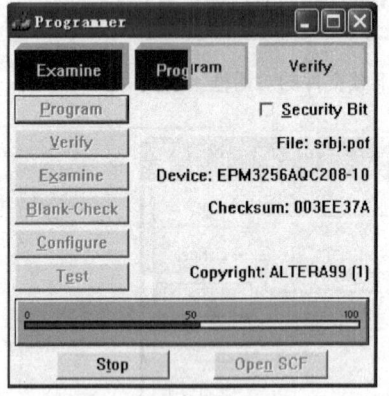
图 B-57 下载中的下载程序界面

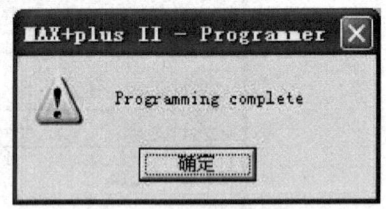
图 B-58 编程完成的对话框

表 B-2 电路测试表格

输入设备电平状态（高/低）			输出设备情况（亮/灭）
SW1	SW2	SW3	D1
低	低	低	
低	低	高	
低	高	低	
低	高	高	
高	低	低	
高	低	高	
高	高	低	
高	高	高	

把测试结果和设计要求进行对照，完全无误则表明功能电路芯片开发成功。

5. 模型生成

如果要把本设计作为一个更大工程的子电路，则可以执行生成模型命令；否则本步骤可省略。如图 B-59 所示用鼠标击菜单"File \ Create Default Symbol"命令（注意：需使电路图文件成为当前文件），然后再如图 B-60 所示用鼠标单击菜单"File \ Edit Symbol"命令则打开如图 B-61 所示窗口。

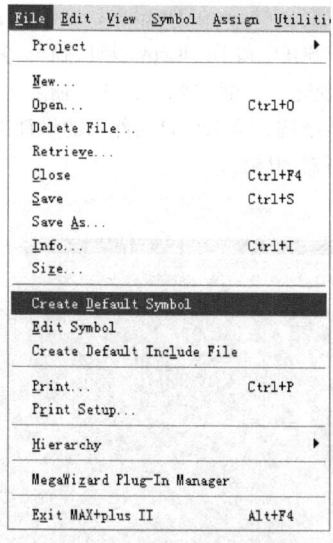
图 B-59　执行生成模型命令

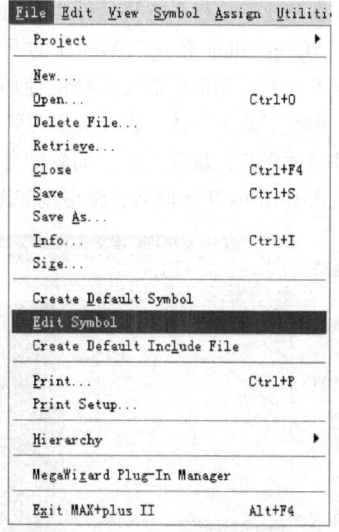
图 B-60　执行编辑模型命令

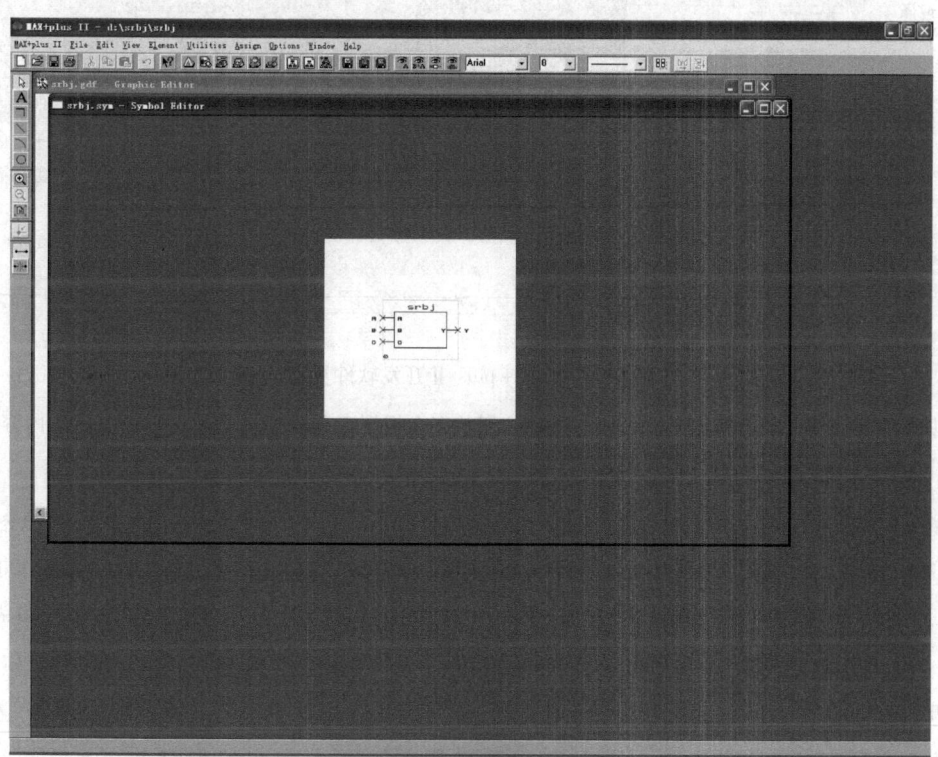
图 B-61　编辑模型窗口

图中显示的即为本设计的最终模型，在此还可以对模型名称和模型内部名称重新编辑。这种模型以后可以直接调用，尤其是在模块化设计时更为重要。

附录 C　Quartus II 软件使用简介

Quartus II 可编程逻辑开发软件是 Altera 公司旗下的第四代 PLD 开发平台，与上一代 PLD 开发平台

MAX+plus Ⅱ相比不仅仅是支持器件类型的丰富和图形界面的改变。Altera在Quartus Ⅱ中包含了许多诸如SignalTap Ⅱ、Chip Editor和RTL Viewer的设计辅助工具,集成了SOPC和HardCopy设计流程,并且继承了MAX+plus Ⅱ友好的图形界面及简便的使用方法。它同样集工程建立,器件调用,图形输入,工程编译,检验仿真与编程下载于一体。设计者不需要精通器件内部的复杂结构,可以用自己熟悉的设计工具(如原理图或硬件描述语言)建立设计,而软件自动将其转换成最终所需的格式。

完全进入Quartus Ⅱ环境后,将出现如图C-1所示界面。

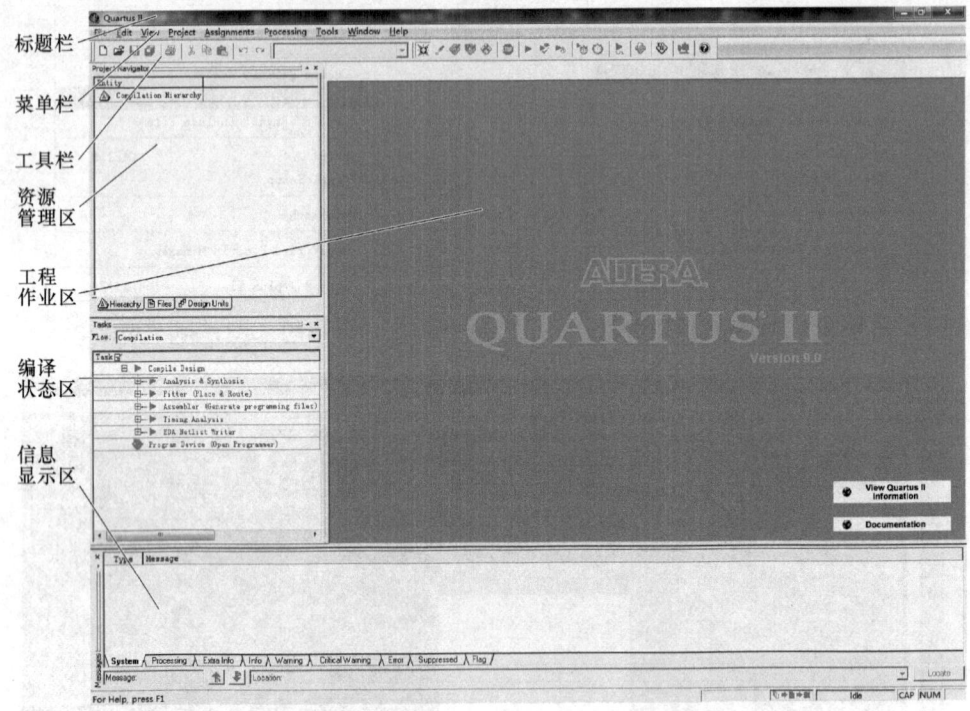

图C-1 MAX+plus Ⅱ开发软件界面

工具栏中各按钮的功能如图C-2所示。这些按钮状态会根据工程开发进度和工程作业区的内容不同而发生改变,有时会出现不可用状态(灰色)。

新建一个Quartus Ⅱ可支持的文件, 打开一个已经存在的Quartus Ⅱ可支持的文件, 保存一个已经打开的Quartus Ⅱ可支持的文件, 保存所有已经打开的Quartus Ⅱ可支持的文件, 打印一个已经打开的Quartus Ⅱ可支持的文件, 剪切一块选定的区域放在剪贴板中, 复制一块选定的区域放在剪贴板中, 把剪贴板中的内容粘贴到指定位置, 撤销上一步的操作, 重做上一步的操作, 打开/关闭资源管理区窗口, 打开Settings窗口, 打开Assignment Editor窗口, 打开Pin Planner窗口, 打开Chip Planner窗口, 停止当前进度, 启动编译进度, 启动分析和综合进度, 启动Classic时序分析器, 启动TimeQuest时序分析器, 启动TimeQuest时序分析器并置前, 启动仿真器, 打开编译报告, 打开编程窗口, 启动SOPC Builder程序, 打开帮助窗口。

图C-2 工具栏各按钮的功能

使用Quartus Ⅱ开发数字电路/系统的过程可以分为以下五步:

1. 工程创建

设置工程的存放位置和名称,设置工程的目标器件。

2. 逻辑设计输入及工程编译

通过图形输入或文本输入的方式将逻辑设计输入工程。其中图形输入法直观、易于学习掌握、便于电路调整，但效率低。文本输入法则设计灵活、功能性强，易于实现复杂的逻辑设计。通过编译完成器件的选择及适配，逻辑的综合及器件的装入，以及延时信息的提取。其目的是为检查逻辑设计输入是否有错，并生成可以进行仿真、定时分析及下载到可编程器件的相关文件，如∗.cnf、∗.rpt、∗.snf、∗.pof、∗.sof 等。

3. 激励设计输入及工程仿真

通过波形输入或文本输入的方式提供逻辑设计的激励信号。其中波形输入法最适合于实现简单的时序和重复的函数。通过仿真来验证一个工程的逻辑功能是否达到设计要求，仿真要求在把工程编程到器件之前进行全面检测，以确保它在各种可能的条件下有正确的响应。

4. 逻辑资源分配及二次编译

设计人员根据硬件设备的结构为工程做器件资源的分配，把逻辑分配给器件引脚和逻辑单元，也就是把输入、输出节点（Nodes）给器件的引脚。然后二次编译通过，确保逻辑资源分配正常。

5. 器件编程及功能验证

用后仿真确认的配置文件经编程电缆配置 PLD，即用编程文件对可编程器件编程。将编程后的器件加入实际激励，进行测试，以检查是否完成预定功能。

以上各步如果出现错误，可随时进行设计修改，重复上述过程直到正确为止。

本附录结合实验 2.2.1 介绍 Quartus II 的具体使用方法。

C.1 工程创建

1. 启动 Quartus II 开发软件

用鼠标双击桌面上的快捷方式图标 ，则启动 Quartus II 开发软件，启动完全后如图 C-3 所示。

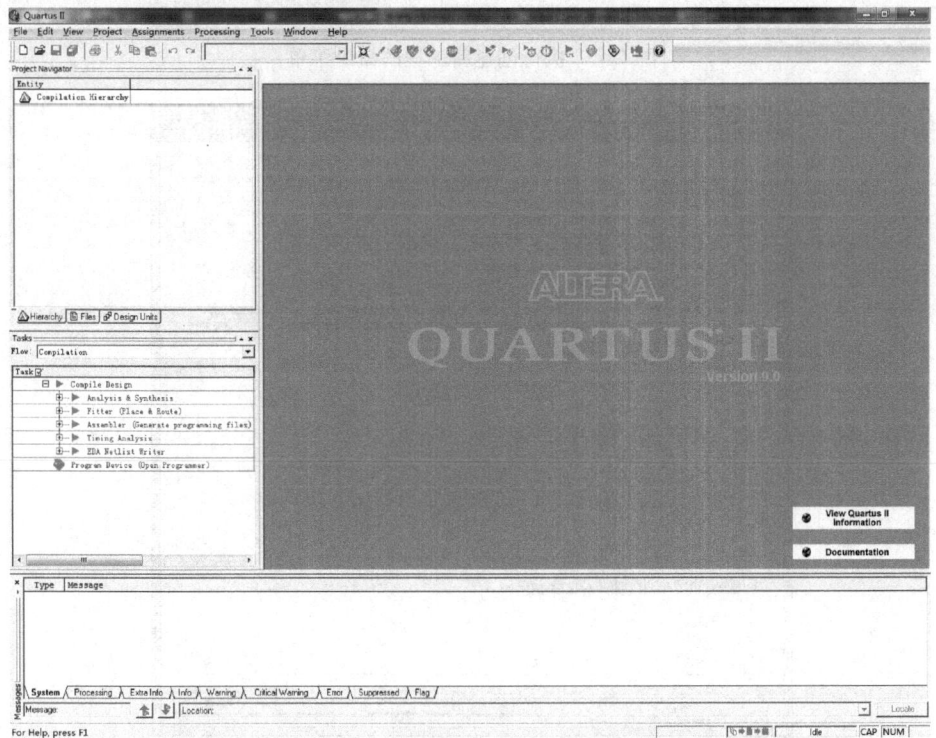

图 C-3 启动完全后的 Quartus II 开发软件界面

2. 创建新工程

如图 C-4 所示用鼠标单击菜单"File \ New Project Wizard..."命令，则打开创建新工程的向导对话框，如图 C-5 所示。

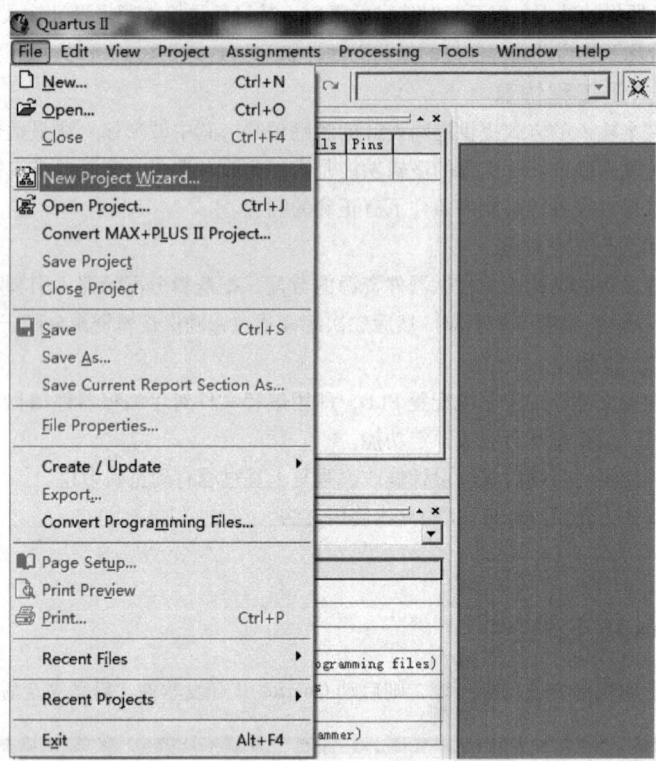

图 C-4　执行创建新工程的命令菜单

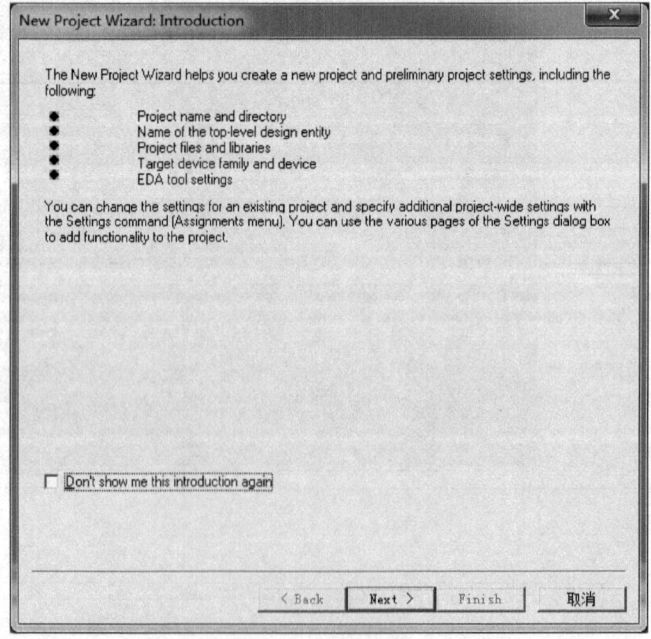

图 C-5　创建新工程的向导对话框

单击"Next"按钮,则出现如图 C-6 所示的工程信息对话框。

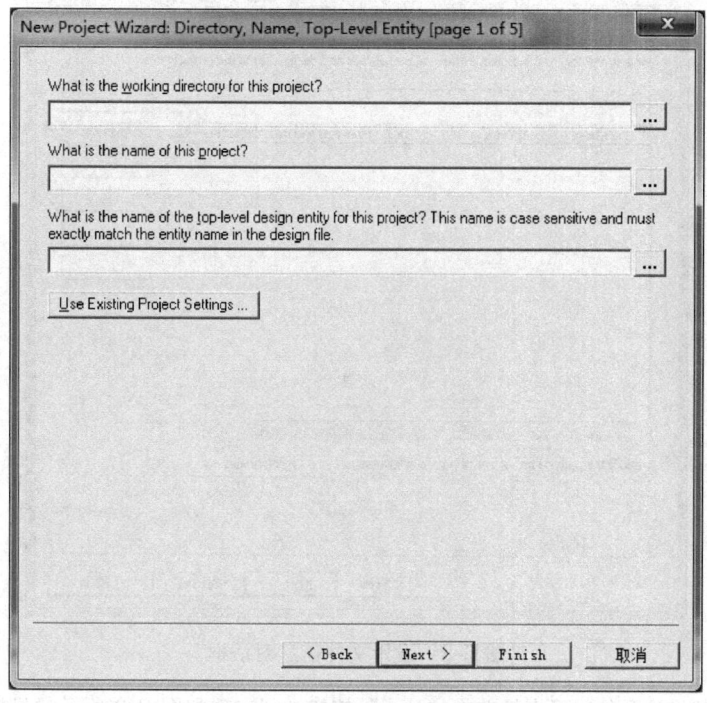

图 C-6 工程信息对话框

按照图 C-7 所示为新工程指定工程信息,然后单击"Next"按钮,则出现如图 C-8 所示的设计文件信息对话框。

图 C-7 指定了工程信息的对话框

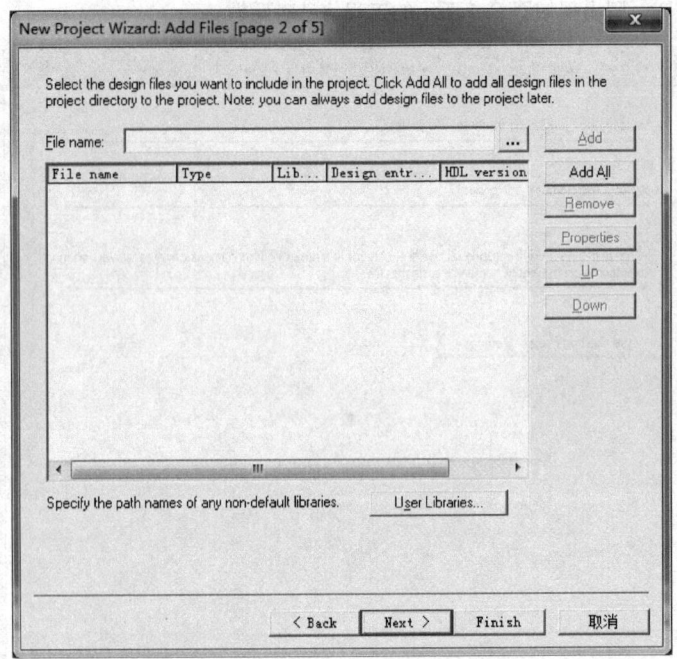

图 C-8　设计文件信息对话框

如果还没有创建设计文件，可直接单击"Next"按钮，则出现如图 C-9 所示的目标器件设置信息对话框。

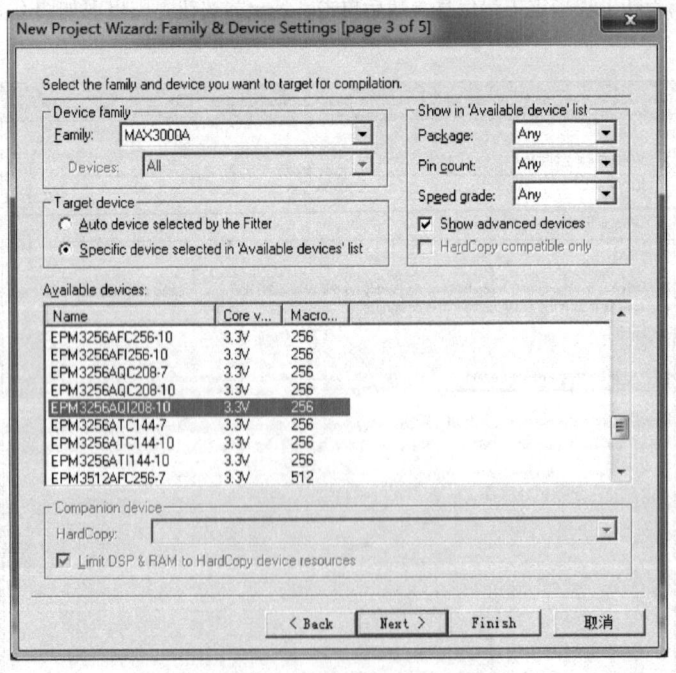

图 C-9　目标器件设置信息对话框

按照图 C-9 中的选择设置目标器件，然后单击"Next"按钮，则出现如图 C-10 所示的 EDA 工具信息对话框。

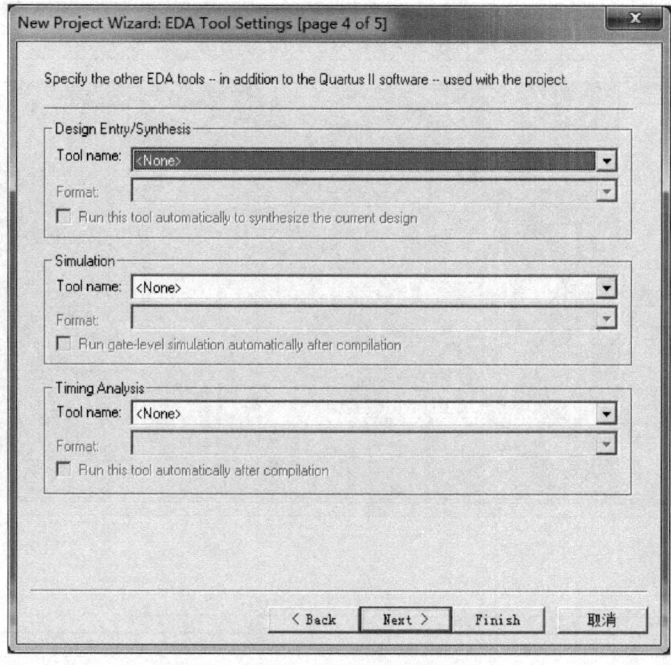

图 C-10　EDA 工具信息对话框

如果不需要设置 EDA 工具，可直接单击"Next"按钮，则出现如图 C-11 所示的工程信息汇总对话框。

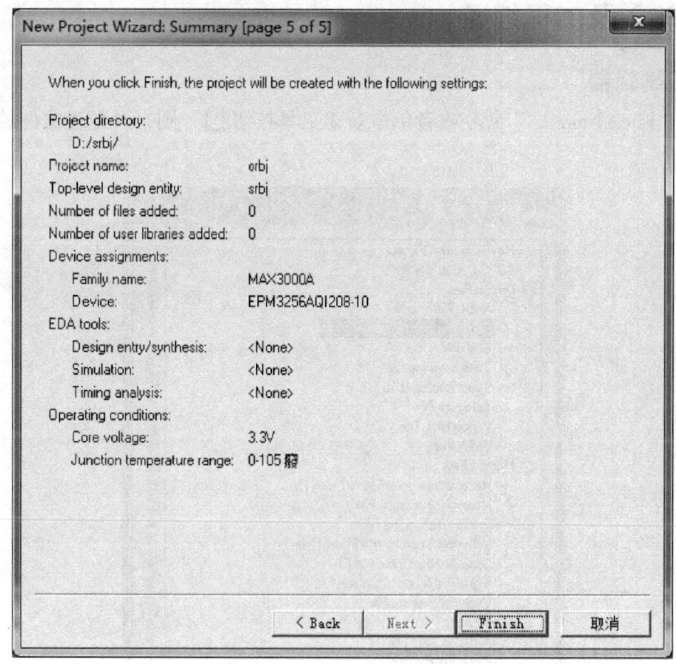

图 C-11　工程信息汇总对话框

单击"Finish"按钮，则完成了工程创建。创建工程后的 Quartus II 开发软件界面如图 C-12 所示。

可以看到，在 Quartus II 开发软件的标题栏出现了该工程的路径和名称，在资源管理区出现了目标器件和顶层实体名称。

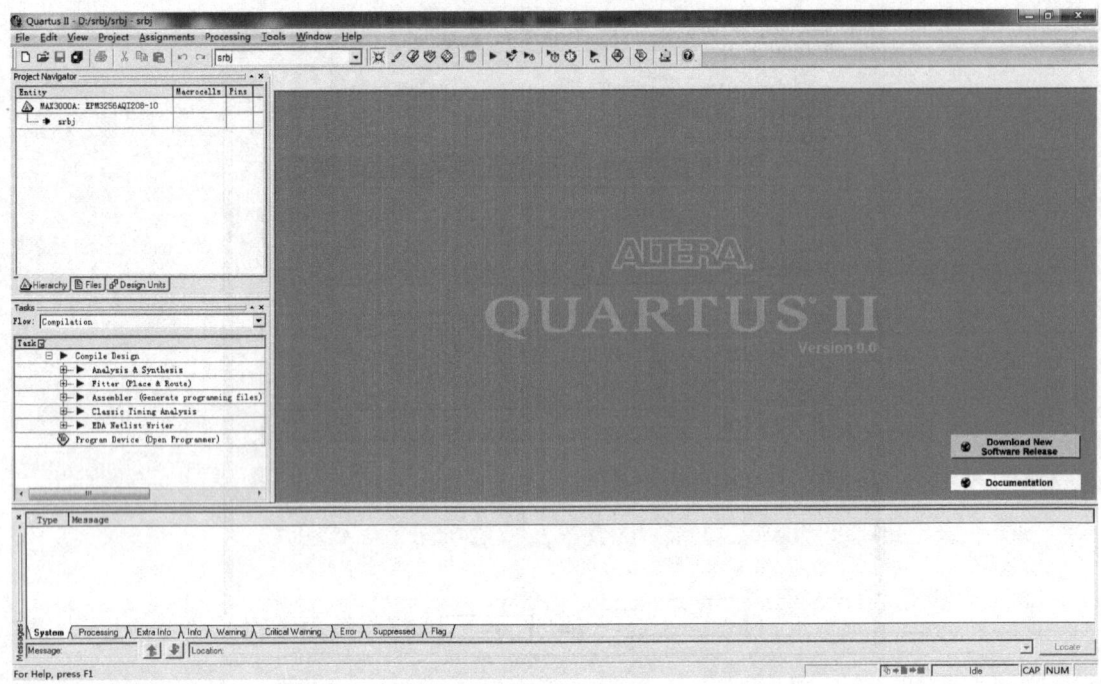

图 C-12　创建工程后的 Quartus II 开发软件界面

C.2　逻辑设计输入及工程编译

1. 启动电路图编辑器

用鼠标单击菜单"File \ New…"命令或者单击新建工具按钮 ▯，则打开新建文件的对话框，如图 C-13 所示。

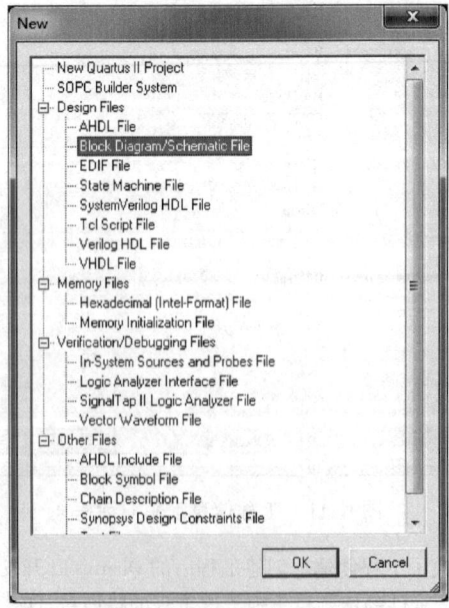

图 C-13　新建文件的对话框

按照图 C-13 所示选中选项"Block Diagram/Schematic File",然后单击"OK"按钮。于是就新建了一个空的电路图文件,如图 C-14 所示。

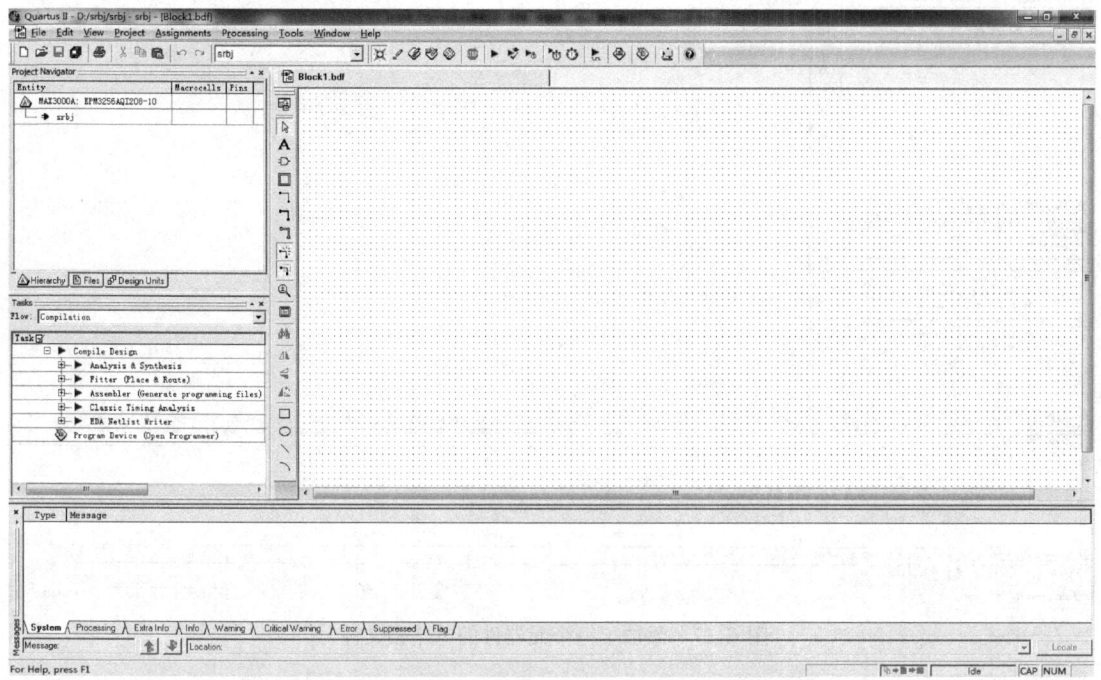

图 C-14 新建了一个空的电路图文件后的界面

2. 元器件的添加与摆放(电路图布局)

双击电路图文件的空白处,打开添加元器件模型的对话框,如图 C-15 所示。

依次双击元器件模型库的目录树节点"c:/altera/90/quartus/libraries"、"primitivers"、"logic",按照图 C-16 所示在模型文件中找到所需要的元器件名称(2 输入与非门 nand2)并选中,单击"OK"按钮。鼠标上就会跟随一个 nand2 模型。

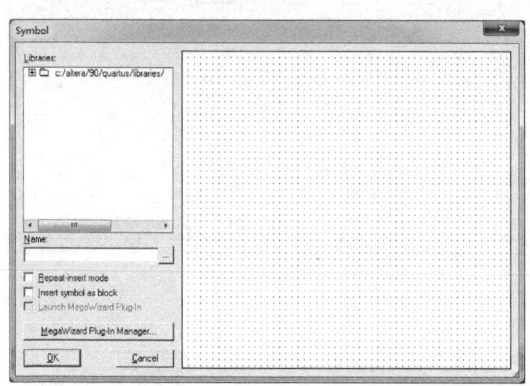

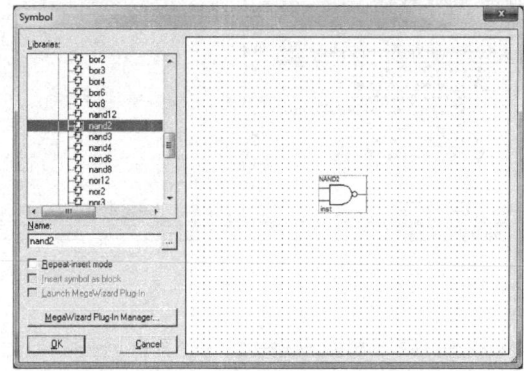

图 C-15 添加元器件模型的对话框　　　　图 C-16 选中元器件模型的对话框

在电路图上的空白处单击就可以在电路图文件中添加一个元器件,如图 C-17 所示。

按照相同的操作方法和步骤,把电路逻辑图中所需要的其余元器件(3 输入与非门 nand3、输入端口 input、输出端口 output)——添加到电路图文件中并摆放合理,如图 C-18 所示。

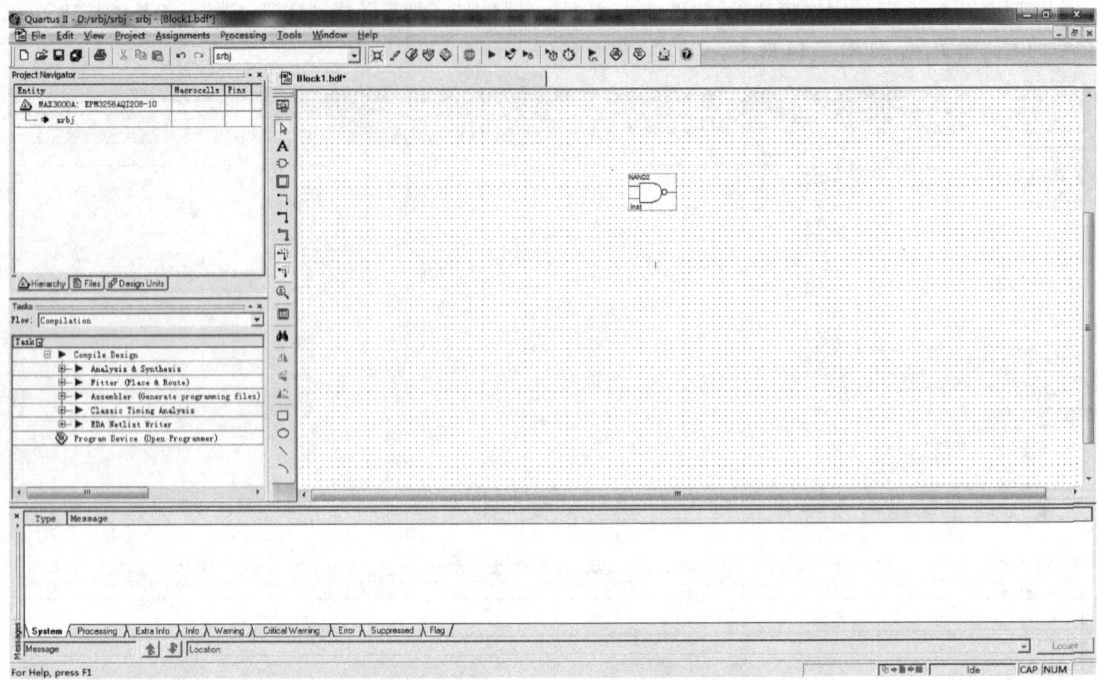

图 C-17　添加了一个元器件的电路图文件

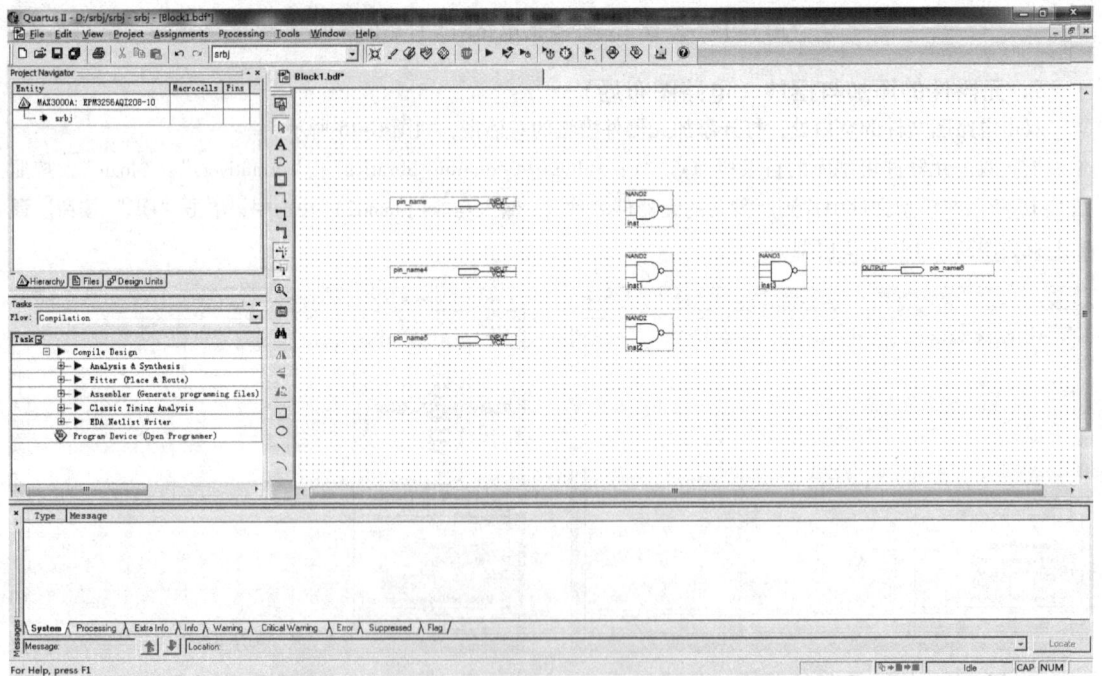

图 C-18　添加完所有元器件并摆放合理后的电路图文件

3. 元器件之间的连线（电路图布线）

将鼠标移到某一元器件的连接点，待鼠标形状变成"十字形"后按下左键并拖动到此连线与下一元器件的连接点松开即可连好一条导线，如图 C-19 所示。

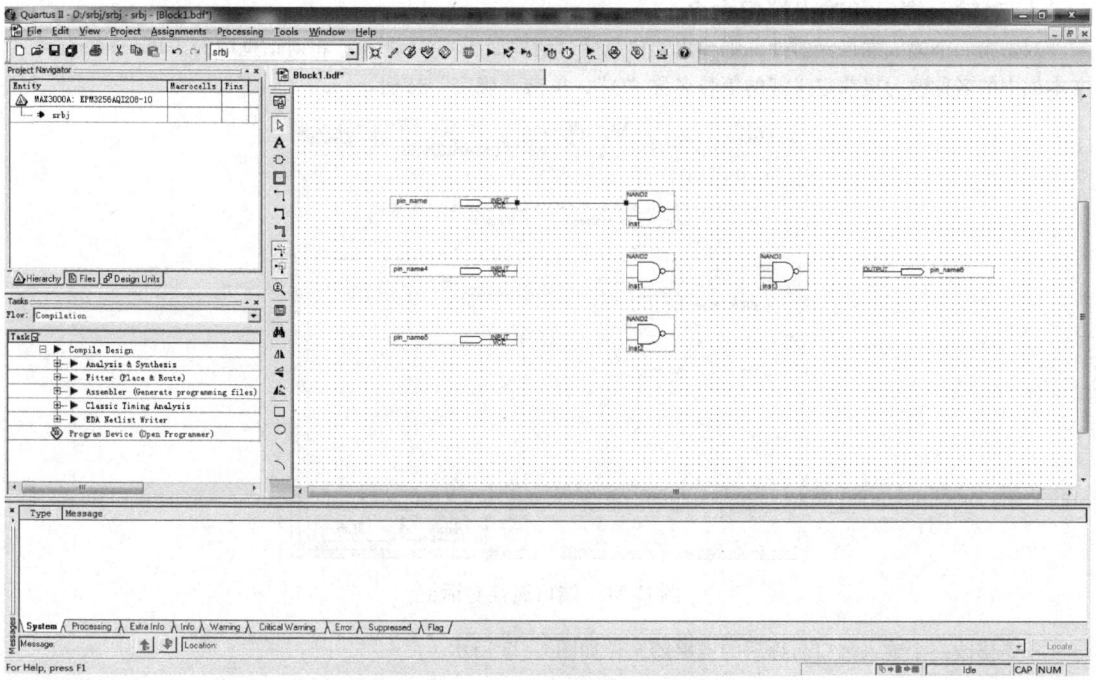

图 C-19　连好一条导线后的电路图

按照相同的操作方法和步骤，把电路逻辑图中所需要的其余导线添加到电路图文件中并摆放合理，如图 C-20 所示。

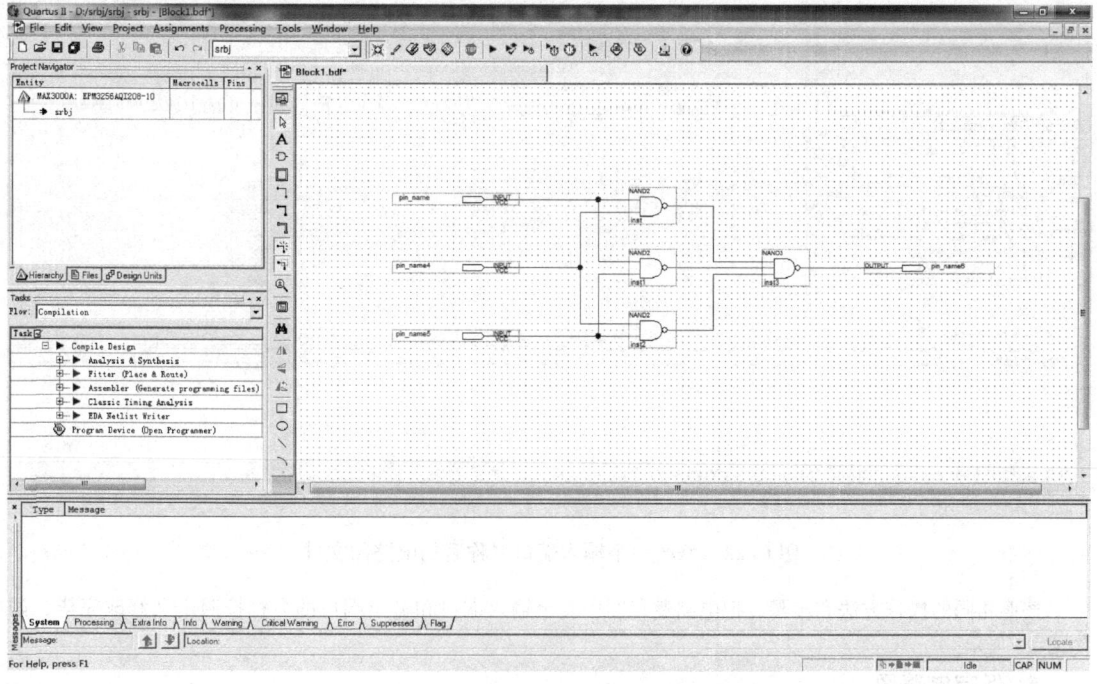

图 C-20　添加完所有导线并摆放合理后的电路图文件

4. 对输入端口和输出端口命名

双击第一个输入端口元器件,则弹出端口属性对话框如图 C-21 所示,将对话框中的"Pin name(s):"文本框中的名称改为提前定义好的信号名称"A",单击"确定"按钮。

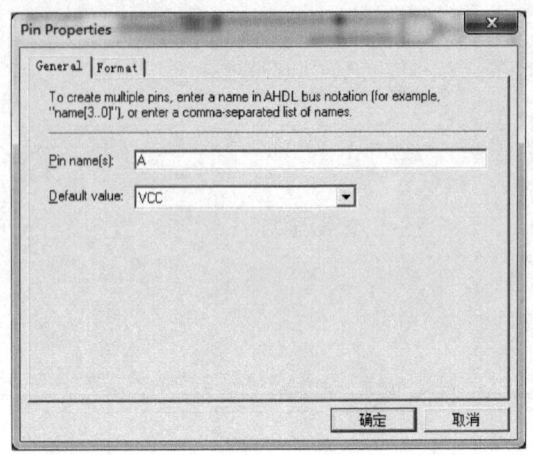

图 C-21 端口属性对话框

于是修改一个输入端口名称后的电路图文件如图 C-22 所示。

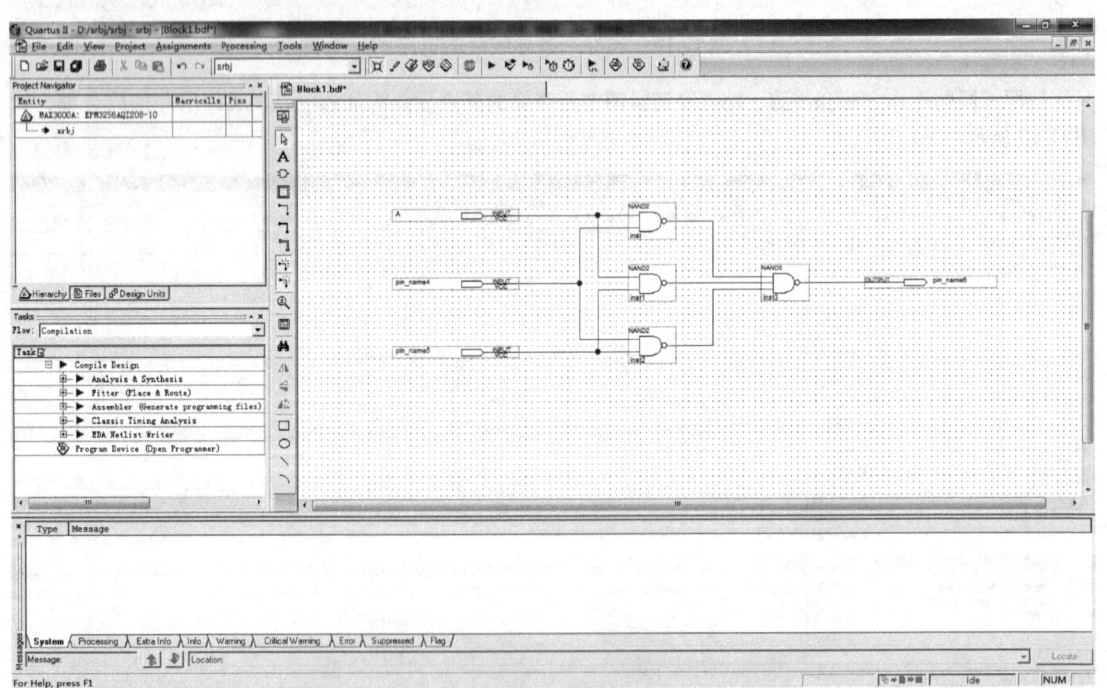

图 C-22 修改一个输入端口名称后的电路图文件

按照相同的操作方法和步骤,把电路逻辑图中其余输入端口和输出端口的名称按照定义修改完毕,如图 C-23 所示。

5. 保存电路图

单击保存工具按钮 ■,则打开保存文件的对话框,如图 C-24 所示。

直接单击"保存(S)"按钮,于是开发软件以"srbj.bdf"的文件名称保存了电路图,并将该文件添

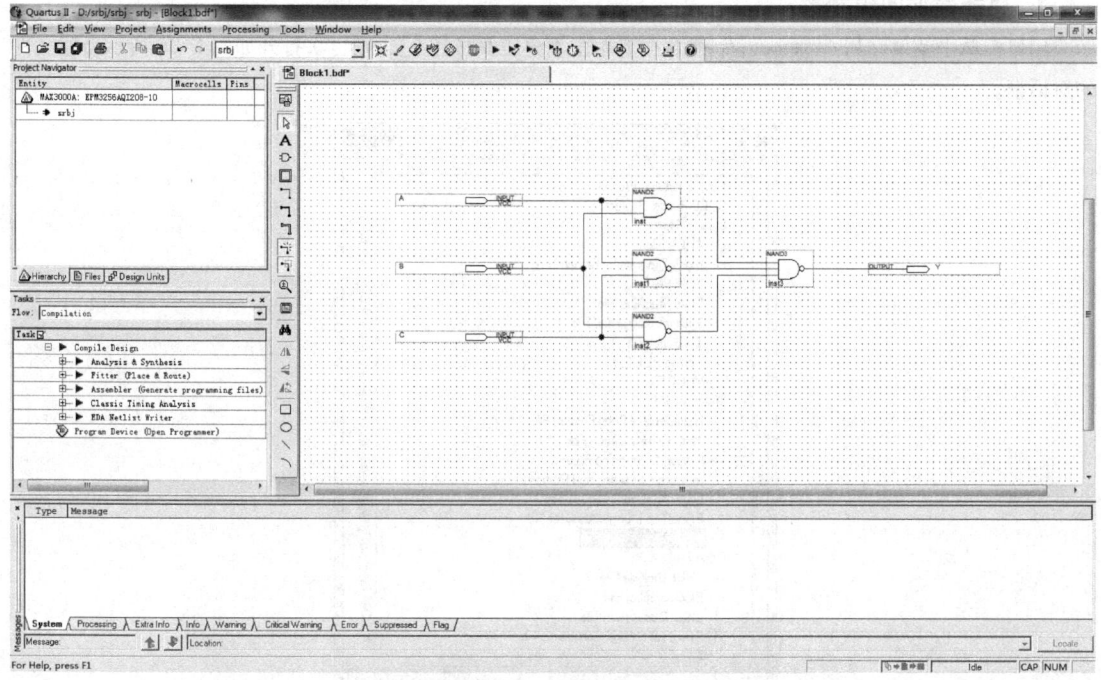

图 C-23　修改完所有输入端口和输出端口名称后的电路图文件

加到工程中。

6. 编译工程

单击编译工具按钮 ▶，则开发软件启动编译程序编译所设计工程，该进度需要一定的时间。如无错误则出现如图 C-25 所示对话框。

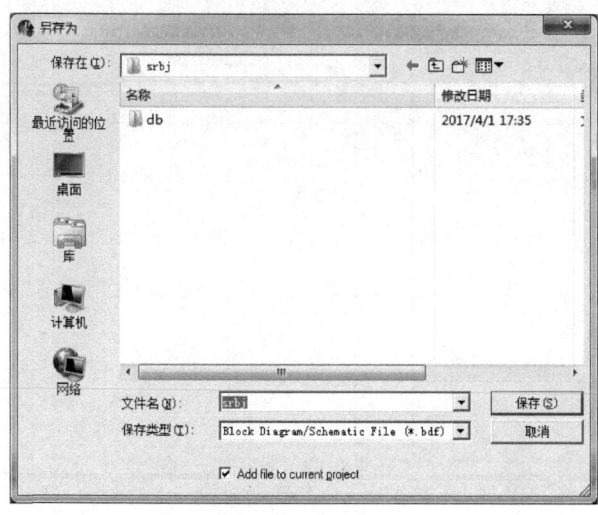

图 C-24　保存文件的对话框

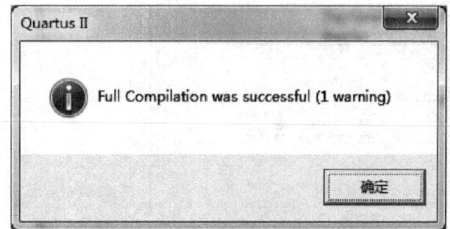

图 C-25　对工程成功编译后的对话框

单击"确定"按钮即可。

C.3　激励设计输入及工程仿真

通过编译后就可以进行电路功能的仿真，具体做法如下：

1. 启动波形图编辑器

用鼠标单击菜单"File \ New..."命令或者单击新建工具按钮□，则再次打开如图 C-26 所示新建文件的对话框。

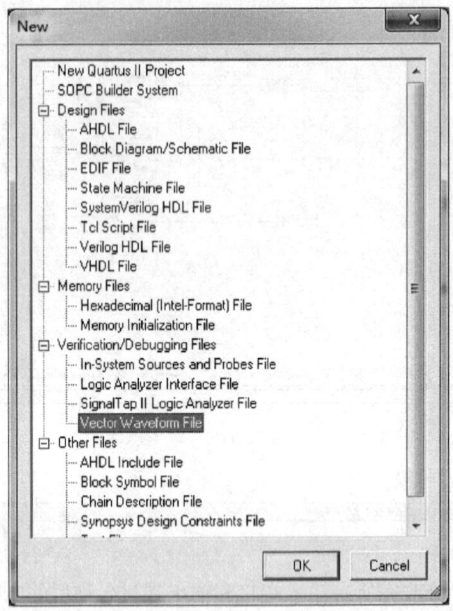

图 C-26　新建波形图文件的对话框

按照如图 C-26 所示选中选项"Vector Waveform File"，然后单击"OK"按钮。于是就新建了一个空的波形图文件，如图 C-27 所示。

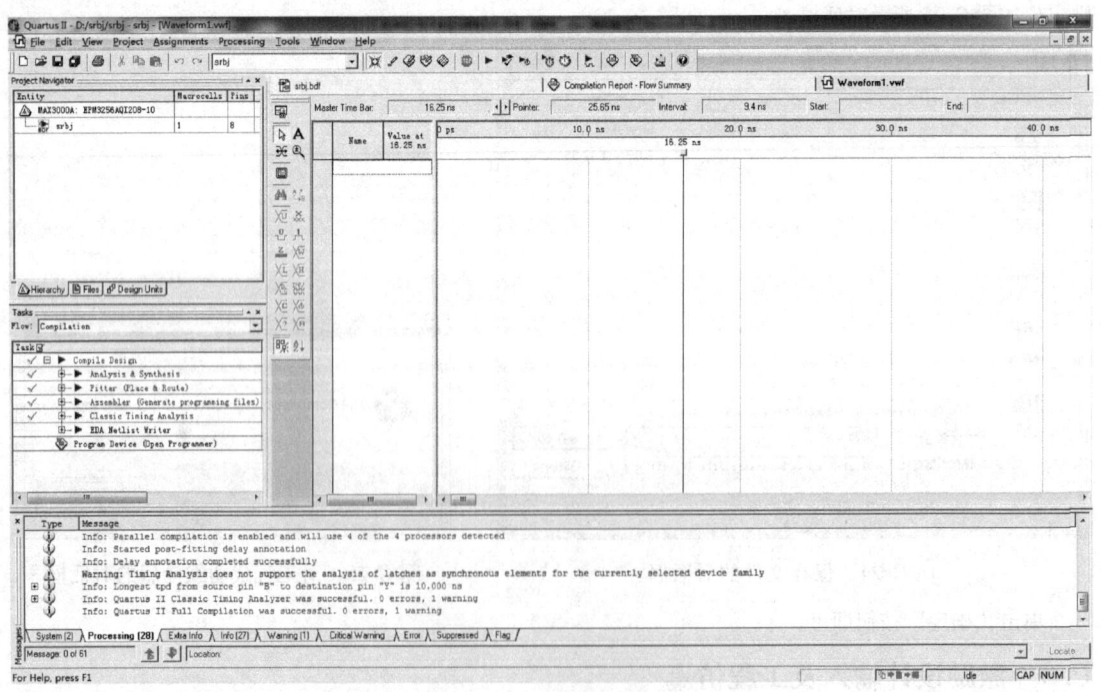

图 C-27　新建了一个空的波形图文件后的界面

2. 待仿真信号的添加与调整

如图 C-28 所示用鼠标单击菜单 "Edit \ Insert \ Insert Nodes or Bus..." 命令，则打开添加仿真信号节点的对话框，如图 C-29 所示。

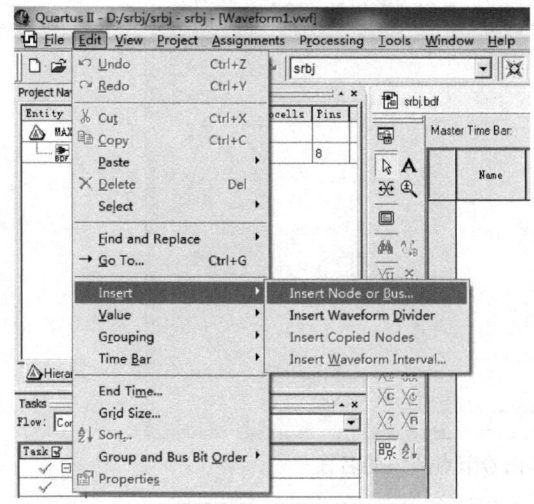

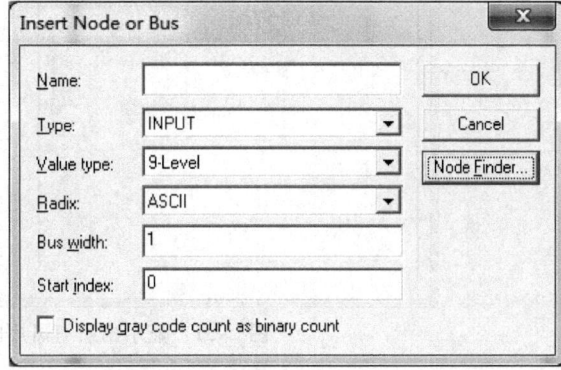

图 C-28　执行添加仿真信号节点的命令菜单　　　图 C-29　添加仿真信号节点的对话框

单击图 C-29 中的 "Node Finder..." 按钮，则打开节点查找对话框如图 C-30 所示。

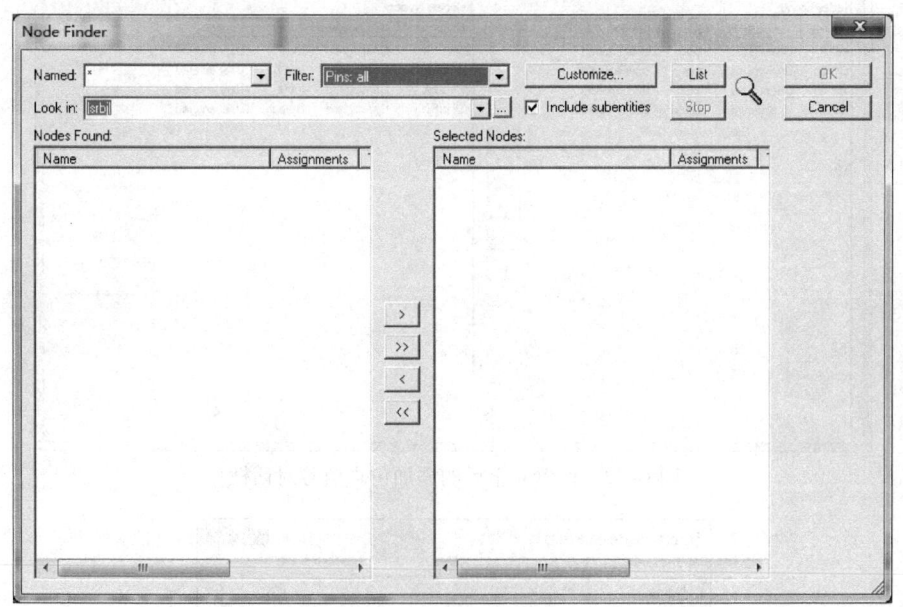

图 C-30　节点查找对话框

如图 C-30 所示将 "Filter" 下拉列表中的选项设置为 "Pins：all"，然后单击对话框上的 "List" 按钮，则在对话框的左侧显示出所有可用的信号节点或组的名称，如图 C-31 所示。

在左侧选择将要仿真的信号名称，单击 " > " 按钮将其添加到右侧的区域中，按照图 C-32 所示将此对话框设置完全。

单击 "OK" 按钮，则出现选择好待仿真信号节点的对话框如图 C-33 所示。

单击 "OK" 按钮，则出现仿真波形图文件如图 C-34 所示。

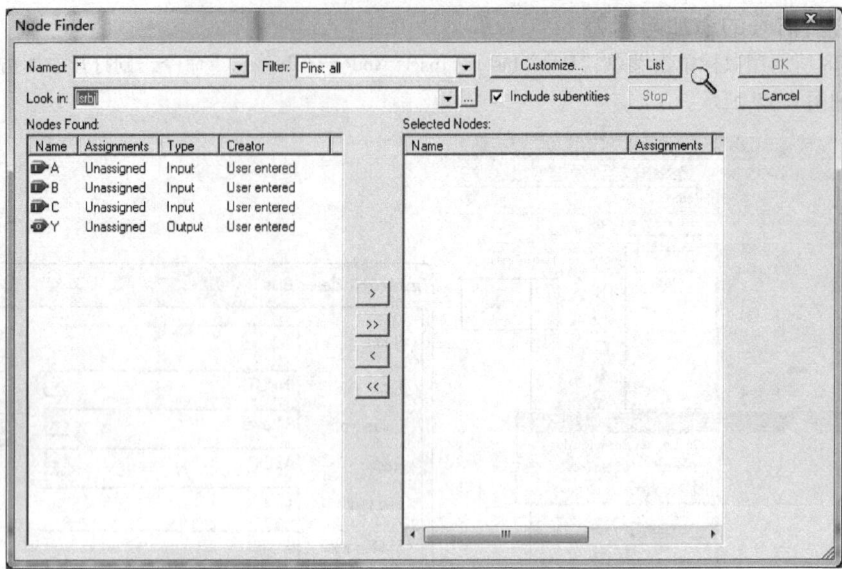

图 C-31 显示出所有可用的信号节点或组的名称

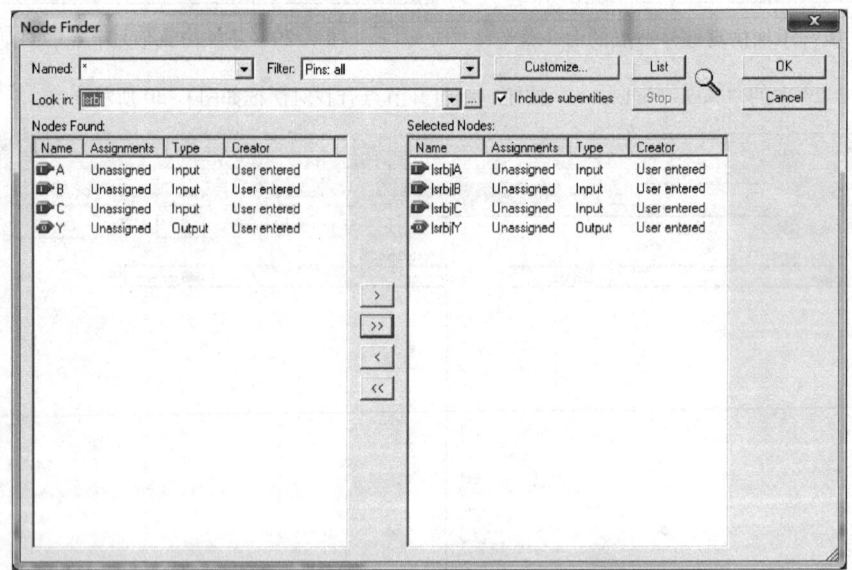

图 C-32 设置完全后的添加仿真信号对话框

图 C-33 选择好待仿真信号节点的对话框

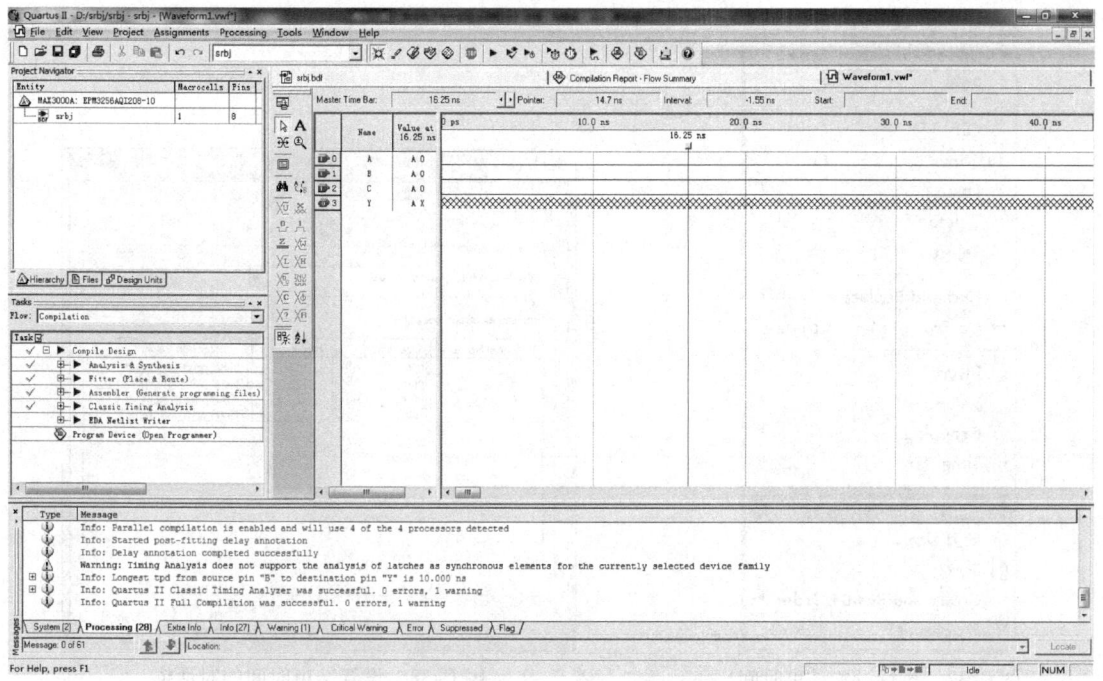

图 C-34　添加完仿真信号后的仿真波形图文件

3. 仿真环境的设置

如图 C-35 所示用鼠标单击菜单"Edit \ Grid Size…"命令，则打开设置栅格尺寸的对话框，如图 C-36 所示。

按照图 C-36 所示参数设置好栅格尺寸，单击"OK"按钮。

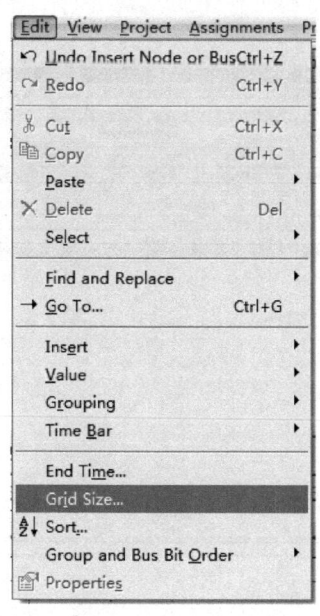
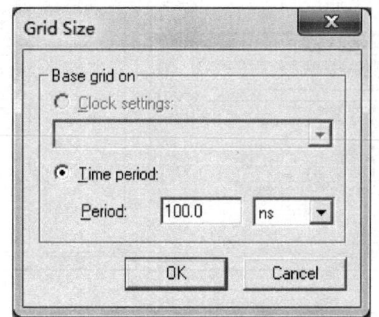

图 C-35　执行设置栅格尺寸菜单命令　　　　图 C-36　设置栅格尺寸的对话框

如图 C-37 所示用鼠标单击菜单"Edit \ End Time…"命令，则打开设置结束时间的对话框，如图 C-38 所示。

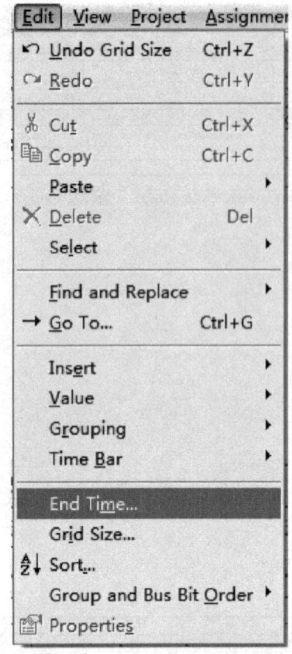

图 C-37 执行设置结束时间

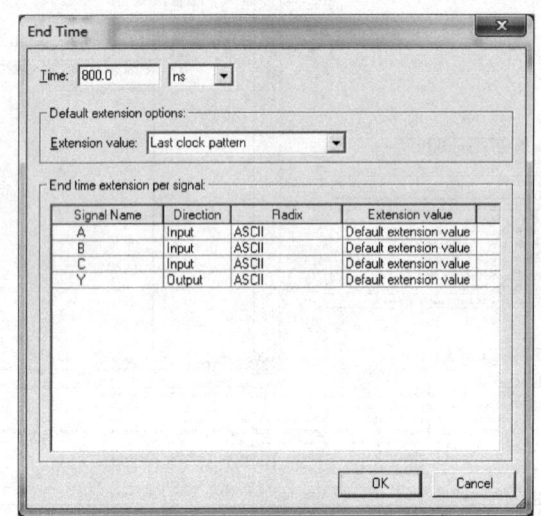

图 C-38 设置结束时间的对话框

按照图 C-38 所示参数设置好结束时间,单击"OK"按钮。

4. 输入激励信号的设计

使用鼠标左键选中某个信号名称对应的"I/O"符号并拖放可调整此信号在波形图中的位置。单击工程工作区左侧的缩放工具按钮 🔍 ,然后将鼠标移动到波形图区域连续右键单击可以缩小波形图,扩大波形图的视野。调整好的波形图文件如图 C-39 所示。

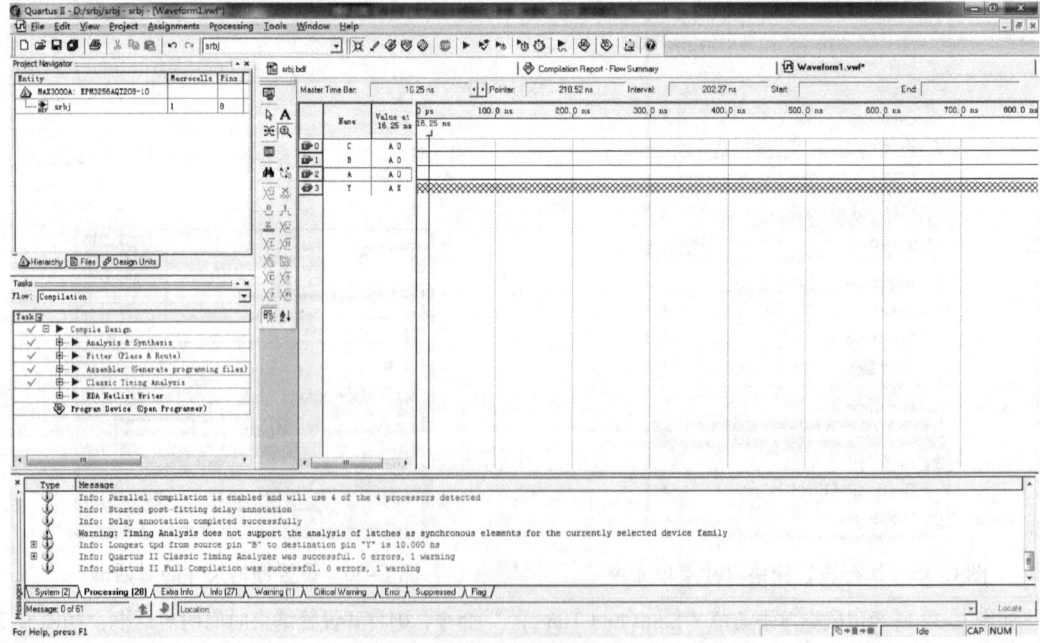

图 C-39 调整好的波形图文件界面

接下来要设计输入激励信号,方法如下:

单击工程工作区左侧的选择工具按钮 ,然后使用鼠标左键拖动的方式选中 A 信号在 0~400ns 的一段时间,如图 C-40 所示。

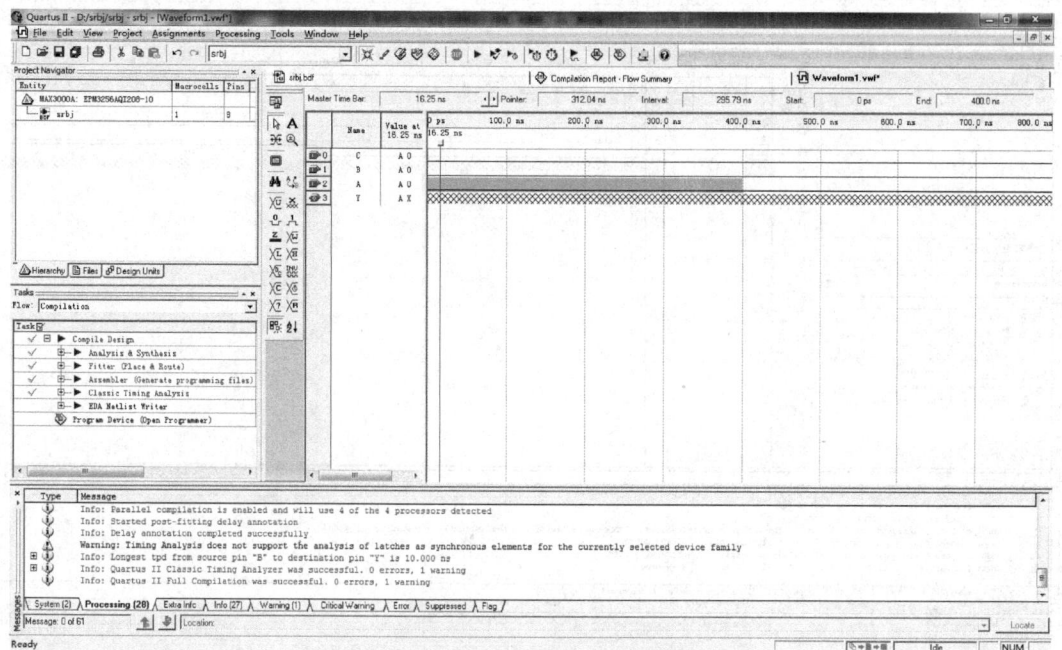

图 C-40　选中 A 信号在 0~400ns 的一段时间

单击工程工作区左侧的 图标即可将此段信号设置为低电平。

然后再使用鼠标左键拖动的方式选中 A 信号在 400~800ns 的一段时间,如图 C-41 所示。

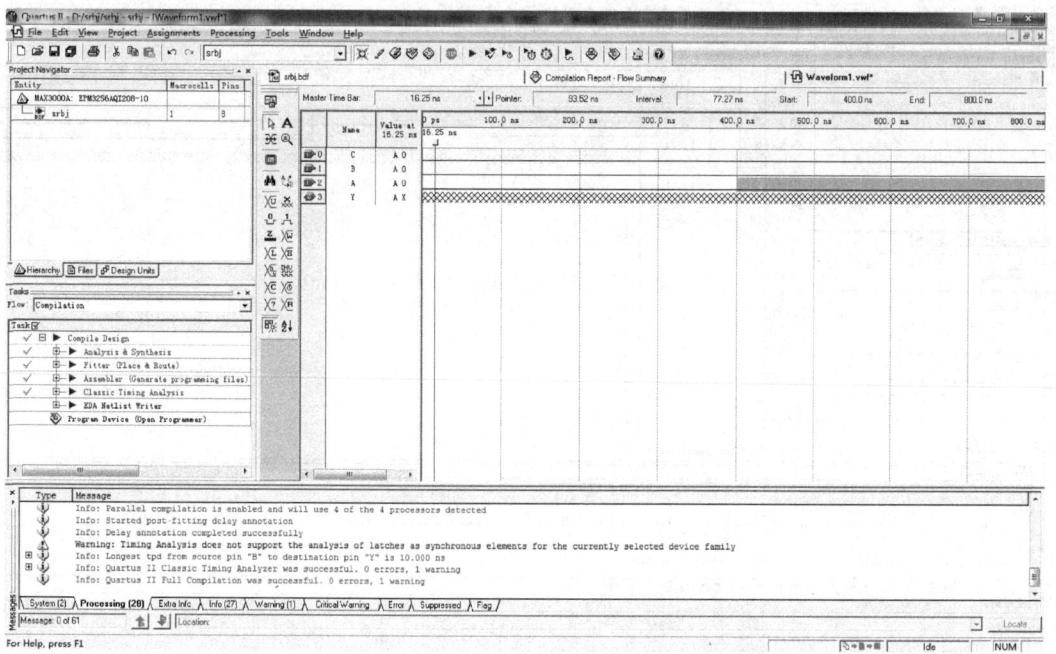

图 C-41　选中 A 信号在 400~800ns 的一段时间

单击工程工作区左侧的 ⊥ 图标即可将此段信号设置为高电平。

完全设计好的 A 信号如图 C-42 所示。

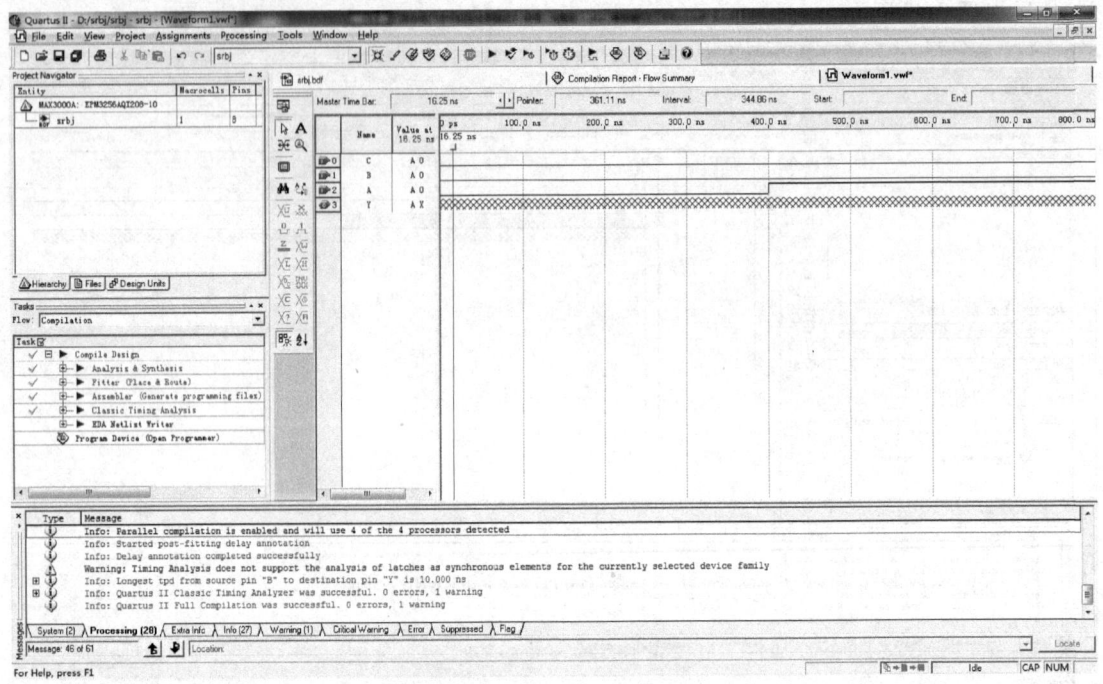

图 C-42　完全设计好的 A 信号

按照相同的设计方法，按照图 C-43 所示将 B 和 C 信号设计完全。

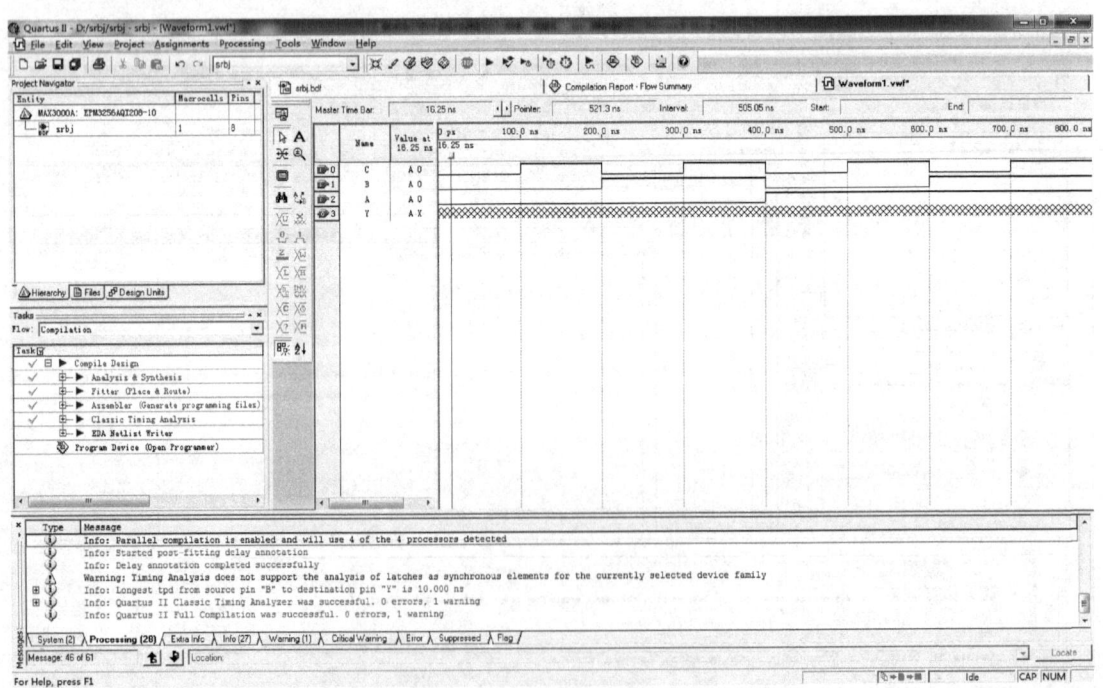

图 C-43　输入信号设计完全后的界面

5. 保存波形图

单击保存工具按钮■，则打开保存文件的对话框，如图 C-44 所示。

直接单击"保存（S）"按钮，于是开发软件以"srbj.vwf"的文件名称保存了波形图，并将该文件添加到工程中。

6. 仿真工程

单击仿真工具按钮，则开发软件启动仿真程序仿真所设计工程，该进度需要一定的时间。如无错误则出现如图 C-45 所示对话框。

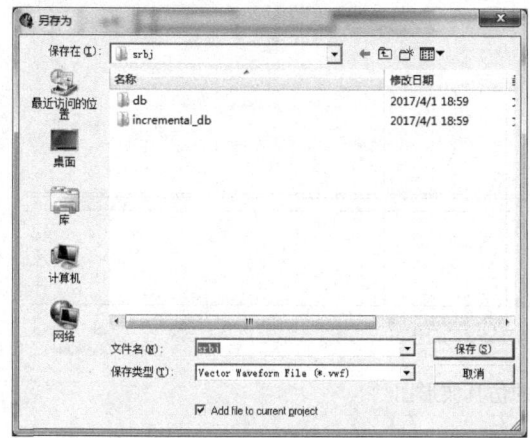 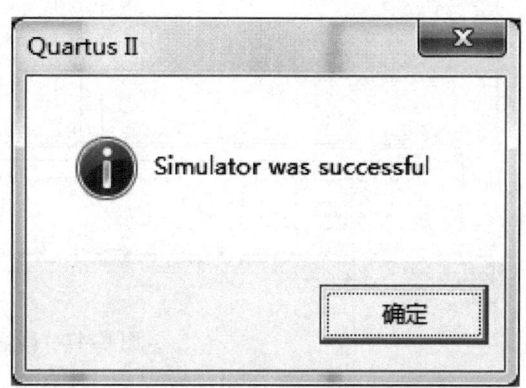

图 C-44　保存文件的对话框　　　　图 C-45　对工程成功仿真后的对话框

单击"确定"按钮出现如图 C-46 所示仿真波形图软件界面。

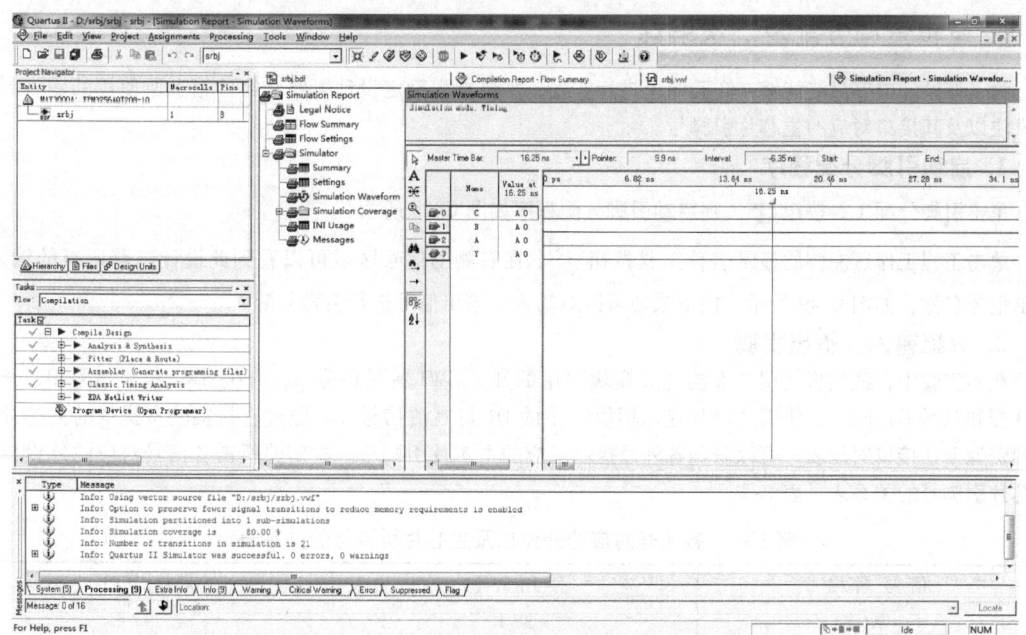

图 C-46　仿真波形图软件界面

再次单击工程工作区左侧的缩放工具按钮，然后将鼠标移动到波形图区域连续右键单击缩小波形图。调整好的仿真波形图如图 C-47 所示。

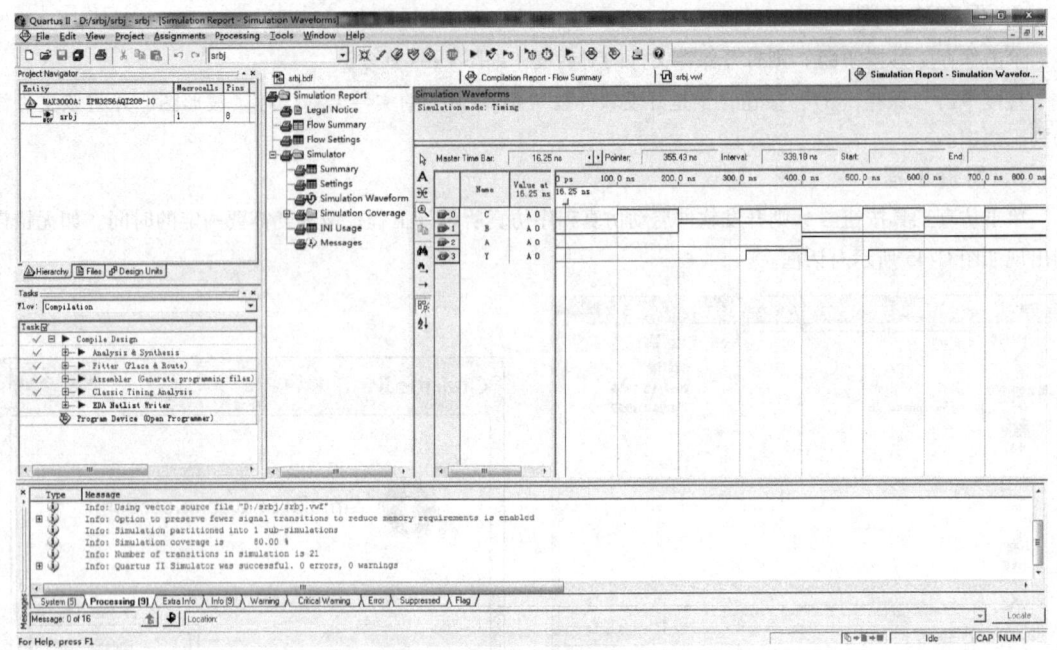

图 C-47　调整好的仿真波形图

通过仿真波形图可以看出输入信号与输出信号之间的逻辑关系，此时应和之前设计电路时的真值表进行核对。如果有问题，应及时检查录入的逻辑图是否正确。修改之后需要重新编译和仿真，直到没有问题才可继续往下进行。

C.4　逻辑资源分配及二次编译

为了使设计电路最终能够在实验箱上进行实现，需要首先确定设计电路在实验箱上所使用的输入、输出模块以及其接口对应的主芯片引脚号。

1. 启动引脚分配程序

单击引脚分配工具按钮 ，则启动引脚分配程序如图 C-48 所示。

单击工程工作区左侧的显示名称工具按钮 ，在右侧的信号区域可以看到此设计电路所有的输入、输出信号名称，如图 C-49 所示。接下来便可以对输入、输出信号进行引脚分配。

2. 分配输入、输出引脚

在本实验中，我们将使用"拨挡开关模块"中的开关 SW1 提供信号 A，开关 SW2 提供信号 B，开关 SW3 提供信号 C；同时，使用"LED 显示模块"中的 D1 灯观测信号 Y。通过查找实验室提供的主芯片与周围资源 I/O 接口对照表，可以得到各外设接口对应的主芯片引脚号。本实验所需各信号对应的外设以及主芯片引脚号的关系表见表 C-1。

表 C-1　各信号对应的外设以及主芯片引脚号的关系表

信号名称	使用外设	主芯片引脚号
A	SW1	29
B	SW2	31
C	SW3	33
Y	D1	16

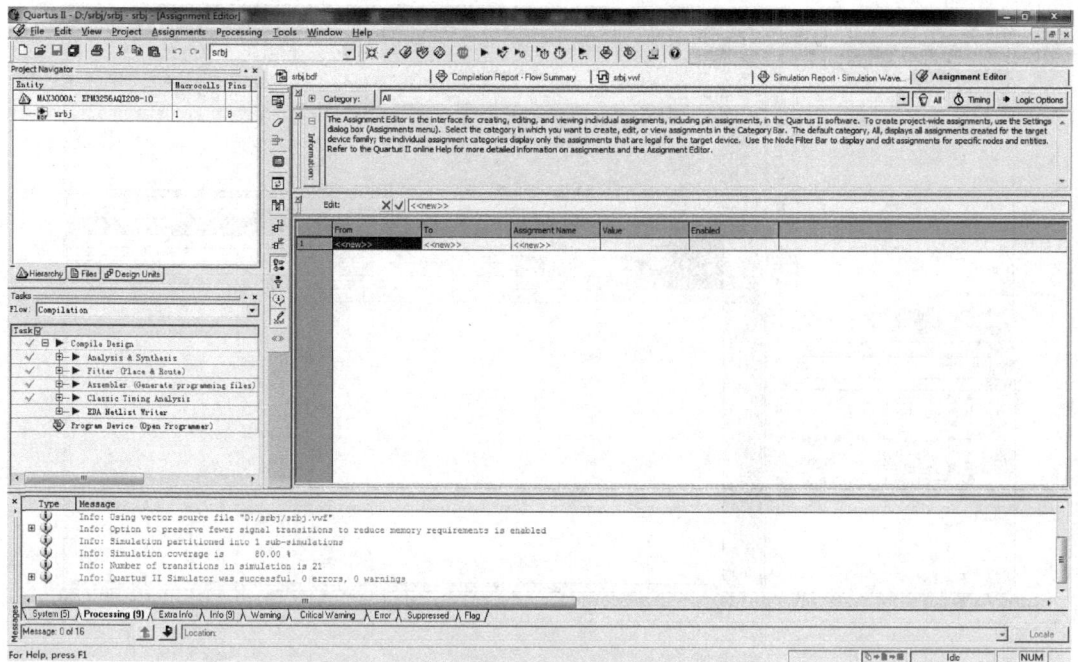

图 C-48 启动引脚分配程序后的软件界面

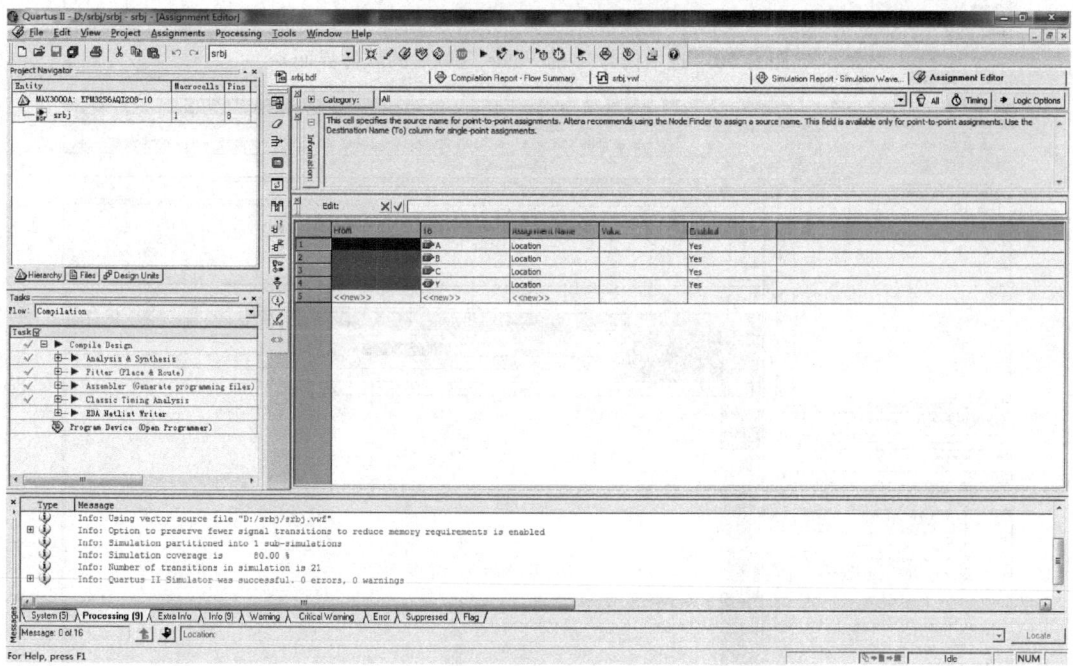

图 C-49 显示信号名称的引脚分配界面

首先把信号 A 分配到主芯片的 29 号引脚，具体方法如下：

① 移动鼠标到信号 A 所在行和 Value 值所在列交叉区域单击选中，如图 C-50 所示。

② 在键盘上输入引脚号 29 后回车，出现的软件界面如图 C-51 所示。

③ 接下来依次把其余的输入、输出信号按照相同的方法设定到对应的主芯片引脚上。分配好的效果如图 C-52 所示。

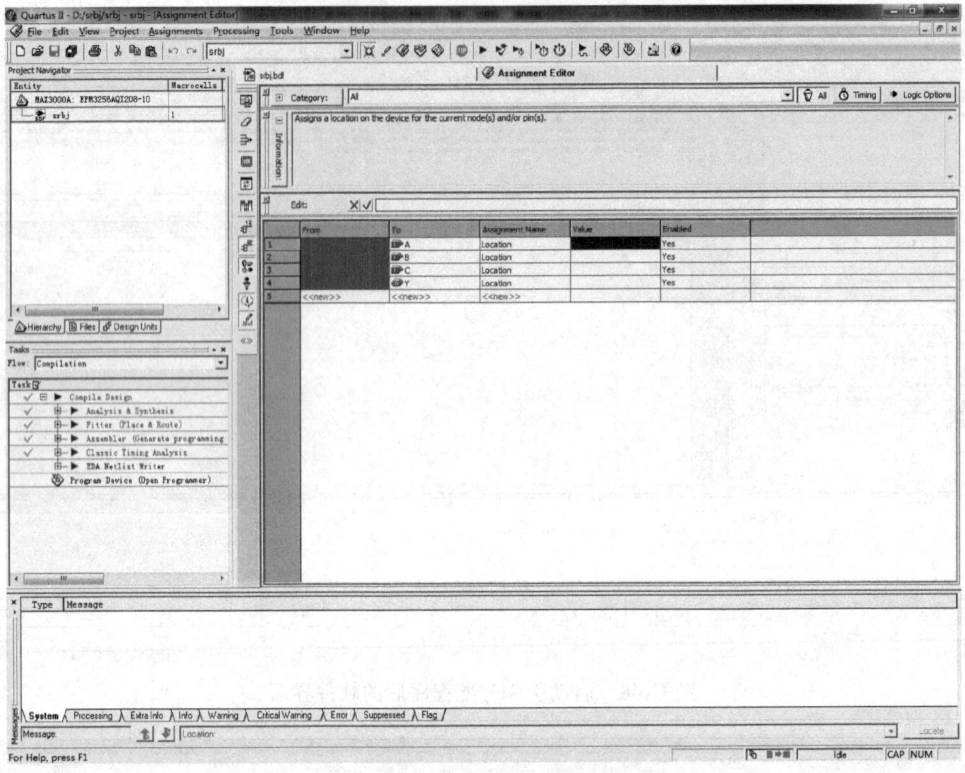

图 C-50　选中信号 A 的 Value 区域后的软件界面

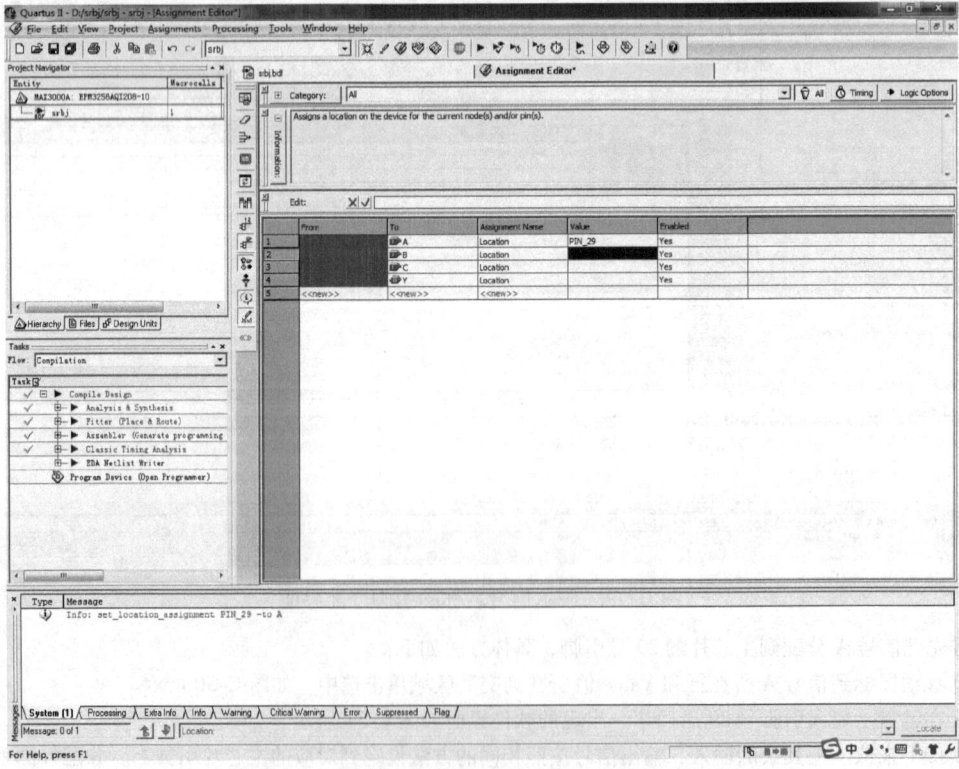

图 C-51　输入信号 A 的引脚号后的软件界面

附　录

195

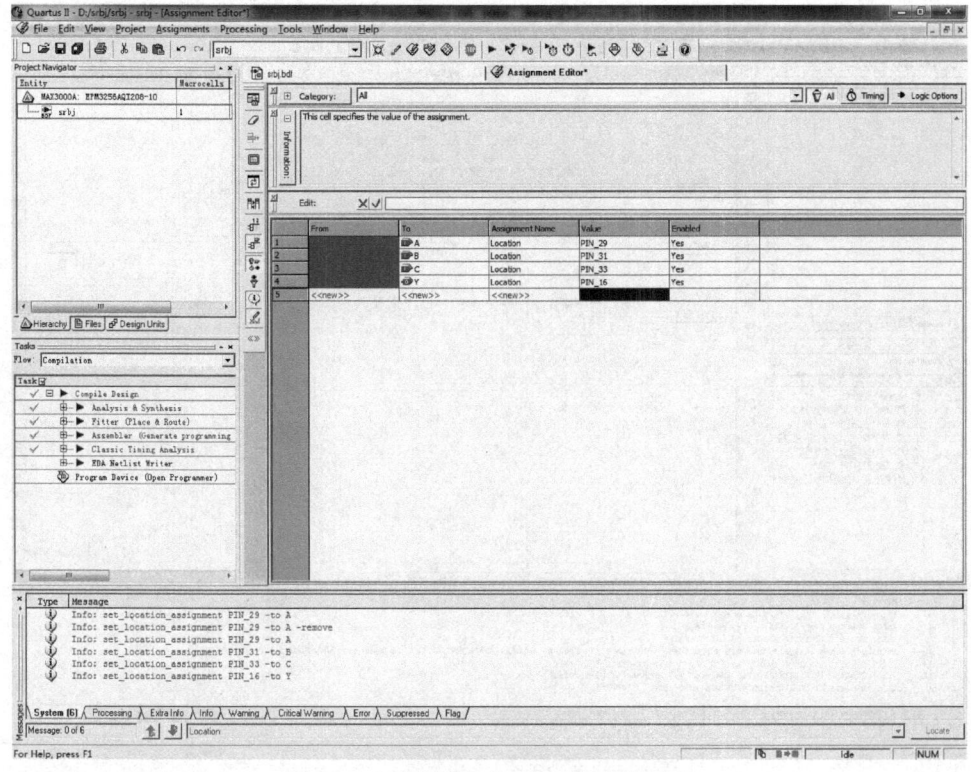

图 C-52　所有信号分配好后的软件界面

3. 保存设定

单击保存所有工具按钮 ![icon]，将设定结果进行保存。

4. 二次编译工程

单击编译工具按钮 ![icon]，则开发软件二次启动编译程序编译所设计工程，该进度需要一定的时间。如果没有错误，则出现如图 C-53 所示编译成功界面。

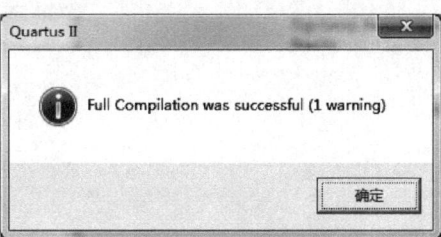

图 C-53　编译成功界面

单击"确定"按钮即可进行下一步。

注意：此时如果把原理图文件置于当前窗口，可以看到引脚分配后软件在原理图上对引脚的反标注结果，如图 C-54 所示。

C.5　器件编程及功能验证

1. 启动下载程序

单击下载工具按钮 ![icon]，则启动下载程序如图 C-55 所示。

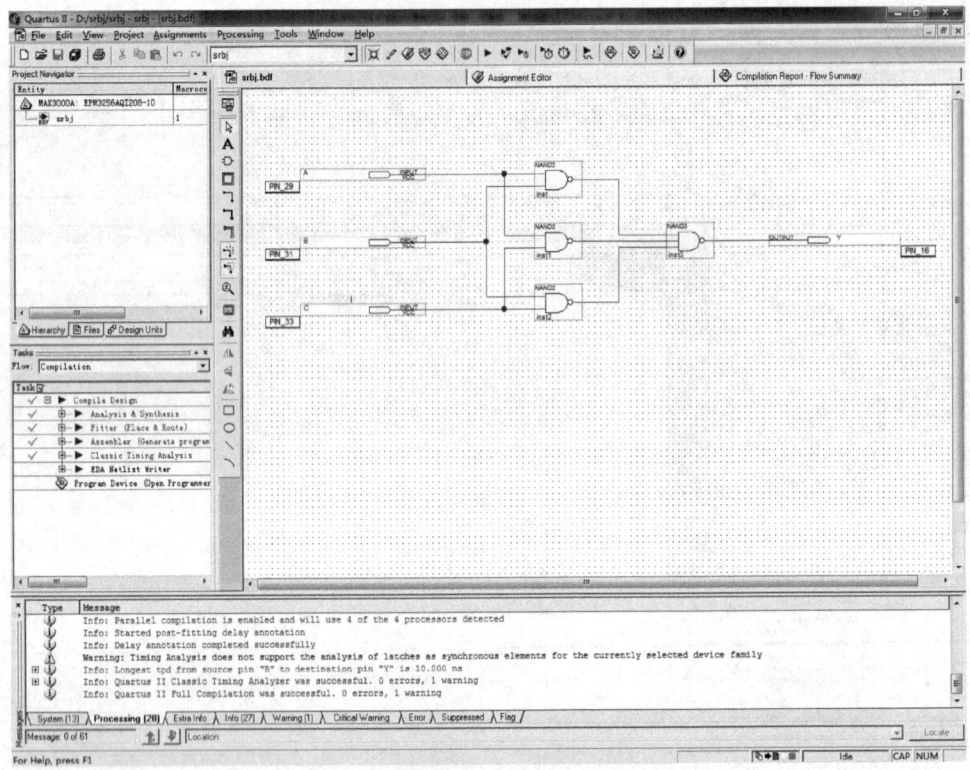

图 C-54　带有引脚的反标注结果的原理图

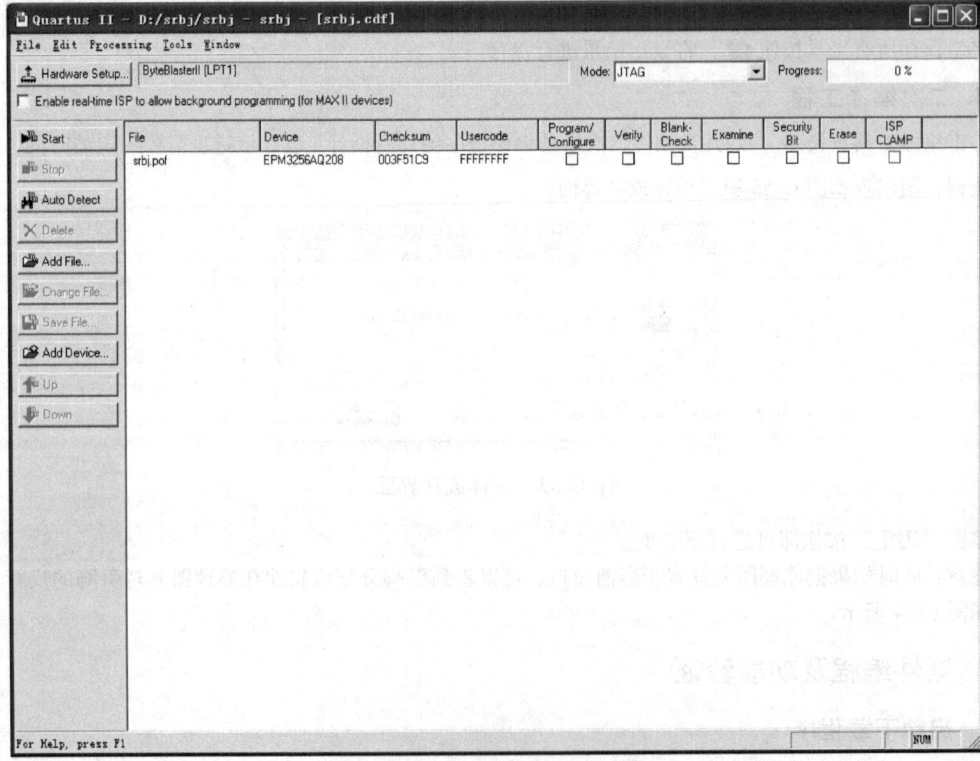

图 C-55　启动下载程序后的软件界面

2. 设定下载文件

如果图 C-55 右侧文件列表区中已经存在需要下载的文件，可跳过此步。

如果图 C-55 右侧文件列表区中没有需要下载的文件，可单击左侧按钮区的"Add File…"按钮，则打开设置下载文件的对话框，如图 C-56 所示。

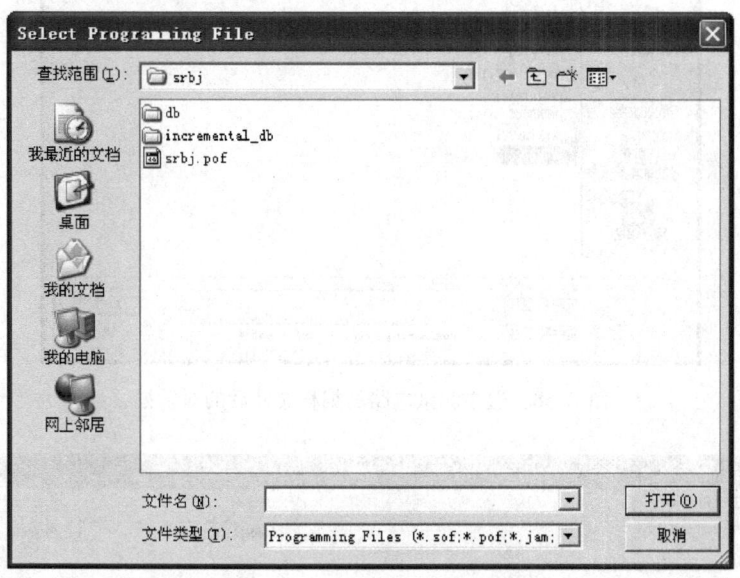

图 C-56　设置下载文件的对话框

在此对话框中需要设置将要在实验箱上进行实现的设计电路所对应的编程文件，方法如下：

① 在对话框中按照 Windows 操作方法定位查找范围的文件夹，如图 C-57 所示。注意：此处示范如何查找测试文件。

图 C-57　选择编程文件的对话框

② 鼠标单击选中需要实现的设计电路的编程文件，此处应选中"test.pof"，如图 C-58 所示。

③ 单击"打开"按钮后，图 C-55 右侧文件列表区将发生变化，如图 C-59 所示。

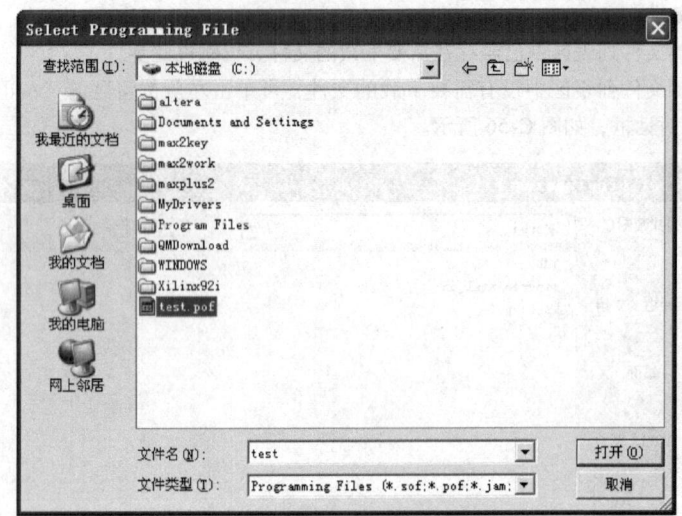

图 C-58　选中测试电路的编程文件后的对话框

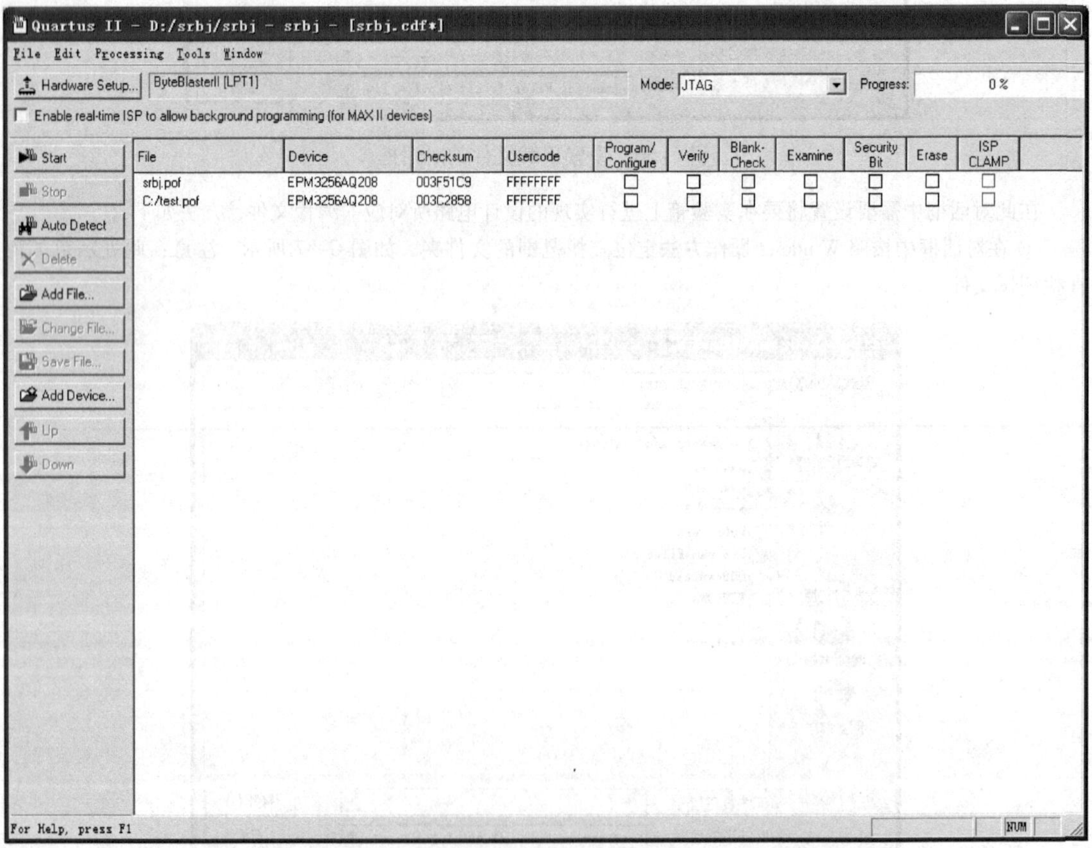

图 C-59　选择测试电路的编程文件后的软件界面

④ 由于下载程序只允许每次下载一个编程文件，因此需要把以前遗留的编程文件信息从列表框中删除。鼠标单击选中不需要的编程文件，然后单击对话框上的"Delete"按钮即可将其删除，结果如图 C-60 所示。

附 录   199

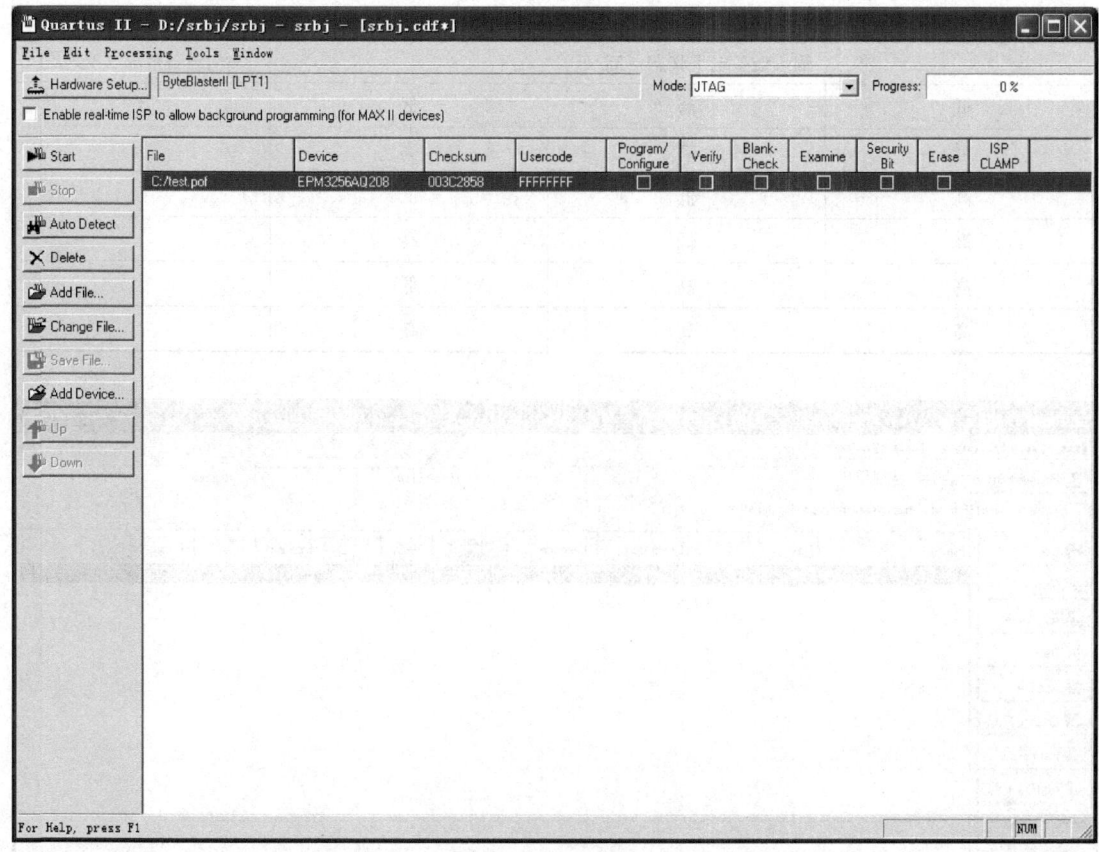

图 C-60 设置完成后的设置下载文件的对话框

⑤ 至此，选择下载文件操作步骤已完成，可进行下一步。

3. 下载实现

注意：此时应打开实验箱电源开关，并且保证数据线已经连接正常。

如图 C-61 所示，在软件界面右侧文件列表区中将需要下载实现的电路文件所在行的"Program/Configue"列交叉处的选择框单击选中。

单击如图 C-61 所示软件界面左侧按钮区上的"Start"按钮，可以看到软件界面上方的进度条 Progress 在运行，如图 C-62 所示。

最后出现如图 C-63 所示软件界面，软件界面上方的进度条 Progress 显示 100%，表示下载已经成功。

此时，实验箱上的主芯片已经通过编程实现了所设计电路的功能，接下来通过实际测试来验证电路功能。

4. 电路测试

按照表 C-2 所示电路测试表格，改变开关 SW1、SW2 和 SW3 的各种电平高低状态，观察并记录 D1 灯的亮灭情况。

表 C-2 电路测试表格

输入设备电平状态（高/低）			输出设备情况（亮/灭）
SW1	SW2	SW3	D1
低	低	低	
低	低	高	

(续)

输入设备电平状态（高/低）			输出设备情况（亮/灭）
低	高	低	
低	高	高	
高	低	低	
高	低	高	
高	高	低	
高	高	高	

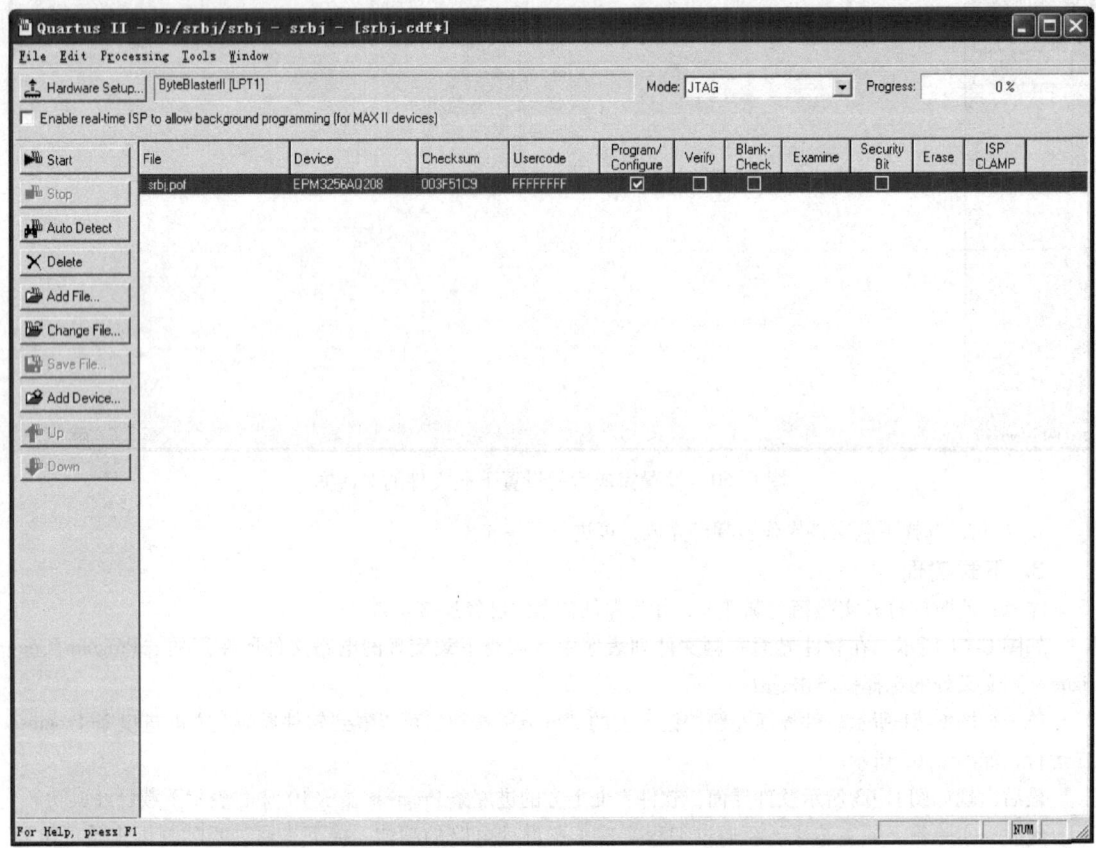

图 C-61　下载程序界面

把测试结果和设计要求进行对照，完全无误则表明功能电路芯片开发成功。

5. 模型生成

如果要把本设计作为一个更大工程的子电路，则可以执行生成模型命令；否则本步骤可省略。如图 C-64 所示用鼠标单击菜单 "File \ Create/Update \ Create Symbol Files for Current File..." 命令（注意：需使电路图文件成为当前文件），则打开如图 C-65 所示窗口。

单击"保存"按钮，则将在工程文件夹中生成模型文件，生成成功则弹出如图 C-66 所示的信息框。

如果再次在电路图中插入模型，则可以在模型库中看到成功生成的模型，如图 C-67 所示。图中显示的即为本设计的最终模型，这种模型以后可以直接调用，尤其是在模块化设计时更为重要。

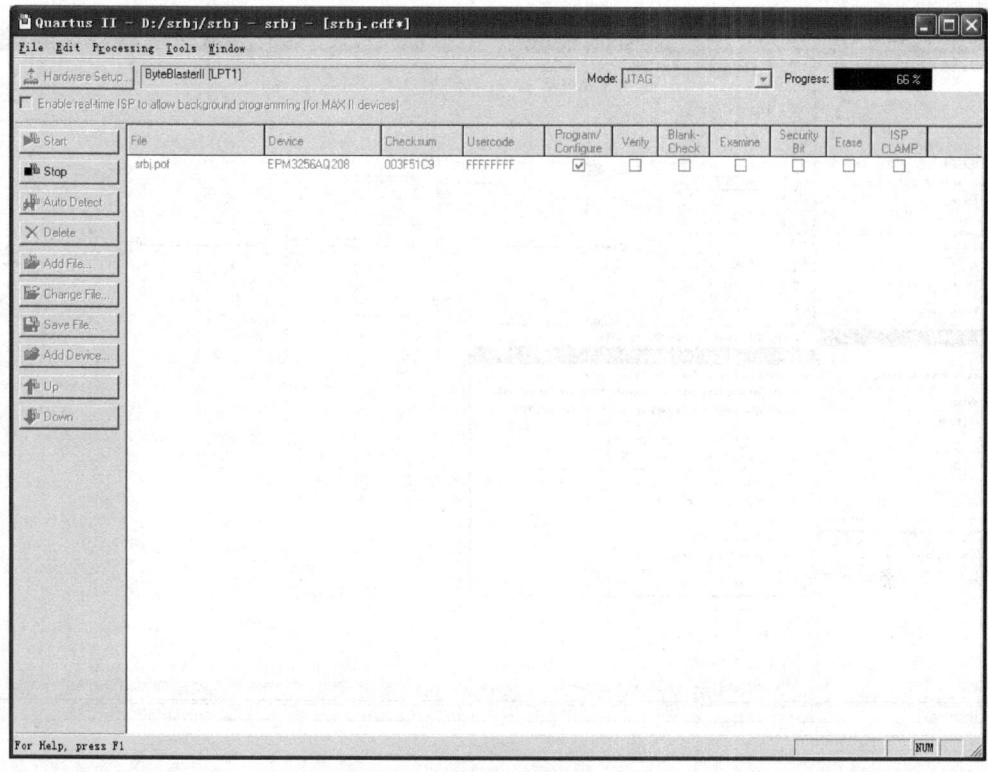

图 C-62　下载中的下载程序界面

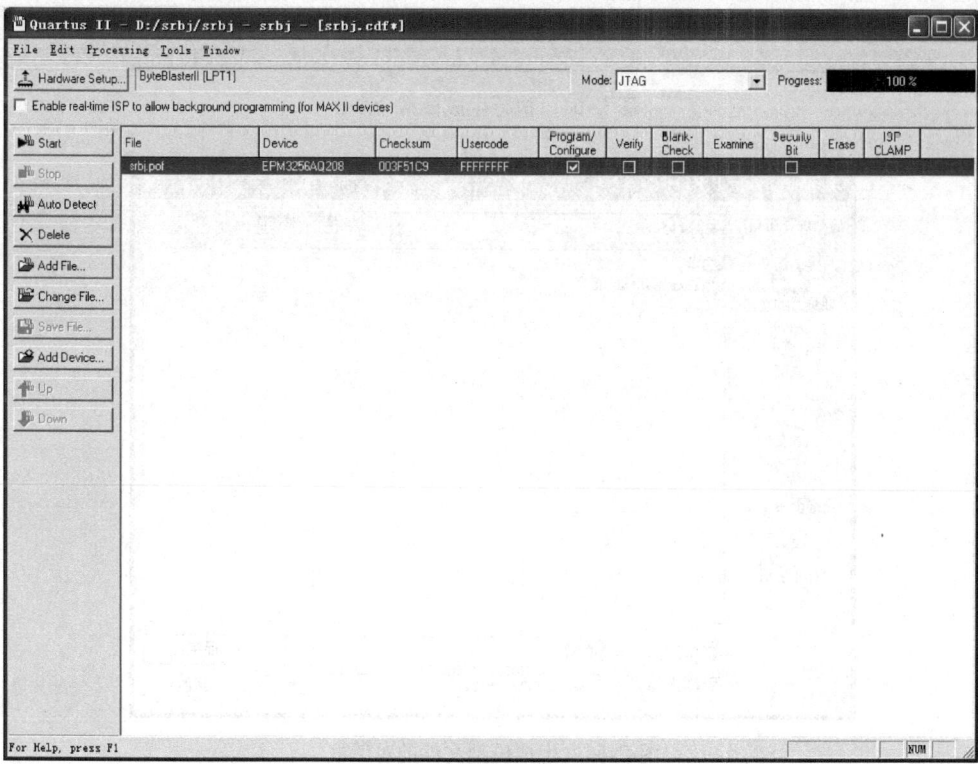

图 C-63　编程成功的对话框

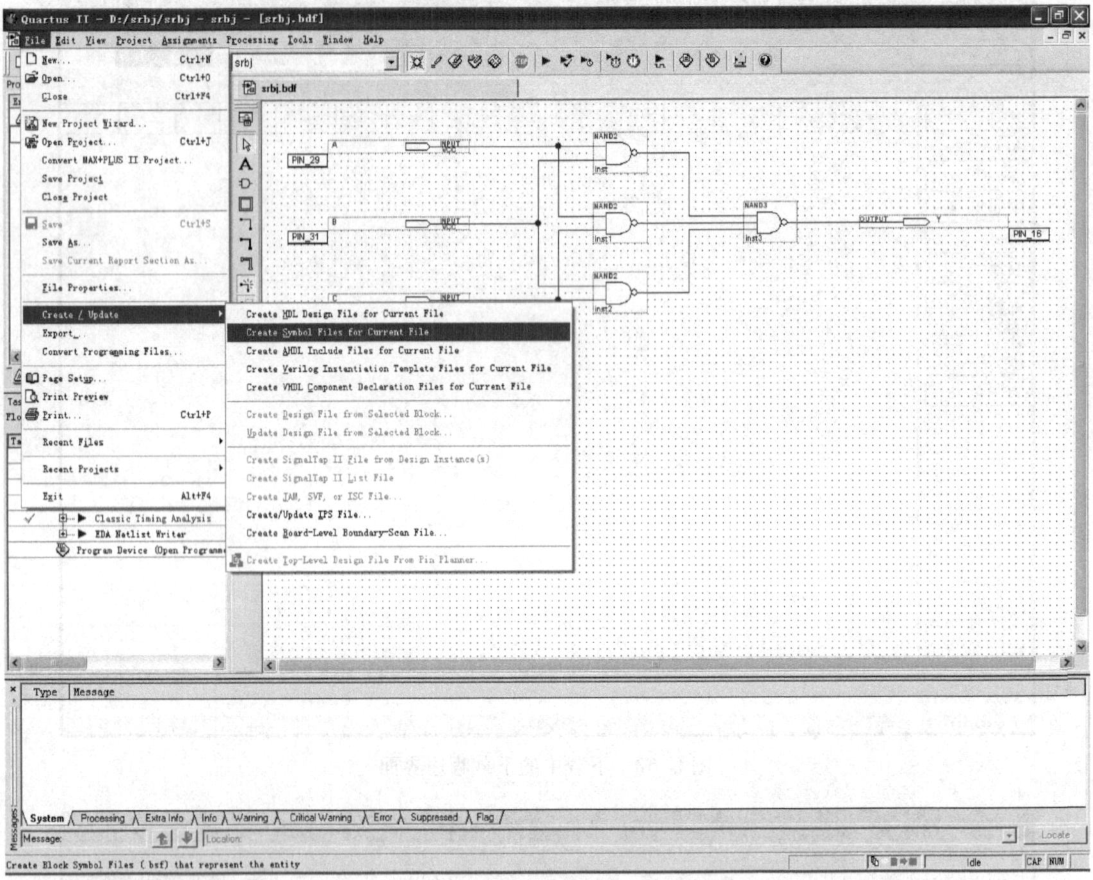

图 C-64 执行生成模型命令

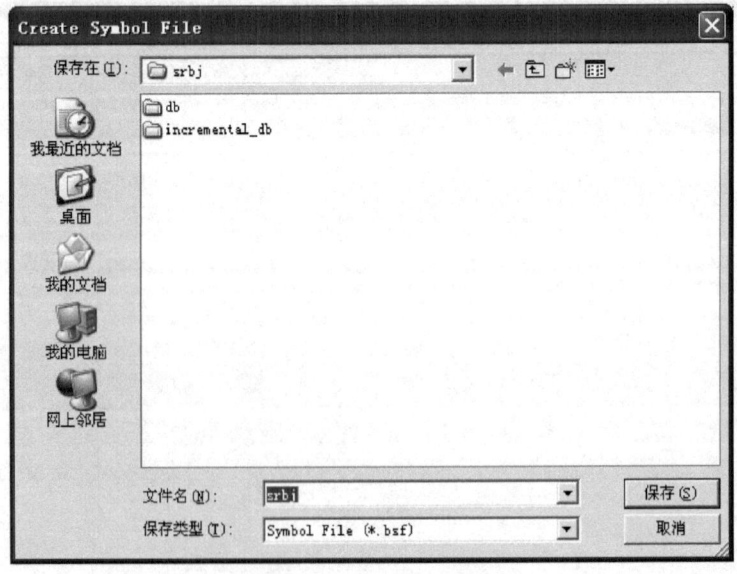

图 C-65 生成模型文件的对话框

图 C-66　生成模型文件的信息框

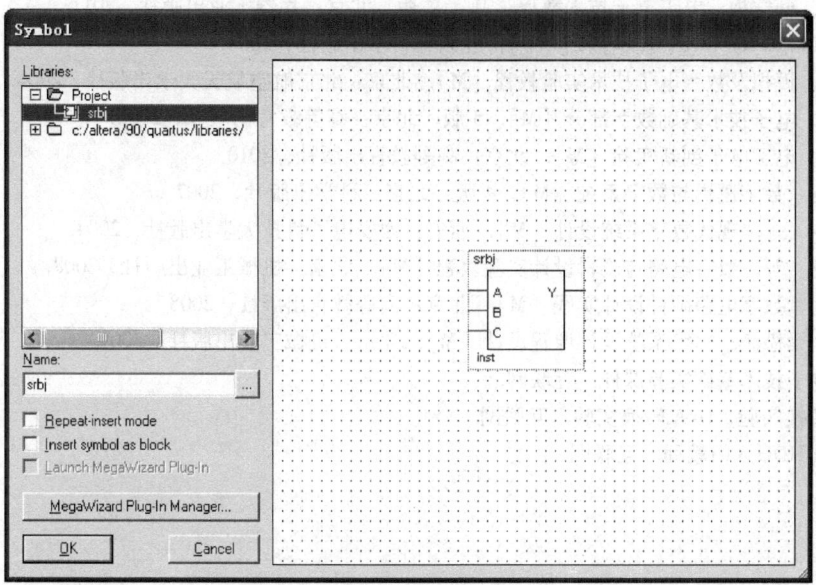

图 C-67　添加模型窗口

参 考 文 献

[1] Thomas L Floyd. Digital Fundamentals [M]. 10th ed. New York：Pearson Prentice Hall，2008.
[2] 阎石. 数字电子技术基础 [M]. 5 版. 北京：高等教育出版社，2006.
[3] 侯建军. 电子技术基础实验、综合设计实验与课程设计 [M]. 北京：高等教育出版社，2007.
[4] 董平. 电子技术实验 [M]. 北京：电子工业出版社，2003.
[5] 刘蕴络，韩守梅. 电工电子技术教程 [M]. 2 版. 北京：兵器工业出版社，2011.
[6] 潘明，潘松. 数字电子技术基础 [M]. 北京：科学出版社，2008.
[7] 徐国华. 模拟及数字电子技术实验教程 [M]. 北京：北京航空航天大学出版社，2004.
[8] 康华光. 电子技术基础数字部分 [M]. 5 版. 北京：高等教育出版社，2006.
[9] 胡仁杰. 电工电子创新实验 [M]. 北京：高等教育出版社，2010.
[10] 白中英. 数字逻辑与数字系统 [M]. 4 版. 北京：科学出版社，2007.
[11] 侯伯亨，等. 现代数字系统设计 [M]. 西安：西安电子科技大学出版社，2004.
[12] 张亚龙，等. 数字电路与逻辑设计实验教程 [M]. 北京：机械工业出版社，2008.
[13] 贾秀美. 数字电路硬件设计实践 [M]. 北京：高等教育出版社，2008.
[14] 陈虎，梁松海. 数字系统设计课程设计 [M]. 北京：机械工业出版社，2007.
[15] 数字电子技术基础实验课件. 互联网.
[16] A-D 转换实验，D-A 转换实验. 互联网.
[17] Verilog HDL 入门教程. 互联网.